U0611519

数学模型在生态学的应用及研究(36)

The Application and Research of Mathematical Model in Ecology(36)

杨东方　王凤友　编著

海洋出版社

2017年 · 北京

内 容 提 要

通过阐述数学模型在生态学的应用和研究,定量化地展示生态系统中环境因子和生物因子的变化过程,揭示生态系统的规律和机制以及其稳定性、连续性的变化,使生态数学模型在生态系统中发挥巨大作用。在科学技术迅猛发展的今天,通过该书的学习,可以帮助读者了解生态数学模型的应用、发展和研究的过程;分析不同领域、不同学科的各种各样生态数学模型;探索采取何种数学模型应用于何种生态领域的研究;掌握建立数学模型的方法和技巧。此外,该书还有助于加深对生态系统的量化理解,培养定量化研究生态系统的思维。

本书主要内容为:介绍各种各样的数学模型在生态学不同领域的应用,如在地理、地貌、水文和水动力以及环境变化、生物变化和生态变化等领域的应用。详细阐述了数学模型建立的背景、数学模型的组成和结构以及其数学模型应用的意义。

本书适合气象学、地质学、海洋学、环境学、生物学、生物地球化学、生态学、陆地生态学、海洋生态学和海湾生态学等有关领域的科学工作者和相关学科的专家参阅,也适合高等院校师生作为教学和科研的参考。

图书在版编目(CIP)数据

数学模型在生态学的应用及研究 . 36/杨东方,王凤友编著. —北京:海洋出版社,2016. 12　ISBN 978-7-5027-9678-5

Ⅰ. ①数…　Ⅱ. ①杨… ②王…　Ⅲ. ①数学模型-应用-生态学-研究　Ⅳ.①Q14

中国版本图书馆 CIP 数据核字(2017)第 046238 号

责任编辑:鹿　源
责任印制:赵麟苏

海洋出版社　出版发行

http://www.oceanpress.com.cn

北京市海淀区大慧寺路 8 号　邮编:100081
北京朝阳印刷厂有限责任公司印刷　新华书店北京发行所经销
2017 年 3 月第 1 版　2017 年 3 月第 1 次印刷
开本:787 mm×1092 mm　1/16　印张:20
字数:480 千字　定价:60.00 元
发行部 62132549　邮购部 68038093　总编室 62114335
海洋版图书印、装错误可随时退换

数学是结果量化的工具

数学是思维方法的应用

数学是研究创新的钥匙

数学是科学发展的基础

杨东方

要想了解动态的生态系统的基本过程和动力学机制,尽可从建立数学模型为出发点,以数学为工具,以生物为基础,以物理、化学、地质为辅助,对生态现象、生态环境、生态过程进行探讨。

生态数学模型体现了在定性描述与定量处理之间的关系,使研究展现了许多妙不可言的启示,使研究进入更深的层次,开创了新的领域。

杨东方

摘自《生态数学模型及其在海洋生态学应用》

海洋科学(2000),24(6):21-24.

前　言

细大尽力,莫敢怠荒,远迩辟隐,专务肃庄,端直敦忠,事业有常。

——《史记·秦始皇本纪》

数学模型研究可以分为两大方面:定性和定量。要定性地研究,提出的问题是"发生了什么或者发生了没有"。要定量地研究,提出的问题是"发生了多少或者它如何发生的"。前者是对问题的动态周期、特征和趋势进行了定性的描述,而后者是对问题的机制、原理、起因进行了定量化的解释。然而,生物学中有许多实验问题与建立模型并不是直接有关的。于是,通过分析、比较、计算和应用各种数学方法,建立反映实际的且具有意义的仿真模型。

生态数学模型的特点为:(1)综合考虑各种生态因子的影响。(2)定量化描述生态过程,阐明生态机制和规律。(3)能够动态地模拟和预测自然发展状况。

生态数学模型的功能为:(1)建造模型的尝试常有助于精确判定所缺乏的知识和数据,对于生物和环境有进一步定量了解。(2)模型的建立过程能产生新的想法和实验方法,并缩减实验的数量,对选择假设有所取舍,完善实验设计。(3)与传统的方法相比,模型常能更好地使用越来越精确的数据,将从生态不同方面所取得的材料集中在一起,得出统一的概念。

模型研究要特别注意:(1)模型的适用范围:时间尺度、空间距离、海域大小、参数范围。例如,不能用每月的个别发生的生态现象来检测1年跨度的调查数据所做的模型。又如用不常发生的赤潮模型来解释经常发生的一般生态现象。因此,模型的适用范围一定要清楚。(2)模型的形式是非常重要的,它揭示内在的性质、本质的规律,来解释生态现象的机制、生态环境的内在联系。因此,重要的是要研究模型的形式,而不是参数,参数是说明尺度、大小、范围而已。(3)模型的可靠性,由于模型的参数一般是从实测数据得到的,它的可靠性非常重要,这是通过统计学来检测。只有可靠性得到保证,才能用模型说明实际的生态问题。(4)解决生态问题时,所提出的观点,不仅从数学模型支持这一观点,还要从生态现象、生态环境等各方面的事实来支持这一观点。

本书以生态数学模型的应用和发展为研究主题，介绍数学模型在生态学不同领域的应用，如在地理、地貌、气象、水文和水动力，以及环境变化、生物变化和生态变化等领域的应用。详细阐述了数学模型建立的背景、数学模型的组成和结构以及其数学模型应用的意义。认真掌握生态数学模型的特点和功能以及注意事项。生态数学模型展示了生态系统的演化过程，预测了自然资源可持续利用。通过本书的学习和研究，促进自然资源、环境的开发与保护，推进生态经济的健康发展，加强生态保护和环境恢复。

本书获得西京学院的出版基金、贵州民族大学博点建设文库、"贵州喀斯特湿地资源及特征研究"（TZJF-2011 年-44 号）项目、"喀斯特湿地生态监测研究重点实验室"（黔教合 KY 字［2012］003 号）项目、教育部新世纪优秀人才支持计划项目（NCET-12-0659）项目、"西南喀斯特地区人工湿地植物形态与生理的响应机制研究"（黔省专合字［2012］71 号）项目、"复合垂直流人工湿地处理医药工业废水的关键技术研究"（筑科合同［2012205］号）项目、贵州民族大学引进人才科研项目（［2014］02）、土地利用和气候变化对乌江径流的影响研究（黔教合 KY 字［2014］266 号）、威宁草海浮游植物功能群与环境因子关系（黔科合 LH 字［2014］7376 号）、"铬胁迫下人工湿地植物多样性对生态系统功能的影响机制研究"（国家自然科学基金项目 31560107）以及国家海洋局北海环境监测中心主任科研基金-长江口、胶州湾、浮山湾及其附近海域的生态变化过程（05EMC16）的共同资助下完成。

此书得以完成应该感谢北海环境监测中心主任姜锡仁研究员、上海海洋大学的院长李家乐教授、贵州民族大学校长张学立教授和西京学院校长任芳教授；还要感谢刘瑞玉院士、冯士筰院士、胡敦欣院士、唐启升院士、汪品先院士、丁德文院士和张经院士。诸位专家和领导给予的大力支持，提供的良好的研究环境，成为我们科研事业发展的动力引擎。在此书付梓之际，我们诚挚感谢给予许多热心指点和有益传授的其他老师和同仁。

本书内容新颖丰富，层次分明，由浅入深，结构清晰，布局合理，语言简练，实用性和指导性强。由于作者水平有限，书中难免有疏漏之处，望广大读者批评指正。

沧海桑田，日月穿梭。抬眼望，千里尽收，祖国在心间。

杨东方　王凤友

2015 年 3 月 3 日

目　次

喷灌作物的冠层净截留损失公式

1 背景

由于喷灌冠层截留损失直接影响着喷灌水分利用率的评价。因此,冠层截留损失的大小及其占喷灌水量的比例成为导致喷灌是否节水争议的焦点之一。为了定量评价喷灌作物冠层截留损失,王迪等[1]基于能量平衡原理,结合波文比能量平衡观测系统和植物蒸腾观测仪器——茎流计,定量确定喷灌作物冠层净截留损失,为评价喷灌水利用率提供参考依据。

2 公式

为了确定喷灌作物冠层净截留损失,须首先确定毛截留损失,由其定义可知毛截留损失发生在喷灌过程中以及灌水停止至截留水量完全蒸发期间,数量为该期间截留水分蒸发量。因毛截留损失发生期间的土壤水分蒸发很小可忽略不计,基于农田能量平衡原理,则潜热通量除一部分用于作物蒸腾外,其余均消耗于蒸发截留水量上。因此,毛截留损失可按下式计算:

$$R_n = \lambda E + H + G \tag{1}$$

$$I_{gross} = (R_n - H - G)/\lambda - Tr_{喷} \tag{2}$$

即

$$I_{gross} = \lambda E/\lambda - Tr_{喷} \tag{3}$$

式中,I_{gross} 为毛截留损失,mm/h;R_n 为净辐射,W/m^2;H 为感热通量,W/m^2;G 为土壤热通量,W/m^2;λ 为汽化潜热,约为 2 496 J/g;λE 为潜热通量,W/m^2;$Tr_{喷}$ 为喷灌处理作物蒸腾速率,mm/h。

以地面灌为对照,冠层净截留损失等于毛截留损失扣除截留水量蒸发对蒸腾的影响(即地面灌与喷灌条件下作物蒸腾的差异值),可表示为:

$$I_{net} = I_{gross} - (Tr_{地} - Tr_{喷}) \tag{4}$$

式中,I_{net} 为净截留损失,mm/h;$Tr_{地}$ 为地面灌处理的作物蒸腾速率,mm/h。

从式(3)和式(4)可以看出,通过测定农田潜热通量及喷灌和地面灌的蒸腾速率(茎流计观测)可以估算冠层毛截留和净截留损失。

本研究通过波文比能量平衡观测系统确定潜热通量,首先可按下式计算波文比 β:

$$\beta = \frac{H}{\lambda E} = \gamma \frac{T_2 - T_1}{e_2 - e_1} \tag{5}$$

式中，γ 为湿度计常数，与气压和温度有关，近似取为 66 Pa/℃；T_1、T_2 和 e_1、e_2 分别为距农田地表两个高度处（本试验取作物冠层及其上 1 m 处两个高度）的气温（℃）和水汽压（hPa），其中水汽压可根据实测相对湿度计算：

$$RH = \frac{e_a}{e_s} \tag{6}$$

$$e_s = 6.1078\exp\left(\frac{17.27T}{237.3 + T}\right) \tag{7}$$

式中，RH 为空气相对湿度，%；e_a 为实际水汽压，hPa；e_s 为饱和水汽压，hPa；T 为气温，℃。

将波文比 β 代入到能量平衡方程式（1），可得到潜热通量 λE：

$$\lambda E = \frac{R_n - G}{1 + \beta} \tag{8}$$

根据以上一系列公式，以 2005 年 5 月 22 日喷灌冬小麦为例[1]，模拟冠层净截留损失计算过程。可以看出净截留损失在计算时段内呈现正负两种变化，正值代表截留水量蒸发高于蒸腾抑制速率，负值代表蒸腾抑制高于截留速率（表 1）。

表 1　喷灌冬小麦冠层净截留损失计算过程

时间	名称	地面灌处理冬小麦蒸腾速率（mm/h）	喷灌处理冬小麦蒸腾速率（mm/h）	蒸腾抑制（mm/h）	毛截留损失（mm/h）	净截留损失（mm/h）
10:30	喷灌时段	0.89	0.86			
11:00		0.97	0.00	0.97	0.95	-0.02
11:30		0.99	0.00	0.99	0.98	-0.01
12:00		1.01	0.00	1.01	1.05	0.04
12:30		1.04	0.00	1.04	1.14	0.10
13:00		1.04	0.00	1.04	1.23	0.19
13:30		1.00	0.00	1.00	1.12	0.12
14:00		0.96	0.05	0.91	0.99	0.08
14:30	蒸腾抑制效应消退时段	0.93	0.20	0.73	0.72	-0.01
15:00		0.89	0.42	0.47	0.07	-0.40
15:30		0.69	0.68	0.01	0.01	0.00
两时段合计（mm）		4.76	0.67	4.09	4.13	0.04

3 意义

根据喷灌作物的冠层净截留损失公式[1]的计算结果表明:各次灌水,喷灌冠层截留水量的蒸发明显影响田间小气候,进而抑制作物蒸腾。喷灌冬小麦和夏玉米蒸腾抑制量变化范围分别为 1.65~4.09 mm 和 0.50~2.75 mm。基于能量平衡原理,结合波文比能量平衡系统,应用喷灌作物的冠层净截留损失公式,计算出的冬小麦冠层净截留损失不足 0.1 mm,夏玉米净截留损失变化范围在 1~2 mm 之间,占灌水量的 4.3%~6.5%。

参考文献

[1] 王迪,李久生,饶敏杰. 基于能量平衡的喷灌作物冠层净截留损失估算. 农业工程学报,2007,
    23(8):27-33.

土壤高速切削的仿真系统模型

1 背景

高建民等[1]应用光滑粒子流体动力学(SPH)理论以及有限单元理论,结合相关软件,研发了基于SPH的土壤高速切削仿真系统。以潜土逆转旋耕为例,应用该系统虚拟定量地研究了土壤高速切削过程,以揭示土壤—机器系统的作用机理。该系统的开发对于耕作机具(如各式旋转耕耘机和犁)的改进和创新设计有重要意义。

2 公式

2.1 无网格法以及SPH理论与开发软件简介

SPH法不用网格,没有网格畸变问题,所以能在拉格朗日格式下处理大变形问题。同时,SPH法允许存在材料界面,可以简单而精确地实现复杂的本构行为,也适用于材料在高加载速率下的断裂等问题的研究[2,3]。SPH法要引入一个特殊函数作为核函数。场函数经过核函数"光滑化",再在整个求解域上积分,便得到了场函数的核估计。对场函数f,其核估计记为$\langle f\rangle$,计算式如下:

$$f\langle(r)\rangle = \int f(r')W(r-r',h)\,dr' \tag{1}$$

式中,$W(r-r',h)$为核函数;r,r'为位置向量;h为光滑长度,代表核函数的有效长度。核函数必须满足:

$$\int W(r,h)\,dr = 1;$$

$$\lim_{h\to 0}W(r,h) = \delta(r);$$

$W(r-r') = 0, r-r' > \lambda h$,其中$\lambda$为常数。

SPH法的离散化不使用单元,而是使用固定质量的可动点即质点或节点。质量固定在质点的坐标系上,所以SPH基本上也是拉格朗日型。所需的基本方程也是守恒方程和固体材料的本构方程。标准单元和SPH节点的拉格朗日代码非常相似。

2.2 土壤模型以及接触力学模型的建立

耕作土壤具有多相、松散的特点。基于连续体力学的有限单元法和边界元法建立的土壤力学模型和土壤本身的物性差距较大。如果牵涉到土壤的破坏以及破坏后的动力学特性,则更是有限单元法和边界元法所不能胜任的。耕作过程实际就是土壤在刀具作用下,发生非线性大变形以至破裂最终使土体分离的过程。

SPH 法的离散化不使用单元,而是使用固定质量的可动点即质点或节点。质量固定在质点的坐标系上,这种离散化使之与耕作土壤的松散物性更接近;SPH 法不用网格,没有网格畸变问题,可以很精确地描述对象的非线性大变形以至破坏的过程。因此,SPH 非常适于耕作过程的动力学描述。

由动力学基本方程,在应力作用下 Lagrangian 土壤体积质点的加速度为:

$$\frac{\mathrm{d}u^{\alpha}}{\mathrm{d}t} = -\frac{\partial}{\partial x^{\beta}}\left(\frac{\sigma^{\alpha\beta}}{\rho}\right) - \frac{\sigma^{\alpha\beta}}{\rho^{2}}\frac{\partial\rho}{\partial x^{\beta}} \tag{2}$$

式中,相关变量为密度 ρ、速度矢量 u^{α} 及应力张量 $\sigma^{\alpha\beta}$。独立变量为空间坐标 x_{β} 和时间 t。由式(1)并利用邻近的信息,可以估计点 x 的加速度,为此将式(2)右端乘 SPH 权函数 w 并在全空间域内积分:

$$\frac{\mathrm{d}u^{\alpha}}{\mathrm{d}t} = -\frac{\partial}{\partial x^{\beta}}\int w\left(\frac{\sigma^{\alpha\beta}(x')}{\rho(x')}\right)\mathrm{d}x' - \frac{\sigma^{\alpha\beta}(x)}{\rho(x)}\frac{\partial}{\partial x^{\beta}}\int w\rho(x')\mathrm{d}x' \tag{3}$$

如果邻近信息仅在离散点 j 处有效并且体积元由 $\frac{m_{j}}{\rho_{j}}$ 表示,m_{j} 为离散点 j 的质量,则式(3)可由式(4)给出任一离散点 i 的加速度:

$$\frac{\mathrm{d}u_{i}}{\mathrm{d}t} = -\frac{\partial}{\partial x_{i}^{\beta}}\sum m_{j}\left(\frac{\sigma_{j}^{\alpha\beta}}{\rho_{j}^{2}}\right)w_{ij} - \frac{\sigma_{j}^{\alpha\beta}}{\rho_{j}}\frac{\partial}{\partial x_{i}^{\beta}}\sum m_{j}w_{ij} \tag{4}$$

Krieg 提出了一种简单的土壤和可压泡沫材料模型(soil and crushable foam model)[4]。如果屈服应力太低,这种模型的特性接近于流体。其压力—体积变形关系如图 1 所示。

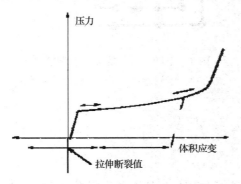

图 1   土壤模型的压力—体积变形关系

根据式(4),结合压力—体积变形关系,容易算出土壤质点之间的作用力。

因为本试验主要在室内土槽进行,所以根据室内土槽的土壤模型建立土壤的 SPH 模型。

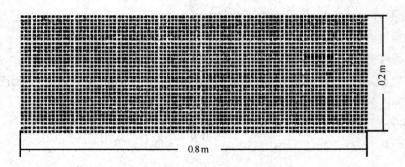

图 2　土壤的 SPH 模型

土壤的模型使用 DP 模型,或者使用土壤和可压泡沫材料模型。实验以土壤和可压泡沫材料模型作为土壤的模型。

土壤和刀具的接触力学模型如图 3 所示[5]。

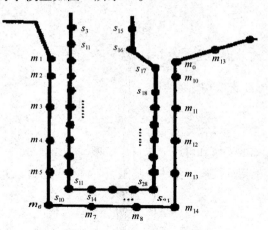

图 3　土壤和刀具的接触力学模型

点 $S_1 \sim S_{24}$ 为从接触点,点 $m_1 \sim m_{15}$ 为主接触点

3　意义

应用光滑粒子流体动力学(SPH)理论以及有限单元理论,结合土壤高速切削的仿真系统模型[1],成功开发了基于 SPH 理论的土壤高速切削数值模拟系统。并且给出了在潜土逆转旋耕中的一个应用实例。通过土壤高速切削的仿真系统模型,土壤高速切削的数值模拟可以近似地模拟土壤高速切削过程。

参考文献

[1] 高建民,周鹏,张兵,等.基于光滑粒子流体动力学的土壤高速切削仿真系统开发及试验.农业工程学报,2007,23(8):20-26.

[2] 张锁春.光滑质点流体动力学(SPH)方法(综述).计算物理,1996,13(4):388-397.

[3] 时党勇,李裕春,张胜民.基于 ANSYS/LS-DYNA 8.1 进行显式动力学分析.北京:清华大学出版社,2005.

[4] John O Hallquist. LS-DYNA Theoretical Manual . Livermore Software Technology Corporation,1998:1121-1130.

[5] 徐泳,李红艳,黄文彬.耕作土壤动力学的三维离散元建模和仿真方案策划.农业工程学报,2003,19(2):34-38.

坡度滴灌流量的偏差率公式

1 背景

为了精确地模拟滴灌系统流量偏差率,张林等[1]从水力学的基本原理出发,通过理论分析与试验验证相结合的方法,忽略制造偏差,通过对不同坡度毛管水头损失变化规律的分析,确定了不同坡度条件下滴灌系统最大、最小工作压力滴头的分布情况,在此基础上推导出了考虑地面坡度及水力偏差的单毛管流量偏差率计算公式,进而推导了小区流量偏差率的计算方法,为科学合理设计滴灌工程提供技术支撑。

2 公式

2.1 均匀坡度下单条毛管流量偏差率

按照流量偏差率的定义及《微灌工程技术规范》的规定[2],微灌小区灌溉流量偏差率应按下列公式计算:

$$q_v = \frac{q_{max} - q_{min}}{q^d} \tag{1}$$

式中,q_v 为灌水器流量偏差率,%;q_{max}、q_{min} 及 q^d 为分别为灌水器最大流量、最小流量及设计流量,L/h。

而灌水器的实际流量计算公式为:

$$q = kh^x \tag{2}$$

式中,q 为灌水器的实际流量,L/h;k 为灌水器的流量系数;h 为灌水器工作水头,m;x 为流态指数。

综合考虑式(2)和式(1),则有:

$$q_v = \frac{h_{max}^x - h_{min}^x}{h_d^x} \tag{3}$$

式中,h_{max}、h_{min}、h_d 分别为灌水器最大工作水头、最小工作水头及设计工作水头,m。

对于单条毛管,由水力学知识可知毛管上任一滴头的工作压力可用下列函数表示:

$$h_n = h_0 - h_{fn} + il_n \tag{4}$$

式中,h_n 为毛管上第 n 个滴头的工作压力水头,m;h_0 为毛管进口压力水头,m;h_{fn} 为毛管

8

上第 n 个滴头与毛管进口之间的水头损失，m；i 为地形坡度；l_n 为第 n 个滴头处的毛管长度，m，$l_n = s_0 + (n-1)s$，s_0 为毛管上第 1 个滴头与毛管进口之间的距离（单位 m），n 为毛管上滴头个数，s 为毛管上滴头间距，m。

由式（4）可得：

$$\frac{\mathrm{d}h_n}{\mathrm{d}l} = i - \frac{\mathrm{d}h_{fn}}{\mathrm{d}l} \tag{5}$$

下面分别对平坡、均匀逆坡和均匀顺坡 3 种情况下流量偏差率的计算方法进行讨论。

2.1.1 平坡（$i=0$）

在平坡（$i=0$）情况下：$\dfrac{\mathrm{d}h_n}{\mathrm{d}l} = -\dfrac{\mathrm{d}h_{fn}}{\mathrm{d}l} < 0$。

故 h_n 为一单调递减函数，因此毛管进口处的第 1 个滴头工作压力最大，可近似为毛管进口水头 h_0，即 $h_{\max} = h_0$；毛管末端的滴头工作压力最小，可表示为：

$$h_{\min} = h_0 - h_f \tag{6}$$

式中，h_f 为毛管水头损失，m；可按下式计算：

$$h_f = aFfl\frac{Q^m}{d^b} \tag{7}$$

式中，a 为局部水头损失扩大系数，其值为 1.1~1.2；f 为摩阻系数；l 为毛管长度，m；Q 为毛管入口处的流量，L/h；m 为流量指数；d 为管内径，mm；b 为管道内径指数；F 为多孔系数，按下式计算：

$$F = \frac{N\left(\dfrac{1}{m+1} + \dfrac{1}{2N} + \dfrac{\sqrt{m-1}}{6N^2}\right) - 1 + \dfrac{s_0}{s}}{N - 1 + \dfrac{s_0}{s}} \tag{8}$$

式中，N 为毛管上的滴头总个数。

将式（6）及 $h_{\max} = h_0$ 代入式（3），可以得到：

$$q_v = \frac{h_0^x - (h_0 - h_f)^x}{h_d^x} \tag{9}$$

将 $(h_0 - h_f)^x$ 用二项式定理展开并舍去二次项以后的各项，则有：

$$(h_0 - h_f)^x = h_0^x - xh_0^{x-1}h_f \tag{10}$$

为了保证滴灌系统的灌溉质量，灌水器水头偏差率应不大于 20%[3]，即 $h_f \leqslant 20\%h_0$，对上式进行误差分析：$1 \leqslant \dfrac{h_0^x - xh_0^{x-1}h_f}{(h_0 - h_f)^x} \leqslant 1.0062$，说明实验进行的余项处理完全可行。

再将式（10）代入式（9）中：

$$q_v = \frac{x h_f h_0^{x-1}}{h_d^x} \tag{11}$$

2.1.2 均匀逆坡($i<0$)

在逆坡($i<0$)情况下：$\dfrac{\mathrm{d}h_n}{\mathrm{d}l} = i - \dfrac{\mathrm{d}h_{fn}}{\mathrm{d}l} < 0$。

故 h_n 为一单调递减函数,因此毛管进口处的第 1 个滴头工作压力最大,毛管末端的滴头工作压力最小,可表示为:

$$h_{\min} = h_0 - h_f + il \tag{12}$$

将式(12)及 $h_{\max} = h_0$ 代入式(3)中,并按二项式定理展开可得:

$$q_v = \frac{x\left(\dfrac{h_f}{l} - i\right) l h_0^{x-1}}{h_d^x} \tag{13}$$

2.1.3 均匀顺坡($i>0$)

(1)在整条毛管上 $\dfrac{\mathrm{d}h_{fn}}{\mathrm{d}l} > i$ 或 $h_{fn} > il_n$。

该情况下 $\dfrac{\mathrm{d}h_n}{\mathrm{d}l} = i - \dfrac{\mathrm{d}h_{fn}}{\mathrm{d}l} < 0$,与 $i<0$ 情况相同,单条毛管的流量偏差计算公式采用式(13)。

(2)在整条毛管上 $\dfrac{\mathrm{d}h_{fn}}{\mathrm{d}l} < i$ 或 $h_{fn} < il_n$。

该情况下 $\dfrac{\mathrm{d}h_n}{\mathrm{d}l} = i - \dfrac{\mathrm{d}h_{fn}}{\mathrm{d}l} > 0$,故 h_n 为一单调递增函数,因此毛管进口处的第 1 个滴头工作压力最小,$h_{\min} = h_0$;毛管末端的滴头工作压力最大,可表示为:

$$h_{\max} = h_0 - h_f + il \tag{14}$$

将式(14)及 $h_{\min}$ 代入式(3)中,并按二项式定理展开可得:

$$q_v = \frac{x\left(\dfrac{h_f}{l} - i\right)(-l) h_0^{x-1}}{h_d^x} \tag{15}$$

(3)在整条毛管上存在一滴头 p 其 $\dfrac{\mathrm{d}h_{fn}}{\mathrm{d}l}\bigg|_{l=s_0+(p-1)s} = i$,且在毛管末端 $h_f > il$。

该情况下 $\dfrac{\mathrm{d}h_{fn}}{\mathrm{d}l}\bigg|_{l=s_0+(p-1)s} = i - \dfrac{\mathrm{d}h_{fn}}{\mathrm{d}l}\bigg|_{l=s_0+(p-1)s} = 0$,故滴头 p 的工作压力为极值;由于毛管中水流的流速是不断减小的,毛管水头损失 h_{fn} 的变化率也随之不断减小,所以 $\dfrac{\mathrm{d}h_{fn}}{\mathrm{d}l}$ 为一单调

递减函数,又由于滴头 p 处 $\dfrac{\mathrm{d}h_{fn}}{\mathrm{d}l}\Big|_{l=s_0+(p-1)s}=i$,所以在 $(p-1)$ 滴头处 $\dfrac{\mathrm{d}h_{fn}}{\mathrm{d}l}\Big|_{l=s_0+(p-2)s}>i$,

$\dfrac{\mathrm{d}h_{fn}}{\mathrm{d}l}\Big|_{l=s_0+(p-2)s}=i-\dfrac{\mathrm{d}h_{fn}}{\mathrm{d}l}\Big|_{l=s_0+(p-2)s}<0$,在 $(p+1)$ 滴头处 $\dfrac{\mathrm{d}h_{fn}}{\mathrm{d}l}\Big|_{l=s_0-ps}<i$,

$\dfrac{\mathrm{d}h_{fn}}{\mathrm{d}l}\Big|_{l=s_0+ps}=i-\dfrac{\mathrm{d}h_{fn}}{\mathrm{d}l}\Big|_{l=s_0+ps}>0$,故滴头 p 的工作压力最小,而毛管进口处的第 1 个滴头工作压力最大。

$$h_{\min}=h_0-h_{fp}+il_p \tag{16}$$

式中,h_{fp} 为工作压力最小的滴头 p 处的水头损失,m;l_p 为工作压力最小的滴头 p 距毛管进口的距离,m。

将式(16)及 $h_{\max}=h_0$ 代入式(3)中,并按二项式定理展开可得:

$$q_v=\dfrac{x\left(\dfrac{h_{fp}}{l_p}-i\right)l_p h_0^{x-1}}{h_d^x} \tag{17}$$

由导数定义可知:

$$\dfrac{\mathrm{d}h_{fn}}{\mathrm{d}l}\Big|_{l=s_0+(p-1)s}=\lim_{\Delta l\to0}\dfrac{\Delta h_{fp}}{\Delta l}=\lim_{\Delta l\to0}\dfrac{af\dfrac{Q_p^m}{d^b}\Delta l}{\Delta l}=af\dfrac{Q_p^m}{d^b}$$

式中,Q_p 为工作压力最小的滴头 p 处的毛管流量,L/h,可近似认为 $Q_p=(N-p)q_d$;Δh_{fp} 为工作压力最小的滴头 p 处的微小段水头损失,m;Δl 为工作压力最小的滴头 p 处的微小段毛管长度,m;其他符号意义同上。

又因为 $\dfrac{\mathrm{d}h_{fn}}{\mathrm{d}l}\Big|_{l=s_0+(p-1)s}=i$,则 $af\dfrac{Q_p^m}{d^b}=i$,即 $af\dfrac{\left[(N-p)q_d\right]^m}{d^b}$,由此可以确定工作压力最小的滴头 p 的位置:

$$p=INT\left[N-\dfrac{\left(\dfrac{id^b}{af}\right)^{\frac{1}{m}}}{q_d}\right] \tag{18}$$

式中,$INT(\ )$ 表示将括号内小数舍去成整数。

再将 p 代入式(7)及 $l_p=s_0+(p-1)s$ 中求得 h_{fp} 和 l_p 的值,从而求出 q_v 的值。

(4)在整条毛管上存在一滴头 p,其 $\dfrac{\mathrm{d}h_{fn}}{\mathrm{d}l}\Big|_{l=s_0+(p-1)s}=i$,且在毛管末端 $h_f\leqslant il$。

该情况下,毛管的最小工作压力出现在滴头 p 处;而最大的工作压力出现在毛管末端。

$$h_{\min}=h_0-h_{fp}+il_p \tag{19}$$

$$h_{\max}=h_0-h_f+il \tag{20}$$

将式(19)和式(20)代入式(3)中,并按二项式定理展开得:

$$q_v = \frac{x\left(\dfrac{h_{fp} - h_f}{l_p - l} - i\right)(l_p - l)h_0^{x-1}}{h_d^x} \tag{21}$$

式中,q_v 的计算同上。

综上所述,可以将上述各种坡度的流量偏差率公式统一为一种形式。

$$q_v = \frac{x(J - i)\Delta l h_0^{x-1}}{h_d^x} \tag{22}$$

式中,$J = \dfrac{\Delta h_f}{\Delta l}$,$\Delta h_f$ 为毛管上压力最小的滴头与压力最大的滴头之间的水头损失,m;Δl 为毛管上压力最小的滴头与压力最大的滴头之间的距离,m;q_v 为考虑水力偏差和地形坡度的流量偏差率,%;h_0,x,i,h_d 的物理意义同上。

2.2 均匀坡度下灌水小区的流量偏差率计算

对于树状布设的毛管,支管进口的压力水头为 H_0,毛管铺设条数为 M,毛管间距为 S,第 1 条毛管入口距离支管进口的距离为 S_0,单条毛管上滴头总个数为 N,滴头间距为 s,第 1 个滴头距毛管进口的距离为 s_0,支管内径为 D,毛管内径为 d,滴头设计流量为 q_d,H_m 为第 m 条毛管进口压力水头。

灌水小区中任一滴头的实际工作压力可表示为:

$$h_m(l_n) = H_0 - H_f(L_m) + jL_m - h_f(l_n) + i \cdot l_n \tag{23}$$

式中,$h_m(l_n)$ 为灌水小区中第 m 条毛管上的第 n 个滴头的工作压力,m;$H_f(L_n)$ 为灌水小区中第 m 条毛管进口距支管进口处的水头损失,m;J 为支管铺设坡度;L_m 为第 m 条毛管进口距支管进口处的长度,m;$h_f(l_n)$ 为第 m 条毛管上的第 n 个滴头距毛管进口处的水头损失,m;i 为毛管铺设坡度;l_n 为第 m 条毛管上的第 n 个滴头距毛管进口处的长度,m。

根据试验资料并参考文献[4],在灌水小区中,工作压力最大的滴头在进口水头最大的毛管上,工作压力最小的滴头在进口水头最小的毛管上。假定灌水小区中第 u 条毛管上的第 v 个滴头工作压力最大,第 r 条毛管上的第 t 个滴头工作压力最小,u,v,r,t 的具体值可以参照公式部分的方法确定,L_u,L_r,l_v,l_t 可以分别用 $L_m = S_0 + (m - 1)S$ 和 $l_n = s_0 + (n - 1)s$ 来计算,$H_f(L_u)$,$H_f(L_r)$,$h_f(l_v)$,$h_f(l_t)$ 可以利用式(7)计算,故:

$$h_{\max} = H_0 - H_f(L_u) + jL_u - h_f(l_v) + i \cdot l_v \tag{24}$$

$$h_{\min} = H_0 - H_f(L_r) + jL_r - h_f(l_t) + i \cdot l_t \tag{25}$$

将式(24)和式(25)代入式(3)中,并按二项式定理展开可得:

$$q_v = xH_0^{x-1}\left[\frac{H_f(L_r) - H_f(L_u) + h_f(l_t) - h_f(l_v)}{l_t - l_v} - \left(j\frac{L_r - L_u}{l_t - l_v} + i\right)\right](l_t - l_v)/h_d^x \tag{26}$$

式(26)最终也可以写成类似于式(22)的形式,即:

$$q_v = \frac{x(J' - i')\Delta l H_0^{x-1}}{h_d^x}$$ (27)

式中，q_v 为考虑水力偏差和地形坡度的灌水小区流量偏差率，%；J' 为综合考虑了支管与毛管的水头损失，$J' = \dfrac{\Delta H_f + \Delta h_f}{\Delta l}$，$\Delta h_f$ 为灌水小区中工作压力最小的滴头与工作压力最大的滴头的毛管水头损失之差(m)，ΔH_f 为支管上压力最小的毛管进口与压力最大的毛管进口之间的水头损失(m)，Δl 为灌水小区中工作压力最小的滴头与工作压力最大的滴头的毛管长度之差(m)；i' 为综合考虑了支管与毛管的铺设坡度，$i' = i + j\dfrac{\Delta L}{\Delta l}$，$i$ 为毛管铺设坡度，j 为支管铺设坡度，ΔL 为支管上压力最小的毛管进口与压力最大的毛管进口之间的距离(m)；H_0, x, h_d 的物理意义同上。

在灌水小区中，当毛管顺坡布设，支管垂直于毛管沿等高线布设时，$j=0$，$i'=i$，式(27)可以表示为：

$$q_v = \frac{x\left(\dfrac{\Delta H_f + \Delta h_f}{\Delta l} - i\right)\Delta l H_0^{x-1}}{h_d^x}$$ (28)

当支管顺坡布设，毛管垂直于支管沿等高线布设时，$i=0$，$i'=j\dfrac{L}{l}$，式(27)可以写成：

$$q_v = \frac{x\left(\dfrac{\Delta H_f + \Delta h_f}{\Delta L} - j\right)\Delta L H_0^{x-1}}{h_d^x}$$ (29)

公式(27)说明水力偏差和地形坡度对流量偏差的影响不是相互独立的，而具有一定的相关关系，可以利用地形坡度与水力偏差的这种关系来减小流量偏差，提高滴灌系统的灌水均匀度。

根据本文算法、规范条款规定的算法计算不同坡度下的滴灌系统流量偏差率，结果如表1所示。

表1 不同坡度下的流量偏差率计算结果

地面坡度 i	支管进口水头 h_0 (m)	滴头最小流量 q_{min} (L/h)	最小流量的滴头位置		滴头最大流量 q_{min} (L/H)	最大流量的滴头位置		实测流量偏差率 Φ (%)	式(27)的流量偏差率 Φ (%)	规范算法的流量偏差率 Φ (%)
			实测值 (个)	计算值 (个)		实测值 (个)	计算值 (个)			
-0.01	13.0	2.13	200	200	2.44	1	1	14.2	12.8	16.5
0	12.8	2.16	200	200	2.42	1	1	11.9	11.0	14.2

续表

地面坡度 i	支管进口水头 h_0 (m)	滴头最小流量 q_{min} (L/h)	最小流量的滴头位置		滴头最大流量 q_{min} (L/H)	最大流量的滴头位置		实测流量偏差率 Φ (%)	式(27)的流量偏差率 Φ (%)	规范算法的流量偏差率 Φ (%)
			实测值 (个)	计算值 (个)		实测值 (个)	计算值 (个)			
0.01	12.4	2.18	157	160	2.39	1	1	10.0	9.3	12.3
0.02	12.2	2.19	136	141	2.38	1	1	8.4	7.9	10.5
0.05	11.4	2.20	96	100	2.30	1	1	4.6	4.5	6.4
0.10	10.0	2.16	46	52	2.42	200	200	11.5	12.3	10.9

注:地面坡度 i 顺流下坡时取正值,逆流上坡时取负值;以管道中水流顺流方向对毛管及滴头进行编号,支管中最上游的毛管为第 1 条毛管,毛管中最上游的滴头为第 1 滴头,按此依次排序。最小及最大流量的滴头位置分别在最后一条及第一条毛管上。

3 意义

以考虑地面坡度的单毛管流量偏差率计算公式为基础,推导出的小区流量偏差率计算公式。与规范算法相比,坡度滴灌流量的偏差率公式的计算结果更接近于实际情况。坡度滴灌流量的偏差率公式为准确设计滴灌系统工程提供技术指导,使滴灌系统实际运行指标与系统设计指标基本保持一致。应用坡度滴灌流量的偏差率公式,确定出水力偏差和地形坡度对滴灌系统流量偏差率的影响,为准确模拟滴灌系统流量偏差率提供了依据。

参考文献

[1] 张林,吴普特,牛文全,等. 均匀坡度下滴灌系统流量偏差率的计算方法. 农业工程学报,2007, 23(8):40-44.
[2] 中华人民共和国水利部. 微灌工程技术标准. 北京:中国水利水电出版社,1995.
[3] 范兴科,吴普特. 毛管对灌水均匀度及系统管网布局的影响//中国农业工程学会 2005 年学术年会论文集. 北京:中国农业工程学会, 2005.288-292.
[4] Barragan J, Wu I P. Simple pressure parameters formicro-irrigation design. Biosystems Engineering,2005, 90 (4): 463-475.

滴灌系统的滴头抗堵塞公式

1 背景

滴头是滴灌系统的关键部件之一,然而其流道狭小,在田间应用中,堵塞极为普遍。滴头堵塞与流道结构有关,且关系复杂。因此,有必要深入研究滴头结构参数和灌溉水中颗粒级配和浓度对其抗堵塞性能的影响规律。穆乃君等[1]依据 ISO 滴头堵塞检测方法中"短周期堵塞测试程序",测试了国内外 15 种内镶片式齿型迷宫滴头的抗堵塞性能。

2 公式

2.1 滴头结构参数和水力性能

本研究滴头类型选用最常见的内镶片式齿型迷宫流道,滴头样本来自国内外滴灌设备生产厂家的 15 种不同产品。滴头结构参数定义如图 1 所示。

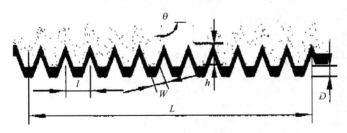

图 1   流道结构参数定义

W:流道宽;D:流道深;h:齿高度;θ:齿角度;L:流道长;l:齿间距

滴头的水力学特性一般由式(1)表示[2,3]:

$$Q = kH^x \tag{1}$$

式中,k 为流量系数,与流道几何尺寸及形状有关;H 为工作压力,kPa;x 为流态指数,反映滴头流量对压力的敏感程度,流态指数越小,灌水越均匀,其水力性能越好;Q 为滴头流量,L/h。

2.2 滴头堵塞判别标准

试验引入相对流量,指滴头在 100 kPa 工作压力下的抗堵塞试验中,实测平均流量(Q)

与其清水额定流量(Q_r)的比值,记作ζ_Q。测试滴头样本的额定流量详见表1。试验滴头被堵塞的判断标准是滴头在堵塞试验的相应阶段(阶段1~8)测试样品的相对流量小于75%[4],即

$$\zeta_0 = \frac{Q}{Q_r} \times 100\% < 75\% \tag{2}$$

表1 测试滴头样本水力性能和结构参数

滴头样本	水力性能			结构参数					
	$Q_r(\text{L/h})$	x	k	$W(\text{mm})$	$D(\text{mm})$	$h(\text{mm})$	$\theta(°)$	$l(\text{mm})$	$L(\text{mm})$
e-1	1.39	0.550 6	0.109 3	0.60	0.74	0.99	110	1.49	38.15
e-2	1.67	0.468 7	0.190 8	0.73	0.61	1.70	106	1.52	17.51
e-3	2.73	0.471 6	0.313 1	0.97	0.88	1.49	109	2.06	18.52
e-4	1.93	0.509 6	0.184 7	0.84	0.64	1.25	108	1.77	19.42
e-5	2.83	0.506 5	0.277 6	0.77	1.01	1.96	106	1.60	18.23
e-6	2.54	0.491 1	0.262 9	0.68	0.81	2.03	111	1.59	18.27
e-7	2.45	0.513 1	0.232 3	0.77	0.77	1.89	106	1.60	18.40
e-8	1.40	0.535 4	0.118 5	0.61	0.66	1.03	107	1.51	38.51
e-9	2.53	0.509 3	0.240 3	0.66	0.80	2.21	106	1.57	16.49
e-10	2.94	0.498 0	0.297 9	0.66	0.90	2.21	106	1.57	16.49
e-11	3.10	0.505 5	0.302 5	0.57	0.85	2.43	104	1.59	16.67
e-12	1.43	0.513 2	0.134 0	0.67	0.62	0.93	109	1.50	37.53
e-13	2.74	0.506 9	0.264 1	0.60	0.84	2.35	105	1.60	18.41
e-14	2.32	0.511 0	0.221 2	0.51	0.70	1.61	111	1.40	18.20
e-15	1.25	0.584 4	0.082 8	0.64	0.49	0.93	110	1.40	37.59
均值	2.22	0.511 7	0.215 5	0.69	0.75	1.67	107.6	1.58	23.23

2.3 迷宫滴头径粒比与抗堵塞性能关系

滴头的抗堵塞性能不仅取决于流道结构本身的特征,而且与其工作压力以及水中的固体颗粒粒径、级配、浓度等密切相关。因此,滴头的堵塞是流道结构形式、尺寸、灌溉水质等各种因素综合作用的结果。

研究发现试验各个阶段加入沙粒的累计分布符合 Rosin-Rammler 分布[5,6]:

$$Y_d = e^{-(d/\bar{d})^n} \tag{3}$$

式中,d 为颗粒直径,μm;$\bar{d}$ 为特征直径,即 $Y_d = 36.8\%$ 时的粒径,表征颗粒群的粗细程度,

16

μm；n 为分布指数，n 值越小，粒径分布范围越广；Y_d 为大于颗粒直径 d 的质量百分数（累计筛余质量分数），%。各试验阶段水中颗粒 Rosin–Rammler 分布参数 d、n 值见表 2。

表 2　试验各个阶段 Rosin–Rammler 分布参数

阶段	1	2	3	4	5	6	7	8
n	2.828 1	3.345	3.358 4	3.258 8	3.104 1	2.635 8	2.323 3	2.103 9
$\bar{d}(\mu m)$	56.99	66.24	77.64	87.61	97.82	113.08	129.31	146.89

由表 2 可见，分布指数 n 在试验阶段变化不大，阶段 8 的 n 值最小，表明试验各阶段颗粒分布相对均匀，在阶段 8 颗粒分布最不均匀；特征直径 $\bar{d}$ 随着试验阶段的递增依次增大明显，表明颗粒群的粒径随试验阶段的递增而显著增大，在阶段 8 取得最大值。本文采用特征直径 $\bar{d}$ 表征固体颗粒群的粗细程度，不考虑沙粒均匀性的影响。

张国祥用筛孔直径 D' 模拟流道最小孔径，取筛分沙样的筛网孔径均值 d 作为颗粒的平均粒径，建立了灌水器未堵塞率与径粒比 D'/d（即灌水器流道最小孔径与水中挟带固体颗粒平均粒径的比值）的回归式，其函数形式为：

$$Y = 100 - k_1 \left(\frac{D'}{d}\right)^{x_1} \tag{4}$$

式中，Y 为未堵塞率，%；k_1，x_1 为拟合参数，在一定保证率下由试验数据拟合得到，$k_1 > 0$，$x_1 < 0$。

式（4）描述了早期孔口滴头的未堵塞率，可改写为：

$$Y = 100 - f\left(\frac{D'}{d}\right) \tag{5}$$

由式（5）可见，堵塞率 $f\left(\dfrac{D'}{d}\right)$ 为径粒比 D'/d 的函数。根据迷宫流道的流道特征，考虑水中固体颗粒的分布，实验选取迷宫流道最小断面的水力直径 D_H 和颗粒特征直径 $\bar{d}$ 分别作为孔径和颗粒的特征尺度，其径粒比为 $D_H/\bar{d}$。由于迷宫流道具有 m 个最小过水断面，依据流道设计不同，$m = 2L/l$ 或 $m = 2L/l + 1$。假设各最小断面堵塞概率相同，则迷宫滴头径粒比 η 为：

$$\eta = \frac{D_H}{d} \times \frac{l}{m} \tag{6}$$

由于 η 为颗粒群的特征直径、流道水力直径、齿间距和流道长度的函数，即 $\eta = g(\bar{d}, D_H, l, L)$。迷宫滴头径粒比 η 综合考虑了水质、水力直径、齿间距和流道长度的影响。仍采用相对流量表示滴头流道的抗堵塞性能，即

$$\zeta_0 = F(\eta) \tag{7}$$

根据阶段 5~8 的试验数据,拟合式(7)在不同颗粒粒径级配和浓度下的经验公式为:

$$\zeta_0 = \left(1 - \frac{a\eta}{b + \eta}\right) \times 100\% \tag{8}$$

式中,a,b 为拟合系数,由各阶段试验数据分别拟合得出(表3)。

表3　经验公式(8)的系数

阶段	5	6	7	8
a	0.057 0	0.065 7	0.078 9	0.121 3
b	−0.090 6	−0.088	−0.077 6	−0.063 8
r	0.794	0.846	0.896	0.854

注:r 为线性相关系数。

由于受滴头额定流量的限制,滴头单排与双排流道的长度 L 相差较大。本试验样本滴头流道最小过水断面个数 $m=18~54$,将 m 和 η_c 代入式(6),可得到迷宫滴头不堵塞的条件为:

$$\frac{\bar{d}}{D_H} \leqslant \left[\frac{1}{m\eta_C} = \frac{1}{7} ~ \frac{1}{3}\right] \tag{9}$$

式(9)表明:对于迷宫滴头,额定流量 $Q_r = 1.25 ~ 3.10$ L/h,流道长度 $L = 16.49 ~ 38.51$ mm,滴头不堵塞的条件为灌溉水中固体颗粒群的特征直径与迷宫流道最小断面水力直径之比不大于 $1/7~1/3$。

3　意义

根据滴灌系统的滴头抗堵塞公式,计算结果表明[1]:用单一结构参数表征其抗堵塞性能存在局限性,而结构特征参数能较好反映滴头流道横、纵断面的结构特征,在不同程度上表征了流道的抗堵塞性能,且在试验条件下各自均存在抗堵塞临界值。滴头额定流量 Q_r 和迷宫滴头径粒比 η 与抗堵塞性能相关性较好,且存在抗堵塞临界值。当各参数小于其临界值时,滴头极易堵塞,且抗堵塞性能随结构特征参数、额定流量和迷宫滴头径粒比的增大而明显提高;反之,滴头抗堵塞性能较强,滴头抗堵塞性能对各参数的增大不敏感。因此,该结果可为滴头流道优化设计提供参考。

参考文献

[1] 穆乃君,张昕,李光永,等. 内镶片式齿型迷宫滴头抗堵塞试验研究. 农业工程学报,2007,23(8):

34-39.

[2] Howell T A, Hiller E A. Trickle Irrigation Design. Transactions of the ASAE, 1974,17:902-908.

[3] Karmeli D. Classification and flow regime analysis of drippers. Journal of Agricultural Engineering Research, 1977, 22:165-173.

[4] ISO Standards. ISO/TC 23/SC 18/WG 5 N 4. Cloggingtest methods for emitters. 2003.

[5] Terence Allen, Particle Size Measurement. Powder Technology Series. New York: Chapman and Hall, 1981.

[6] Djamarani K M, Clark I M. Powder Technology. Elsevier Science,1997,93(2):101-108.

单螺杆自热膨化机的功热方程

1 背景

EXT 单螺杆自热膨化机(图 1)结构简单、成本低,在中小型饲料厂、养殖场应用广泛。确切地了解该机内部发生的功热转化机理对设计和使用此类机器具有重要意义。邹岚和白洪涛[1]利用能量守恒定律,提出了单螺杆自热膨化机内功热转化方程式,并据此分析了单位生产率条件下功耗和物性参数之间及生产率和转速、螺杆长度、直径间的关系。利用该方程定性地分析了膨化机设计和使用中的一些问题。

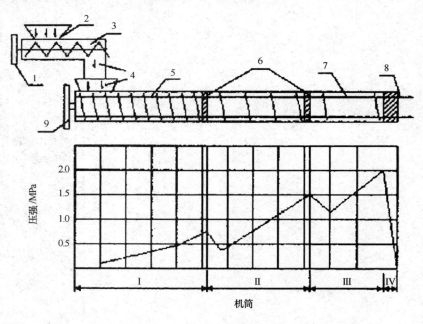

图 1　EXT 单螺杆自热膨化机

1. 定量螺旋进料器驱动轮;2. 定量螺旋进料器受料斗;3. 定量进料螺旋;4. 膨化机料斗;

5. 螺旋轴;6. 阻流环;7. 装配式机筒;8. 成型模;9. 主螺旋轴驱动轮

20

2 公式

2.1 机筒内外力对物料所做的功

2.1.1 机筒内壁摩擦力和物料内摩擦力所做的功

当将每段物料内压强变化近似地作为直线时:

$$p(x) = p(L_{i-1}) + \frac{p(L_i) - p(L_{i-1})}{L_i - L_{i-1}}(x - L_{i-1}) \tag{1}$$

式中,L_{i-1} 为第 i 段的起点坐标,m;L_i 为该段的终点坐标,m;$p(x)$ 为 x 点处物料内的压强,Pa。

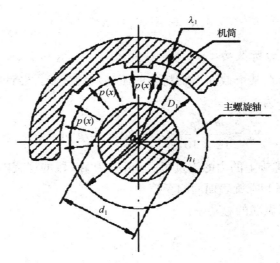

图 2   机筒内几何尺寸计算

机筒内壁摩擦力做功的功率为:

$$dN_{Di} = v_i f_{运} \pi (D_i + 2\lambda_i) p(x) dx$$

$$N_{Di} = v_i f_{运} \pi (D_i + 2\lambda_i) \int_{L_{i-1}}^{L_i} p(x) dx$$

$$= \frac{1}{2} \{ v_i f_{运} \pi (D_i + 2\lambda_i) \} \{ (L_i - L_{i-1}) p_i \} \tag{2}$$

式中,$f_{运}$ 为物料和腔体内壁间的运动摩擦系数;D_i 为第 i 段的螺旋外径,m;λ_i 为螺旋外缘和腔体内壁槽底间的径向间隙,m;v_i 为物料沿着腔体母线运动速度,m/s,$v_i = \frac{s_i n \phi_i}{60}$;$s_i$ 为第 i 段螺距,m;n 为螺杆转速,r/min;ϕ_i 为物料的滞后系数;p_i 为第 i 段物料内平均压强,pa,p_i

$$= \frac{1}{2}[p(L_i) + p(L_{i-1})] \; ; h_i \; 为第 \; i \; 螺棱高度, m。$$

在均化段物料内部摩擦力做功的功率[2]为:

$$N'_3 = V_3 \varepsilon_c^3 \mu_c \tag{3}$$

式中, V_3 为螺旋外径和机筒内表面间的容积, m^3, $V_3 = \pi \lambda_3 (D_3 + \lambda_3) L_3$; ε_c 为剪切速率, 是机筒内壁处速度和螺棱高度的比, $1/s$, $\varepsilon_c = \pi (D_3 + 2\lambda_3) n / (60 h_3)$; μ_c 为物料的黏度, $Pa \cdot s$; h_3 为均化段螺棱高度, m。

$$N'_3 = \pi^3 \mu_c \lambda_3 (D_3 + \lambda_3) L_3 (D_3 + 2\lambda_3)^2 n^2 / (3\,600\, h_3^2)$$
$$\approx \pi^3 \mu_c \lambda_3 L_3 (D_3 + 2\lambda_3)^2 n^2 / (3\,600\, h_3^2)$$

因此, 机筒内壁及物料内部摩擦力做功的总功率:

$$N_D = \sum_{i=1}^{3} N_{Di} + N'_3$$

2.1.2 螺杆表面摩擦力所做功

假定在每个区域内在某个截面上物料内的压强均匀分布。经计算可得克服螺杆表面摩擦力所做功的功率[3]为:

$$N_{di} = \frac{\pi^2 r_{di} p_i}{12 \times 10^4} (D_i^2 - d_i^2) z n \times tg(\alpha + \psi) \tag{4}$$

式中, r_{di} 为物料作用在螺旋上的力的当量半径, m; d_i 为第 i 段的螺旋内径, m; z 为螺旋头数; α 为螺旋升角; ψ 为物料和螺旋表面间的摩擦角。

螺杆表面摩擦力所做功的总功率:

$$N_d = \sum_{i=1}^{3} N_{di}$$

2.1.3 阻流环表面摩擦力所做功

假定阻流环处的压强恒定。阻流环表面摩擦力做功的功率[2]为:

$$N_{阻j} = \frac{\pi^2 p_{阻j}}{36 \times 10^4} f_{阻当j} c_{阻j} n \times (D_{阻外j} - d_{阻内j}^3) \tag{5}$$

式中, $p_{阻j}$ 为第 j 个阻流环处的压强, pa; $f_{阻当j}$ 为第 j 个阻流环处的当量摩擦系数; j 为阻流环的序号; $c_{阻j}$ 为第 j 个阻流环表面的利用系数; $D_{阻外j}$ 为第 j 个阻流环外径, m; $d_{阻内j}$ 为第 j 个阻流环内径, m。

阻流环表面摩擦力做功的总功率:

$$N_{阻} = \sum_{j=1}^{2} N_{阻j}$$

2.2 功热换算

各力做功转化的热量分为三部分:加热物料的热量;加热机筒、螺杆等机件的热量;通

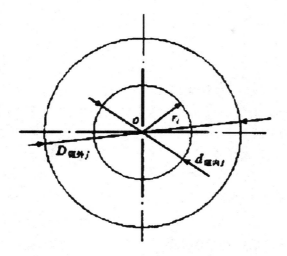

图3 阻流环几何尺寸计算

过机筒表面散向环境的热量。

据能量守恒定律,有下述等式:

$$N_D + N_d + N_{阻} = \sum N_{总} = W_1 + W_2 \tag{6}$$

式中,$W_1 = QC_{物}(t_2 - t_1)$,J/s;Q 为膨化机生产率,kg/s;$C_{物}$ 为物料比热,J/(kg·℃);t_2 为出口处物料温度,℃;t_1 为进口处物料温度,℃;W_2 为机筒壁散失的热量,J/s;$W_2 = \xi W_1$,$\xi = 0.05 \sim 1.0$。

综上所述,机内功热转化方程为:

$$\sum_{i=1}^{3} \frac{1}{120} [s_i n \Phi_i f_{运} \pi (D_i + 2\lambda_i)](L_i - L_{i-1}) p_i + \sum_{i=1}^{3} \frac{\pi^2 r_{di} p_i}{12 \times 10^4} (D_i^2 - d_i^2) zn \times$$

$$tg(\alpha + \psi) + \sum_{j=1}^{2} \frac{\pi^2 p_{阻j}}{36 \times 10^4} f_{阻jc阻jn} \times (D_{阻外j}^3 - d_{阻内j}^3) +$$

$$\pi^3 \mu_c \lambda_3 L_3 (D_3 + 2\lambda_3)^3 n^2 / (3600 \, h_3^2) = (1 + \xi) QC_{物}(t_2 - t_1) \tag{7}$$

2.3 功热转化分析

2.3.1 单位生产率能耗

$$\frac{\sum N_{总}}{Q} = \frac{W_1 + W_2}{Q} = (1 + \xi) C_{物}(t_2 - t_1) \tag{8}$$

显而易见,单位产量能耗取决于物料和温升,只要物料比热一定,温升一定,单位产量的能耗就一定,是一个与膨化机的几何尺寸和转速等无对应关系的参数。当配方一定但饲料加水量不同时,比热不同,单位产量的功耗比发生变化。

2.3.2 温升的主要影响因素

（1）从方程（7）可知：

$$Q(t_2 - t_1) \propto \bar{D} \times \bar{L} \times n \tag{9}$$

式中，$\bar{D}$ 为螺旋平均直径，m；L 为螺旋轴总长，m。

较长的螺旋轴和较大的螺旋直径可以做更多的功，产生更多的热量，膨化机的生产率会更高，或者，在同样的生产率下，使物料的温升更大。当 EXT 膨化机的直径/机筒长分别取 0.05 m/0.8 m、0.1 m/1.2 m、0.13 m/1.5 m，同样工艺条件下，生产率分别为 80 kg/h、850 kg/h 和 1 500 kg/h。

（2）物料为机体间的平均摩擦系数，由式（7）可得：

$$Q(t_2 - t_1) \propto \bar{f} \tag{10}$$

式中，f 为物料和机件之间的平均摩擦系数。

式（10）表明原料的摩擦系数小，产生的热量减小，同等温升时，生产率会减小；或者，生产率不变时，饲料的温升减小。

3 意义

影响 EXT 单螺杆自热膨化机显著的功有：机筒内壁摩擦力做功；螺杆表面摩擦力做功；物料内部摩擦力做功；阻流环表面摩擦力做功。根据单螺杆自热膨化机的功热方程的应用，功热方程给出了饲料物性参数、生产率、温升和膨化机几何尺寸、转速之间的关系。利用该方程可以定性地分析膨化机设计和使用中的一些问题。

参考文献

［1］ 邹岚，白洪涛 . EXT 单螺杆自热膨化机功热转化分析 . 农业工程学报，2007，23（8）：126−129.

［2］ 魏云丰，孟庆福，董德君 . 秸秆挤压膨化机的试验研究 . 农机化研究，2005，（3）：198−199.

［3］ 陈存社，白洪涛，闵烈，等 . 单螺杆膨化机能耗计算模型分析 . 食品与机械，2003，89（3）：22−24.

拖拉机需求的特征及预测公式

1 背景

中国大中型拖拉机需求量是一个复杂的非线性系统。黄玉祥等[1]在分析大中型拖拉机需求特点的基础上,建立了基于混沌理论的农业装备需求特性分析及预测时效模型。采用中国 1952—2004 年大中型拖拉机需求量的实测数据,重点研究了其需求系统的相空间重构、关联维数的确定和柯尔莫哥洛夫熵的计算。对确定农业装备需求量影响因素、产品需求量预测方法的改进和预测时效性的判断都具有十分重要的参考价值。

2 公式

2.1 系统混沌行为的判断方法

2.1.1 相空间重构

分析系统混沌行为的前提是相空间重构,即由低维时间序列重构出一个多维的确定性相空间。Packard 等人提出时间延迟的思想,可重构出观测到的动力学系统的相空间,这对于那些不能直接测量的深层的自变量而又仅仅知道一组单变量的时间序列来说,提供了研究系统动力行为的可能[2]。假设在某动力系统中,唯一可观察到的是单变量一维时间序列 $\{x(t_i)\}$。假设 D 是吸引子的分维数,把一维时间序列嵌入 m 维空间中:

$$X(t) = [x(t), x(t-\tau), x(t-2\tau), \cdots, x(t-(m-1)\tau)]^T \quad (1)$$

式中,$X(t)$ 为 t 时刻系统的动力学状态;τ 为延迟时间,它是时间序列时间间隔的整数倍。τ 是相空间重构过程中的一个重要参数,选择的 τ 太大或太小均不利于反映整个系统的特征[3],τ 的选取原则是在不丢失数据信息的情况下,使数据的自相关程度尽可能地小,一般采用自相关函数法;m 为嵌入空间矩阵的维数,其主要为建立相空间 R_n 到嵌入空间 R_m 的映射。Takens 在 1980 年证明了嵌入维数大小的嵌入定理,即 m 应满足:$m \geq (2D+1)$。

2.1.2 关联维数

Grassberger 和 Procaccia 根据延时嵌入相空间重构的思想,提出从时间序列直接计算关联维数的算法(称为 G-P 算法),其基本思想如下[4,5]:

根据实际的单变量时间序列来计算关联维数,从相空间 N 点中任选定一个参考点 X_i,

计算其余$(N-1)$个点到X_i的距离：

$$r_{ij} = d(X_i, X_j) = \left[\sum (X_{i+l\tau} - X_{j+l\tau})^2 \right]^{1/2} \tag{2}$$

式中，$j = 1, 2, \cdots, N$；L为采样间隔数。

对所有$X_i (i = 1, 2, \cdots, N)$重复这一过程，得到关联积分：

$$C_m(r) = \frac{2}{N(N-1)} \sum_{i,j=1; i \neq j} \Theta(r - X_i - X_j) \tag{3}$$

其中，

$$\Theta(x) = \begin{cases} 1 & r - X_i - X_j > 0 \\ 0 & 其他 \end{cases}$$

式中，$\Theta(x)$为 Heaviside 函数；N为观测值；r为距离；$C_m(r)$为关于m的相关积分。任给一个r，检查有多少对点(X_i, X_j)之间的距离小于r。距离小于r的点对在所有点对中所占的比重是关联函数$C_m(r)$，表示有多少个状态点是相互关联的，即相空间中状态点的密集程度，从而也反映了系统运动的关联程度和运动规律性程度。$C_m(r)$与r有关，随着r的增加$C_m(r)$以r^D的速率增长，于是有：

$$C_m(r) = br^{D_2} \tag{4}$$

式中，b为不随r变化的常数；D_2为关联维数。

收敛到它的真实值，一般来说，收敛出现在嵌入维高于分形维 3 以上整数倍时，由于其各个点的相关性，嵌入一个更高维数会保持其真实维数。

2.1.3 柯尔莫哥洛夫熵(K)

K熵是关于混沌系统的初始信息损失速率的量度，给出可预测系统状态的时间长度的估计，从而提供混沌轨道的不可预测性及动力学复杂性的定量描述。对时序进行混沌分析，一般是求出时间序列的柯尔莫哥洛夫熵(K)，然后，根据K值所在的范围来判断系统是否是混沌系统。系统熵越大，系统可预测性越差，系统的运动越不规则。在随机系统中，K熵是无界的；在规则系统中，K熵为零；在混沌系统中，K熵大于零，K熵越大，那么信息的损失速率越大，系统的混沌程度越大，或者说系统越复杂[6]。对于在短时间序列的情况下求二阶K熵（简称K_2熵），可采用 Grassberger 和 Procaccis 提出的用二阶 Renyi 熵的值作为K_2熵的估算方法，即在无标度区内给一个标度r，对$m = 2, 4, 6, 8, \cdots$，求出$C(r, m)$，再根据以下公式[7]：

$$K_2(r, m) = \frac{1}{2} L_n \frac{C(r, m)}{C(r, m+2)} \tag{5}$$

计算$K_2(r, m)$，并求出$K_2(r, m)$关于m的稳定值。改变标度r，再求$C(r, m)$，对不同标度下求出$K_2(r, m)$取均值，就是其最终的K_2。

2.2 需求量预测时效估计

对混沌系统，可利用柯尔莫哥洛夫熵(K)确定系统的最大可预测时间T，设时刻t的信息量为$I(t)$，经过时间Δt后的信息量为$I(t + \Delta t)$，则有$I(t + \Delta t) = I(t) - K\Delta t$，取$I(t) = 1$，

则当 $I(t + \Delta t) = 0$ 时,系统的最大可预测时间 T 为:

$$T = \frac{1}{K_2} \tag{6}$$

K_2 熵是指饱和嵌入维数 m_g 所对应的 K 熵,其详细计算过程如图 1 所示[3]。

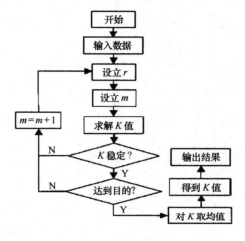

图 1 K_2 值求解过程

3 意义

　　根据拖拉机需求的特征及预测公式,计算大中型拖拉机需求变化的关联维数,结果表明,要恰当地描述该系统的变化特征,需要构造约 12 个独立变量的动力学系统,这为合理选取变量的数目提供了科学的依据。应用拖拉机需求的特征及预测公式计算表明:中国大中型拖拉机需求为混沌系统,影响需求量的因素有 1~12 个;大中型拖拉机需求系统的 K_2 熵 ($K_2 = 0.1182$)表明,该混沌系统的平均可预测的时效最多为 8 年。

参考文献

[1] 黄玉祥,郭康权,朱瑞祥．大中型拖拉机需求量混沌特征分析及预测时效研究．农业工程学报, 2007, 23 (8):135-139.

[2] Packard N H, Field J P, Farm J D, et al. Geometry from a time series. Phys Rev Leu, 1980,45:712-716.

[3] 邵辉,施志荣,赵庆贤．事故关联维数的分形特征分析．系统工程理论与实践,2006,26(4):141-144.

[4] Grassberger P, Procaccia I. Characterization of strange attractors. Phys Rev Lett A, 1983,50(5):346-349.

[5] 黄润生,黄浩. 混沌及其应用. 武汉:武汉大学出版社,2005.

[6] 余波,李应红,张朴. 关联维数和Kolmogorov熵在航空发动机故障中诊断中的应用. 航空动力学报, 2006, 21(1):219-224.

[7] 赵晶,徐建华. 河西走廊沙尘暴频数的时序分形特征. 中国沙漠,2003,23(4):415-419.

地膜覆盖的增温增产公式

1 背景

为了搞好玉米地膜覆盖栽培工程规划以及明确东北各地玉米地膜覆盖的增产效果,确定重点推广区域,为推广地膜覆盖技术提供依据,马树庆等[1]基于试验、考察和理论分析,建立玉米地膜覆盖增产率和增收额与各地积温的相关模型和地理分布模型,分析了东北地区玉米地膜覆盖栽培增产增收的地域变化规律,并探求地膜覆盖增产增收的地域变化规律。

2 公式

2.1 玉米地膜覆盖增产率与各地积温关系模式

实验着重考虑地膜覆盖增加积温与增产的关系。试验和考察表明,在积温 2 200 ~ 2 400℃的冷凉地带,地膜覆盖增产幅度达到45%左右,积温 2 600 ~ 2 700℃的温凉地带,增产幅度为40%左右,在积温 2 800℃以上的温暖地带,增产幅度为35%左右,积温不足的地方增产幅度高于积温比较充足的地方。在东北地区西部的半干旱地区,地膜覆盖水分效应也有一定作用,其影响有待进一步研究。尽管试验和考察结果尚不能满足建立统计模型的要求,但基本明确了地膜覆盖增产率与各地积温的增加有降低的相关趋势,因此依据试验和考察数据建立了理论—经验模型。由于积温不足地方的增产幅度高于积温充足的地方,说明地膜覆盖增产率与积温亏缺率有关,为此定义积温亏缺率(X,%)与当地积温(q,℃)的关系为:

$$X = \frac{A - q}{A} \times 100\% (令 q \geq A 时, X = 0) \tag{1}$$

式中,A 为在目前东北地区一熟制前提下,可以满足最晚熟高产玉米品种正常成熟的大于10℃标准积温,试验中 $A = 3 100℃$[2]。由于积温不足的地方地膜增产更为明显,为此实验根据理论分析以及试验、考察结果,建立玉米地膜覆盖增产率(Δy,%)与积温亏缺率(X,%)关系的经验模型为:

$$\Delta y = \begin{cases} 56.0 & q \leqslant 1600 \\ 30.96 + 0.518X & 1600 < q \leqslant 2850 \\ 4.38X & 3100 > q > 2850 \\ 0 & q \geqslant 3100 \end{cases} \tag{2}$$

式中，Δy 为地膜覆盖玉米单产相对于当地常规栽培玉米单产的增产百分率。相对增产率与积温亏缺率的关系如图 1 所示，是分段线性关系，在不同的积温范围内，增产率变化速率差异较大，而且存在上限和下限，最大值为 56.0%，最小值为 0。

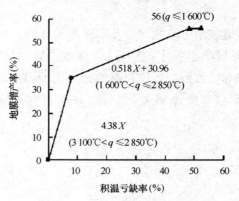

图 1　地膜增产率与积温亏缺率的关系图

2.2　玉米地膜覆盖经济效益的地域变化模型

地膜覆盖纯收入（P）增加值可用下式表示：

$$P = \Delta y \times y_0 \times B - C - \Delta D - \Delta f \tag{3}$$

式中，P 为纯收入增加值，元/hm^2；y_0 为当地现阶段常规玉米平均单产水平，kg/hm^2；B 为玉米价格，元/kg；C 为地膜投入成本，元/hm^2；ΔD 为劳务成本，元/hm^2；Δf 为肥料投入成本增量，元/hm^2。为了计算方便，并突出地膜增温的作用，剔除各地生产投入和水分等条件不均衡的影响，这里用气候产量代替玉米单产，即假设在水肥正常的条件下，该地区玉米产量由积温多少决定。根据试验结果及相关研究成果[2]，实验建立东北地区常规玉米单产与积温的关系模型：

$$y_0 = 4.875q - 4984.5 \tag{4}$$

该模型相关系数达到极显著水平。根据目前地膜市场平均价格，C 值约为 1 000 元/hm^2；地膜覆盖栽培增加的覆膜、引苗和回收废膜的劳务量与免定苗、免铲趟和免追肥减少的劳务量基本相同[3,4]，即 $\Delta D \approx 0$；改用偏晚熟品种，延长生育期，底肥投入应增加 20%左右，Δf 约合 160 元/hm^2。

2.3　长白山区积温及地膜覆盖增产效果的细节变化

东北地区地理地貌状况较为复杂，其中山地占当地土地面积的一半左右，东部的长白山区面积最大,包括吉林省东部山区、辽东山区和黑龙江省东南部山区。由于海拔高度等地理因素影响,山区气温和积温的地域变化非常大,仅用市县级气象站资料无法客观反应积温的分布情况,也就无法客观地分析地膜增产效果的分布情况。山区热量条件的分布在很大程度上是由海拔高度、纬度和经度等因素决定的,因此,实验根据马树庆等关于长白山区气候资源与地理因子关系的初步分析结果[2],采用长白山区56个代表气象站的海拔高度(h,10 m)、地理纬度[φ,(°)]和经度[λ,(°)]以及稳定气温不小于10℃积温(q')等资料,建立了东北地区长白山区积温(80%保证率)的推算趋势面方程:

$$q' = 9.57\phi^2 + 0.90\lambda^2 + 5.35 \times 10^{-5}h^2 - 6.83 \times 10^{-2}\lambda \cdot h - 8.89 \times 10^{-2}\phi \cdot h -$$
$$6.44\phi \cdot \lambda - 47.97\phi + 11.39\lambda + 11.26h + 6\,449.20 \tag{5}$$

该方程复相关系数为0.971,极显著相关。其中积温与海拔高度相关系数达0.86,极显著相关,其次是经度和纬度。将各地基本地理数据代入相应的积温推算趋势面方程和地膜覆盖增产效应模型,可计算各地的地膜增产增收情况。

将长白山区划分成众多的细网格,将每个网格代入趋势面方程中,得到网格积温,再代入有关推算模型,算出各地玉米地膜覆盖增产率分布图。

3 意义

马树庆等[1]建立地膜覆盖的增温增产公式,计算结果表明,在东北地区的北部和东部积温不足的地区,以粮食生产为目的玉米地膜覆盖增产率达35%~55%;东北地区中部多数市县增产率在20%左右,而东北地区的南部在10%以下,就一熟制而言,辽宁省大部分市县无增产效果。在日平均气温不小于10℃、积温2 400~2 850℃的中温地带,地膜增产增收幅度最大,增收额达1 700~2 000 元/hm² 左右,是主要推广区域;积温低于2 200℃的黑龙江省北部地区增产幅度较大,也比较适合推广地膜覆盖;积温高于3 000℃的辽宁省大部,增产增收效果很不明显,不宜推广该项技术。东部长白山区地膜增产增收地域分布差异较大,平原地区差异较小。

参考文献

[1] 马树庆,王琪,郭建平,等.东北地区玉米地膜覆盖增温增产效应的地域变化规律.农业工程学报,2007,23(8):66-71.

[2] 马树庆.吉林省农业气候研究.北京:气象出版社,1996:166-200.

[3] 王有宁,王荣堂,董秀荣.地膜覆盖作物农田光温效应研究.中国生态农业学报,2004,12(3):134-135.

[4] 胡小平.玉米地膜覆盖高产栽培技术.西安:陕西科学技术出版社,1991:19-101.

水资源的评价标准模型

1 背景

脉冲耦合神经网络（PCNN）模型以其耦合机制、脉冲输出两大基本特性广泛应用于图像处理领域。冯艳等[1]在两大基本特性的基础上对 PCNN 进行了改进：连接输入部分等于上一次点火时的脉冲，直接体现了前后神经元之间的联系，动态阈值等于水资源评价标准的等级范围，使调节阈值更容易对样本进行分类；省略了一些不必要的参数，减少了模型的复杂度。将改进后的 PCNN 用于三江平原农业水资源供需状况评价中，得到了满意结果。

2 公式

2.1 PCNN 模型结构及原理

PCNN 是近 10 余年在国内外兴起的新型神经网络，国际上称其为第三代人工神经网络。1990 年，由 Eckhorn 等对猫的视觉皮层神经元脉冲串同步振荡现象的研究[2]，得到了哺乳动物神经元模型[3,4]；2000 年 Kilter 和 Leo 提出了一种便于对两个相邻神经元点火特性的相关性进行分析的神经元模型；Bressloff 和 Coombes 对具有强耦合的 PCNN 的动态行为进行了研究，指出在弱耦合情况下稳定的相位锁定状态是如何随着耦合强度的增加而进入不稳定的。由此发展形成了 PCNN 模型[5,6]。

经大量应用研究，Kuntimad 和 Ranganath 对基本的 PCNN 模型进行简化（图 1）。PCNN 神经元主要由连接部分、调制部分、脉冲产生三部分组成。

（1）连接部分

反馈输入：

$$F_{ij}(n) = x_{ij} \tag{1}$$

连接输入：

$$L_{ij}(n) = V_L \sum_{k,l} W_{ij,kl} Y_{kl}(n-1) \tag{2}$$

式中，$W_{ij,kl}$ 为神经元 ij 与 kl 的连接权；V_L 为连接幅度系数；$Y_{kl}(n-1)$ 为神经元点火与否的信息。

（2）调制部分

反馈输入和连接输入经过调制部分的作用产生神经元 ij 的内部活动项：

$$U_{ij}(n) = F_{ij}(n)\left[1 + \beta L_{ij}(n)\right] \tag{3}$$

式中，β 为连接强度，神经元的脉冲生成器根据内部活动项 $U_{ij}(n)$ 的一个阶跃函数产生二值输出，并根据神经元 ij 点火（激活）与否来自动调整阈值 θ_{ij} 大小。

如果神经元 ij 点火，则对 θ_{ij} 进行调整：

$$\theta_{ij}(n) = e^{-\alpha\theta}\theta_{ij}(n-1) + V_{\theta}Y_{ij}(n-1) \tag{4}$$

式中，$\alpha\theta$ 为时间衰减常量；V_{θ} 为阈值常量。

（3）脉冲产生部分

$$Y_{ij}(n) = \begin{cases} 1 & U_{ij} \geqslant \theta_{ij} \\ 0 & U_{ij} < \theta_{ij} \end{cases} \tag{5}$$

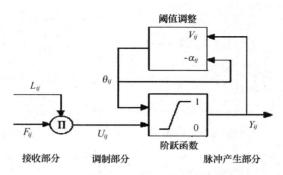

图 1　PCNN 神经元简化模型

2.2　改进的 PCNN 模型

在以往的应用中，许多专家和学者根据自己的专业需要，对 PCNN 做了不同的改进，共同目的是减少模型参数，提高解决实际问题的能力。根据水文水资源数据的特点，将用于图像中的 PCNN 模型进行了改进，来解决农业水资源供需状况评价问题。

在水资源评价中，一个样本含有若干个评价指标，网络的输入是针对每个样本逐一处理，进而对该样本的每一个评价指标进行分析，实现对样本的分类。这样的输入模式有别于图像处理的像素输入法。

网络的反馈输入：

$$F_{ij}(n) = x_{ij} \tag{6}$$

网络的连接输入[3]：

$$L_{ij}(n) = Y_{ij}(n-1) \tag{7}$$

内部活动项：

$$U_{ij}(n) = F_{ij}(n)\left[1 + \beta L_{ij}(n)\right] \tag{8}$$

脉冲输出：

$$Y_{ij}(n) = \begin{cases} 1 & U_{ij} \leq \theta_{kj} \\ 0 & U_{ij} > \theta_{kj} \end{cases} \tag{9}$$

根据实验评价标准需要,当 $U_{ij} \leq \theta_{kj}$ 时神经元点火,即 $Y_{ij}(n) = 1$。

利用前述方法,先用表2的标准检验模型的合理性,然后将表1的各项指标输入给PC-NN模型,进而确定富锦市2000年农业水资源供需状况的评价等级。在表2中各等级取值范围均匀随机产生5个样本 X_i,用上述方法对样本逐一分类(表3)。可以看出PCNN模型对随机产生的15个样本的分类结果比较理想。

表1 富锦市2000年农业水资源供需状况

指标	数量	指标	数量	指标	数量
单位面积水资源 C_1(m³/hm²)	17.02	供水工程效率 C_7(%)	35	盐渍化面积与灌溉面积比 C_{13}(%)	34.7
单位面积地表水资源 C_2(m³/hm²)	5.06	单位面积外调水 C_8(m³/hm²)	0	漏斗面积与总面积比 C_{14}(%)	10
单位面积地下水资源 C_3(m³/hm²)	11.96	灌溉率 C_9(%)	90	单方水产粮率 C_{15}(kg/m³)	1
单位面积可引水资源 C_4(m³/hm²)	17.39	综合灌溉定额 C_{10}(%)	60	水费与成本比 C_{16}(%)	33.3
地表水开发利用率 C_5(%)	12.5	渠系水利用率 C_{11}(%)	40		
地下水开发利用率 C_6(%)	63.5	田间水利用率 C_{12}(%)	70		

表2 三江平原农业水资源供需评价标准

评价指标		等级		
		一级	二级	三级
水资源指标	单位面积水资源 C_1(m³/hm²)	35~25	25~15	<15
	单位面积地表水资源 C_2(m³/hm²)	20~15	15~10	<10
	单位面积地下水资源 C_3(m³/hm²)	20~15	15~10	<10
	单位面积可引水资源 C_4(m³/hm²)	20~15	15~10	<10
供水指标	地表水开发利用率 C_5(%)	>60	60~30	<30
	地下水开发利用率 C_6(%)	80~100	50~80	30~50
	供水工程效率 C_7(%)	>80	80~50	<50
	单位面积外调水 C_8(m³/hm³)	>20	20~10	<10

评价指标		等级		
		一级	二级	三级
用水指标	灌溉率 C_9(%)	>80	80~50	<50
	综合灌溉定额 C_{10}(m³/hm³)	>20	30~45	45~60
	渠系水利用率 C_{11}(%)	≥70	70~50	<50
	田间水利用率 C_{12}(%)	≥80	80~70	<70
环境与效益指标	盐渍化面积与灌溉面积比 C_{13}(%)	<10	10~35	<35
	漏斗面积与总面积比 C_{14}(%)	<15	15~50	>50
	单方水产粮率 C_{15}(m³/hm²)	>1.5	1.5~1.0	<1.0
	水费与成本比 C_{16}(%)	>60	60~40	<40

表3　PCNN 对农业水资源供需分类结果

样本序号	农业水资源供需状况指标																PCNN 输出
	C_1	C_2	C_3	C_4	C_5	C_6	C_7	C_8	C_9	C_{10}	C_{11}	C_{12}	C_{13}	C_{14}	C_{15}	C_{16}	
1	28.86	17.78	18.64	18.16	91.70	95.67	89.96	25.51	97.98	15.91	72.13	92.26	3.35	9.75	1.79	91.38	1
2	27.64	18.35	16.21	17.04	85.36	87.45	98.36	29.35	98.52	24.60	92.76	88.25	9.43	3.37	2.31	90.37	1
3	30.44	18.41	19.73	19.51	64.78	81.36	85.32	28.82	86.52	17.60	85.72	91.54	4.57	12.87	1.92	93.17	1
4	26.15	16.23	16.63	16.49	67.31	92.38	90.08	21.84	93.84	26.49	95.87	85.38	1.78	4.49	2.45	75.61	1
5	29.15	19.78	17.59	18.75	96.27	98.42	92.59	37.47	85.85	18.26	85.77	87.83	3.25	0.86	1.72	87.74	1
6	18.23	10.33	13.79	14.25	39.57	78.05	69.16	17.86	67.38	32.81	55.36	77.62	13.62	45.43	1.43	48.35	1
7	17.61	12.60	12.76	13.63	41.03	72.12	51.47	12.04	79.87	37.14	53.56	73.76	23.80	17.87	1.45	47.52	1
8	22.26	11.72	10.17	11.32	40.94	60.31	57.32	18.24	51.51	36.26	67.97	71.61	27.80	16.91	1.34	46.44	2
9	19.36	13.10	12.51	12.46	52.74	53.42	56.62	15.49	67.12	39.26	54.23	74.48	16.23	20.61	1.03	41.63	2
10	21.71	14.81	11.60	13.15	44.35	58.51	50.31	16.72	58.32	41.53	56.48	78.88	19.78	25.98	1.14	59.68	2
11	7.17	3.98	5.63	4.35	12.13	32.72	31.50	9.17	17.22	53.22	16.27	19.88	30.95	75.87	0.17	35.20	3
12	8.04	7.09	7.35	1.77	2.26	33.42	48.36	8.97	45.68	54.68	48.70	45.53	26.57	82.87	0.86	33.35	3
13	5.87	1.65	8.35	0.58	29.58	48.85	12.69	2.63	9.81	49.92	46.14	50.61	19.89	68.36	0.23	17.83	3
14	9.76	3.52	3.24	8.34	16.35	34.79	27.43	4.59	15.33	56.90	26.39	28.37	28.18	95.48	0.57	38.87	3
15	14.59	5.37	4.79	6.84	13.52	35.44	34.54	7.34	13.74	57.58	49.31	21.25	27.09	61.47	0.47	21.41	3

3 意义

脉冲耦合神经网络(PCNN)模型是最接近生物神经元的人工网络,其两大基本特性为耦合机制、脉冲发放,广泛应用于图像处理领域。冯艳等[1]利用脉冲耦合神经网络(PCNN)模型,建立了水资源的评价标准模型。将水资源的评价标准模型用于三江平原富锦市的农业水资源供需状况评价中,计算结果表明:PCNN 的运行机制、模型结构均比传统的 BP 模型简单明了,而且 PCNN 的运行时间比 BP 模型短,避免了 BP 模型反复调整参数的过程,也没有陷入局部最优的问题。

参考文献

[1] 冯艳,付强,冯登超,等. 基于 PCNN 的农业水资源利用状况评价方法研究. 农业工程学报,2007,23(8):80-83.

[2] 马义德,李廉,王亚馥,等. 脉冲耦合神经网络原理及其应用. 北京:科学出版社,2006:16-20.

[3] Eckhorn R, Reitboeck HJ, Arndt M, et al. Feature linking via synchronization among distributed assemblies:simulation of results from cat dortex. Neural Comput,1990,2(3):293-307.

[4] Eckhorn R, Frien A, Bauer R, et al. High frequency oscillations in primary visual cortex of awake monkey. Neuro Rep, 1993, 4(3): 243-246.

[5] Eckhorn R, Reitboeck H J, Arndt M,et al. A neural network for future linking via synchronous activity: results from cat visual cortex and from simulations. In: Cotterill R M J, Ed. models of Brain Function, Cambridge, UK: Cambridge Uinv. Press, 1989: 255-272.

[6] Gray C M, Singer W. Stimulus-specific neuronal oscillations in the orientation columns of cat visual cortex. Proc, Nat. Academy Sci, 1989,86(5):1699-1702.

精确农作管理的分区划分模型

1 背景

为了便于对盐碱地实施变量管理和精确农作,以海涂围垦区盐碱土为研究对象。李艳等[1]利用模糊 c 均值聚类算法,将反映地面作物盖度和生长情况的 *NDVI* 数据、海涂盐碱地土壤生产力的最主要限制因子——盐分数据以及作物产量数据作为分类变量来定义管理分区,引入了模糊性能指数和归一化分类熵两个指标来确定最佳的分区数目,利用方差分析检验所定义管理分区是否可以有效地量化土壤化学特性的空间变异性,评价对海涂围垦区进行精确管理的可能性。

2 公式

2.1 模糊 c 均值聚类算法

在聚类过程中有三个主要矩阵,首先是数据矩阵 X,它包括 n 个观测值。第二是聚类中心矩阵 V,它包括 c 个聚类中心。最后是隶属度矩阵 U,它包括数据矩阵 X 内每个观测值隶属于聚类中心矩阵 V 内每个聚类中心的隶属度。模糊 c 均值聚类算法的基本思想是寻找目标函数的迭代最小化,最常用的目标函数为:

$$J_m(U,v) = \sum_{k=1}^{n} \sum_{i=1}^{c} (u_{ik})^m (d_{ik})^2 \tag{1}$$

式中,n 为数据个数;c 为类别数;u_{ik} 为数据矩阵 X 中第 k 个样本数据 xk 属于聚类中心矩阵 V 中第 i 个类别 v_i 的隶属度值;m 为模糊加权指数($1 \leqslant m < \infty$),它控制了不同类别间共用数据的数目。当 m 趋于无穷大时,共用数据数目增加,最终的类别变得不明显。当 m 为 1 时,就会发生硬聚类,即没有数据共用现象。$(d_{ik})^2$ 表示为:$(d_{ik})^2 = \|x_k - v_i\|^2$。当 $J_m(U,v)$ 达到极小值时,整体分类达到最优。

模糊 c 均值聚类算法通过一个迭代优化的过程实现分类。首先是对隶属度矩阵初始化,然后根据公式计算出 c 个聚类中心,由这些聚类中心再计算在聚类中各个数据点的隶属度值(见式 3),调整隶属度矩阵,依据调整完的隶属度矩阵计算出新的 c 个聚类中心,比较聚类中心的变化,如果两次循环之间的变化量小于预设的阈值,则停止迭代计算,否则重复前述步骤直至聚类中心变化小于设定的阈值。

$$v_i = \frac{\sum\limits_{k=1}^{n} (u_{ik})^m x_k}{\sum\limits_{k=1}^{n} (u_{ik})^m} \tag{2}$$

$$u_{ik} = \left[\sum_{j=1}^{c} \left(\frac{d_{ik}}{d_{jk}} \right)^{2/(m-1)} \right]^{-1} \quad 1 \le k \le n; 1 \le i \le c \tag{3}$$

2.2 聚类有效性检验

聚类时,经常产生的一个问题是究竟划分多少个类才合适。由聚类有效性可知,好的聚类应提供尽可能明晰的划分。可采用模糊性能指数和归一化分类熵来确定合适的聚类数。

模糊性能指数(简称 FPI)是数据矩阵 X 的模糊 c-分区间的模糊度,可以定义为:

$$FPI = 1 - \frac{c}{c-1} \left[1 - \sum_{k=1}^{n} \sum_{i=1}^{c} (u_{ik})^2 / n \right] \tag{4}$$

FPI 的值在 $0\sim1$ 之间变化。若该值接近 0 表示共用数据较少,类的划分明显。若该值接近 1 则表示具有较多的共用数据,类的划分不明显。FPI 越小聚类效果越好。

另一个度量指标是归一化分类熵(简称 NCE)[2],它用来模拟数据矩阵 X 的模糊 c-分区的分解量:

$$NCE = \frac{n}{n-c} \left[-\sum_{k=1}^{n} \sum_{i=1}^{c} u_{ik} log_a(u_{ik}) / n \right] \tag{5}$$

这里对数的底数 a 可为任意正整数。NCE 的值在 $0\sim1$ 之间变动。NCE 越小则模糊 c-分区的分解量越大,分类效果越好。

将研究区划分为 $2,3,4,5,6,7$ 和 8 个类别时,计算 FPI 和 NCE 的值(图1)。可以看出,随着分区数的增加 FPI 和 NCE 均不是单调增加或减少,但二者具有相同的变化趋势。

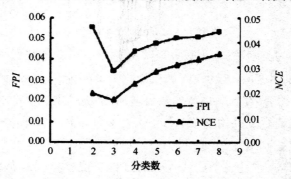

图 1　研究区划分不同类别时的 FPI 和 NCE 的值

3 意义

实验利用模糊 c 均值聚类方法进行分类分区,引入了模糊聚类指数(FPI)和归一化分类熵(NCE)作为最佳分区数目的判断标准,建立了精确农作管理的分区划分模型,通过单项方差分析对分区结果进行比较和评价,研究发现不同管理分区之间土壤化学性质的均值都存在着统计意义上的显著差异性。根据精确农作管理的分区划分模型,利用所选取的 3 个变量,模糊 c 均值聚类算法可以较好地进行精确农作管理分区划分。分区结果不但可以指导采样,而且可以作为变量管理的决策单元用于田间变量管理作业中,为精确农业变量投入的实施提供有效手段和决策依据。

参考文献

[1] 李艳,史舟,吴次芳,等. 基于多源数据的盐碱地精确农作管理分区研究. 农业工程学报,2007,23 (8):84-89.

[2] Bezdek J C. Pattern recognition with fuzzy objective function algorithms. Plenum Press, New York. 1981.

收膜整地作业机的设计公式

1 背景

地膜覆盖技术是大幅度提高作物产量、品质的一项切实可行的技术,在中国已经得到广泛应用。用机械回收残膜可以解决残膜的污染问题,提高劳动生产率,收净率高。鉴于此,张惠友等[1]研究和设计了一种收膜整地多功能作业机,介绍了机器的结构和工作过程及主要工作部件的设计原理,通过分析研究取得了最佳的结构和工作参数。

2 公式

2.1 弹齿拾膜轮及控制机构设计

弹齿运动轨迹由滑道控制,设控制杆长(由试验确定)为 $L_1 = 70$ mm,弹齿与控制杆的夹角为 $\lambda = 30°$,根据弹齿工作预选轨迹坐标和杆件参数,可建立如下滑道轨迹数学模型[2-6],如图 1 所示。

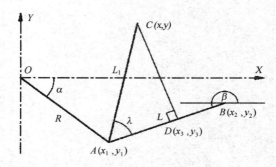

图1 弹齿拾模轮控制机构简图

R:弹齿轮半径(120 mm);L_1:控制杆(70 mm);L:弹齿(200 mm)

已知 x_2 和 y_2 为预选轨迹坐标:

$$\begin{cases} x_1 = R\cos \alpha \\ y_1 = R\sin \alpha \end{cases} \tag{1}$$

40

$$\begin{cases} x_1 = R\cos\alpha = x_2 + L\cos\beta \\ y_1 = R\sin\alpha = y_2 + L\sin\beta \end{cases} \tag{2}$$

由式（1）、式（2）可得：

$$R^2 - L^2 + x_2^2 + y_2^2 - 2R(x_2\cos\alpha + y_2\sin\alpha) = 0 \tag{3}$$

用式（3）可求出 α 角。

$$\begin{cases} x_3 = x_1 + \dfrac{(x_2 - x_1)L_1\cos\lambda}{L} \\ y_3 = y_1 + \dfrac{(y_2 - y_1)L_1\cos\lambda}{L} \end{cases} \tag{4}$$

AB 直线的斜率 $k = \dfrac{y_2 - y_1}{x_2 - x_1}$。

作直线 CD 垂直 AB，则直线 CD 的斜率 $k' = \dfrac{1}{k}$。

设 C 点坐标为 (x, y)，则：

$$\begin{cases} (x - x_3)^2 + (y - y_3)^2 = L_1^2\sin^2\lambda \\ \dfrac{y - y_3}{x - x_3} = -\dfrac{1}{k} \end{cases} \tag{5}$$

式中，λ 为控制杆与弹齿间的夹角（30°）。

用计算机解方程组（5），可求得滑道轨迹坐标 x 和 y，并可画出轨迹曲线（见图 2 中 N 曲线）。

2.2 推板的运动轨迹及技术要求

根据其功能推板在推逐时应接触弹齿，向前推的距离大于落土区的宽度，回程时要有适宜的上抬高度避免因压膜而妨碍下排齿正常工作和回带残膜（图 3）。由 EFGH 组成的四杆机构的运动关系，可得各点的运动轨迹方程为[7]：

$$G\ 点：\begin{cases} x_4 = r_0\cos(-\psi) \\ y_4 = r_0\sin(-\psi) \end{cases} \tag{6}$$

$$F\ 点：\begin{cases} x_6 = x_5 + L_4\cos\alpha_0 \\ y_6 = y_5 + L_4\sin\alpha_0 \end{cases} \tag{7}$$

$$F\ 点：\begin{cases} x_6 = x_4 + L_3\cos\beta_0 \\ y_6 = y_4 + L_3\sin\beta_0 \end{cases} \tag{8}$$

式中，ψ 为曲柄转角，为定值；x_5 和 y_5 为 E 点坐标值，为定值。

由式（7）、式（8）可得：

$$L_4^2 - L_3^2 + (x_4 - x_5)^2 + (y_4 - y_5)^2 - 2L_4[(x_4 - x_5)\cos\alpha +$$

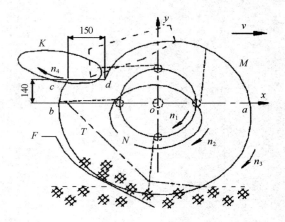

图 2　工作部件轨迹曲线图

M:弹齿尖运动轨迹曲线;N:滑道轨迹曲线;K:推板运动轨迹曲线;F:起膜铲;T:残膜;n_1:拾膜轮转速;n_2:控制杆在滑道内转速;n_3:拾膜弹齿转速;n_4:卸膜推板推膜端的转速;v:牵引行走速度

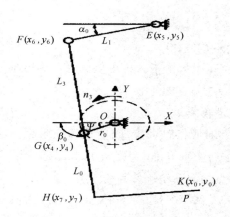

图 3　推板机构简图

$$(y_4 - y_5)\sin \alpha_0] = 0 \qquad\qquad (9)$$

由式(9)可求出 α_0,则 x_6 和 y_6 可求。

直线 FG 的斜率 $k = \dfrac{y_4 - y_6}{x_4 - x_6}$,由 K 点作直线 KH 垂直于直线 FG 延长线交于 H 点,则直线 KH 的斜率 $k'_1 = -\dfrac{1}{k}$。

$$\begin{cases} x_7 = x_4 + \dfrac{(x_4 - x_6)L_0}{L_3} \\[3mm] y_7 = y_4 + \dfrac{(y_4 - y_6)L_0}{L_3} \end{cases} \tag{10}$$

$$\begin{cases} (x_0 - x_7)^2 + (y_0 - y_7)^2 = P^2 \\[3mm] \dfrac{y_0 - y_7}{x_0 - x_7} = -\dfrac{1}{k} \end{cases} \tag{11}$$

式中，x_0 和 y_0 为 K 点坐标值；P 为杆长（280 mm）；L_0 为杆长（170 mm）；L_3 为杆长（140 mm）；L_4 为杆长（130 mm）；r_0 为曲柄半径（38 mm）。

3　意义

建立了收膜整地多功能作业机的设计公式[1]，通过此公式计算表明，机器采用起膜铲、拾膜轮和推板机构相配合完成拾膜工艺过程并在起膜铲后配置旋耕和其他整地部件，结构紧凑，工艺原理新颖合理；机器适用于 70 cm 的垄作农田双行作业，也适用于 100 cm 的大垄单行作业。经试验和性能测定，机器残膜收净率为 87%、旋耕深 17.6 cm、松土深 25 cm、碎土率 98.6%、生产率 0.33 hm²/h。

参考文献

［1］　张惠友,侯书林,那明君,等．收膜整地多功能作业机的研究．农业工程学报,2007,23(8):130-134.

［2］　侯书林,孔建铭,张惠友,等．弹齿式收膜机构运动数学模型．农业机械学报,2003,34(2):141-145.

［3］　侯书林,张淑敏,孔建铭,等．弹齿式收膜机主要结构设计．中国农业大学学报,2004,9(2):18-22.

［4］　张东兴．残膜回收机的设计．中国农业大学学报,1999,4(6):41-43.

［5］　卢博友,杨青,薛少平,等．圆弧形弹齿滚筒式残膜捡拾机构设计及捡膜性能分析．农业工程学报,2000,16(6):68-71.

［6］　卢博友,杨青,薛少平,等．弹齿滚筒式残膜捡拾机构捡膜性能分析．西北农业大学学报,2000,28(5):50-54.

［7］　秦朝民,王序俭．三种典型收膜机具简介．新疆农垦科技,1998,(4):24-25.

水稻谷粒的脱粒模型

1 背景

脱粒元件的冲击是水稻脱粒谷中粒损伤的主要原因,王显仁等[1]基于碰撞理论和能量平衡原理对单个、多个谷粒和脱粒元件的碰撞过程进行了理论分析。建立了圆形截面脱粒元件线速度和脱粒破碎率之间的数学模型。在自制的脱粒分离性能试验台上对水稻进行了脱粒性能试验,通过试验确定了数学模型中的待定系数,验证了数学模型的正确性,为脱粒装置的设计、优化提供了理论依据。

2 公式

2.1 谷粒和脱粒元件碰撞中的谷粒损伤分析

2.1.1 单个谷粒和脱粒元件的碰撞损伤分析

脱粒元件和谷粒的作用过程十分复杂,必须做出适当简化,略去次要因素,突出主要因素。根据理论力学中碰撞问题的分析方法,经分析论证,做出以下假设[2]:

(1)略去脱粒元件和谷粒碰撞过程中非碰撞力的作用;略去碰撞过程中脱粒滚筒转速变化及脱粒元件和谷粒间的相对位移,但由于碰撞力很大,它做的功仍需考虑。

(2)把谷粒简化为球体[3,4],不考虑其自转的影响。

(3)碰撞前谷粒的绝对速度为零[5]。

(4)被脱粒元件碰撞的谷粒均被脱粒,且只有和脱粒元件碰撞后谷粒才被脱粒。

如图 1 所示,设脱粒中和谷粒接触处脱粒元件线速度为 V_T。

在脱粒元件中心处固结一动坐标系 $o'x'y'$,牵连速度为 V_T。和脱粒元件碰撞前,谷粒的相对速度为 $V_{r0} = V_T$。单个谷粒的相对动能 T_0 为:

$$T_0 = \frac{1}{2} m V_T^2 \qquad (1)$$

式中,m 为单个谷粒的质量。

碰撞为斜碰撞,根据理论力学不难算出碰撞后单个谷粒的相对动能 T 为:

$$T = \frac{1}{2} m V_T^2 (\sin^2 \alpha + e^2 \cos^2 \alpha) \qquad (2)$$

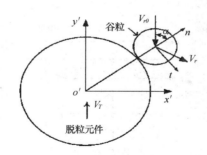

图 1　谷粒与圆形截面脱粒元件的碰撞

式中,α 为碰撞前谷粒相对速度与公法线 n 夹角;e 为谷粒与脱粒元件的碰撞恢复系数。

单个谷粒碰撞前后动能的变化为:

$$T_0 - T = \frac{1}{2} m V_T^2 (1 - e^2) \cos^2 \alpha \qquad (3)$$

根据相对运动中的质点动能定理[2],不难推出质点系在非惯性坐标系中相对动能的变化,等于作用在质点系上的力与牵连惯性力在相对路程上所做的功与质点系内力功之和。在动坐标系 $o'x'y'$ 中,碰撞前后脱粒元件相对速度均为零,因此相对动能也为零,根据假设(1)可得,碰撞前后谷粒相对动能的变化等于谷粒和脱粒元件间碰撞力之功。

根据热力学第一定律,碰撞中谷粒减少的相对动能转化为其他形式的能量,包括稻壳吸收的能量、谷粒及脱粒元件塑性变形能、热能、声能等。但正如前述,大部分能量使谷粒产生了裂纹。因此有:

$$T_0 - T = E_f + E_0 \qquad (4)$$

式中,E_f 为碰撞中谷粒损伤形成新表面的表面能;E_0 为碰撞过程中耗散的其他能量。

假设碰撞过程中耗散的能量 E_0 与总能量($T-T_0$)成正比,则碰撞中造成谷粒损伤形成新表面的表面能为:

$$E_f + K'(T - T_0) \qquad (5)$$

式中,K' 为反映碰撞过程中能量耗散状况的系数。

由式(3)、式(5)可得:

$$E_f = \frac{1}{2} K' m V_T^2 (1 - e^2) \cos^2 \alpha \qquad (6)$$

根据 Griffith 能量平衡原理[6],谷粒损伤生成新表面的大小与 E_f 成正比。

2.1.2　极限损伤能量与谷粒损伤率

为研究脱粒元件对谷粒的损伤情况,须分析脱粒元件前方所有谷粒的获得能量情况。假设脱粒元件前方有一行谷粒沿 x 轴均匀分布(如图 2 所示),随脱粒元件的运动,图 2 中质心在 A、B 点之间的谷粒将陆续被脱粒元件碰撞,AB 的长度为脱粒元件直径与谷粒直径之和。

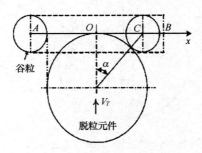

图 2 多个谷粒和脱粒元件的碰撞

由式(6)可知,AB 范围内的谷粒和脱粒元件碰撞时,谷粒在 x 轴上位置不同,入射角 α 不同,和脱粒元件碰撞中获得的能量也不同,其损伤程度也不同,入射角 α 越小谷粒损伤程度越大。而谷粒的损伤最终将导致谷粒的破碎。令谷粒破碎的极限能量为 E_c,即谷粒吸收的能量超过此值时谷粒破碎。

设 C 点谷粒获得的能量为极限能量 E_c,则 OC 范围内的谷粒为破碎谷粒(对称面相同),破碎率 p 为:

$$p = \frac{OC}{R + r} \tag{7}$$

式中,R 为脱粒元件半径;r 为谷粒半径。

将 $\cos \alpha = \dfrac{\sqrt{(R + r)^2 - OC^2}}{R + r}$ 代入式(6),并用 E_c 代替 E_f,可得:

$$E_c = \frac{K'}{2} m V_T^2 (1 - e^2) \left[1 - \left(\frac{OC}{R + r} \right)^2 \right] \tag{8}$$

结合式(7)、式(8)可得

$$p = \sqrt{1 - \frac{2E_c}{K'm(1 - e^2)V_T^2}} \tag{9}$$

式(9)中 E_c、m、e、K' 与稻谷品种、收获时的状况及脱粒元件的尺寸、形状和材料等有关,因此稻谷品种和脱粒元件确定后,破碎率仅与脱粒元件线速度有关,令 $K_1 = \dfrac{2E_c}{K'm(1 - e^2)}$,则:

$$p = \sqrt{1 - \frac{K_1}{V_T^2}} \tag{10}$$

式中,K_1 为与稻谷品种、收获时状况及脱粒元件的尺寸、形状和材料等有关的系数。

式(10)是建立在前述假设(4)之上的,仅考虑脱粒元件的冲击脱粒作用。实际脱粒过程中,许多谷粒是由于揉搓、梳刷作用而脱粒的。此外,茎秆的缓冲作用会降低脱粒破碎率,而未及时分离的谷粒有可能受到脱粒元件的再次打击,从而增大脱粒破碎率。因此,脱粒元件线速度和破碎率的实际关系应为:

$$p = K_2 \sqrt{1 - \frac{K_1}{V_T^2}} \tag{11}$$

式中,K_2 为与脱粒装置结构参数、工作性能等有关的系数。

2.2 待定系数的确定及结果分析

为确定式(11)中的待定系数,根据上述试验方法组织试验,脱粒元件齿顶线速度取值见表1,每个线速度值做20次试验,表1中破碎率为20次试验的平均值。采用最小二乘法确定 K_1、K_2 值,目标函数为:

$$\sum_{i=1}^{8} (p_i - \hat{p}_i)^2 = \min \tag{12}$$

式中,p_i 为第 i 次试验值;$\hat{p}_i$ 为第 i 次试验 V_T 值代入式(11)得到的 p_i 的计算值。

表1 破碎率与脱粒元件线速度间关系

试验	V_T(m/s)	p(%)	β(%)	相对误差(%)
1	16.00	1.35	1.254 0	7.65
2	18.00	3.00	2.946 6	1.81
3	20.00	3.70	3.710 6	−0.29
4	22.00	4.10	4.187 1	−2.08
5	24.00	4.50	4.515 9	−0.35
6	26.00	4.60	4.756 2	−3.28
7	28.00	5.00	4.938 5	1.25
8	30.00	5.20	5.080 8	2.35

实际计算中,为简化计算,对式(11)进行了线性化处理,并用 MATLAB 软件进行了数据处理,计算结果为:$K_1 = 244.644\ 2$、$K_2 = 5.954\ 0$(计量单位:V_T 为 m/s,p 为%)。将 K_1、K_2 代入式(11)中,计算不同脱粒元件线速度下的破碎率的回归值 $\hat{p}$ 和相对误差 $\left(\dfrac{p - \hat{p}}{\hat{p}} \right)$。

3 意义

实验从能量角度分析脱粒中谷粒的损伤、破碎现象,谷粒的破碎是由于其吸收的能量大于其破碎极限能量。经过理论推导建立了水稻谷粒的脱粒模型[1],这是脱粒破碎率和脱粒元件线速度之间关系的数学模型,试验结果验证了该模型的正确性,计算值与试验结果接近,相对误差10%之内。此模型给出了脱粒损伤、破碎研究的新方法。水稻谷粒的脱粒模型为脱粒装置的设计、优化提供了理论依据。

参考文献

[1] 王显仁,李耀明,徐立章. 水稻脱粒破碎率与脱粒元件速度关系研究. 农业工程学报,2007,23(8): 16-19.

[2] 李心宏. 理论力学. 大连:大连理工大学出版社,2004.

[3] 梅田翰雄. 自动脱粒机の脱粒机构の解析(第2报)—こぎ室内での稻の运动. 农业工程学会志, 1992,54(1):47-55.

[4] 赵连义,王庆山. 弓齿滚筒脱大豆减少子粒损伤的研究. 现代化农业,1997,(5):33-35.

[5] 张国旺. 锤式破碎机锤子与单个料块的碰撞力学分析. 力学与实践,1991,(5):47-49.

[6] 赵建生. 断裂力学及断裂物理. 武汉:华中科技大学出版社,2003.

土壤墒情的预测模型

1 背景

在干旱灌区建立土壤墒情监测预报和灌溉决策信息系统,这是非常重要的。何新林等[1]提出适用于干旱灌区的土壤墒情监测方法和作物灌水预报模型,对土壤墒情自动测报及灌溉决策系统的信息传输、结构及功能作了详细论述。墒情预报模型主要采用经验相关预报模型和非饱和带土壤水量平衡模型,研究的目的层为失墒敏感层和根系发育层,主要参数指标为土壤含水率、墒情指数;通过对新疆地区灌溉试验资料分析概化,墒情预测模型的主要目的是比较准确地预测土壤水分的变化[2,3]。以膜下滴灌棉花为例,建立新疆奎屯河流域灌区墒情预测模型。

2 公式

2.1 土壤墒情预报模型结构

土壤墒情预测模型主要目的是较准确地预测土壤水分的变化,从而推算作物在生育期内的灌水日期以及灌水量;故模型应由以下几项内容组成:(1)作物蒸发蒸腾量,(2)降雨量和降雨日期,(3)地下水补给量,(4)深层渗漏量,(5)土壤墒情。

2.1.1 作物蒸发蒸腾量预测

(1)作物蒸发蒸腾量预测

采用如下普遍使用的公式:

$$ET = K_c K_\theta ET_0 \tag{1}$$

式中,ET 为作物蒸发蒸腾量,mm;K_c 为作物系数;K_θ 为土壤水分修正系数;ET_0 为参考作物蒸发蒸腾量,mm/d。

(2)参考作物蒸发蒸腾量预测

参考作物蒸发蒸腾量主要反映气象因素对作物蒸发蒸腾量的影响。根据对奎屯河流域参考作物蒸发蒸腾量与气象因素的相关分析资料,在此选用其中相关性最高且便于测定和测得气温因子,来预测参考作物蒸发蒸腾量。

通过分析当地膜下滴灌棉花生育期内的旬平均气温随时间的变化规律,发现当地旬平均气温与时间之间呈二次多项式关系。

一般在 7 月 20 日以前属于升温期,在 7 月 20 日以后属于降温期。根据有关的研究成果,可根据以下公式,由气温资料预测当地参考作物蒸发蒸腾量[4,5]。

在升温期:

$$ET_0 = 1.12e^{0.077T} \qquad R = 0.97 \qquad (2)$$

在降温期:

$$ET_0 = 0.72e^{0.081T} \qquad R = 0.99 \qquad (3)$$

式中,T 为气温,℃。

(3)气温预测

首先,根据最近 3 年作物生育期内的旬平均气温与生育期累计天数的关系,采用下式计算气温的历史趋势值:

$$T' = -0.188\,5n^2 + 3.007\,4n + 13.454 \qquad R^2 = 0.82 \qquad (4)$$

式中,T' 为第 n 天气温的历史趋势值,℃;n 为膜下滴灌棉花生育期累计天数,自 5 月 1 日算起,d。

然后,根据预测起始时前 10 d 的实测平均日气温与同期历史趋势值的差值 ΔT,乘以一个逐日衰减的系数 α,作为实时矫正值。

最后,以历史趋势值 T' 与实时矫正值 $\alpha\Delta T$ 之和,作为最终预测值 T。同时,如果能够结合当地气象台或中央气象台每天公布的天气趋势预报,对气温预测值加以适当修正,则可较大地提高气温的预测精度。

(4)作物系数的确定

采用随作物生育期累计天数逐日变化的作物系数,按下式确定:

当 $n/N \leqslant 0.58$ 时,

$$K_c = 7.346(n/N)^2 - 1.606(n/N) + 0.0972, \qquad R^2 = 0.97 \qquad (5)$$

当 $n/N > 0.58$ 时,

$$K_c = -3.46\,3\ln(n/N) - 0.190\,9, \qquad R^2 = 0.92 \qquad (6)$$

式中,N 为生育期总天数。

(5)土壤水分修正系数的确定

因当地膜下滴灌棉花采用充分灌溉,故土壤水分修正系数取 1;如非充分灌溉,土壤水分修正系数可通过对比试验得出[6]。

2.1.2 降雨量和降雨日期预测

降雨量和降雨日期预测比较困难,可合理借助当地气象台(站)的预报资料;无条件时,也可采用当地最近 2~3 年的同期旬降雨量的平均值,降雨日期一般可设在旬的第 7 日。

2.1.3 地下水补给量确定

地下水补给量采用下式计算:

$$UP_n = ET_n \exp(-\sigma H') \tag{7}$$

式中，UP_n 为第 n 日地下水补给量，mm/d；ET_n 为第 n 日作物蒸发蒸腾量，mm/d；H' 为地下水埋深，m；σ 为与土壤有关的经验系数，对沙土、壤土和黏土分别取 2.1,2.0 和 1.9。

2.1.4 深层渗漏量的确定

对设计及使用合理的膜下滴灌系统，不考虑深层渗漏量。因此，本模型中取深层渗漏量为零。

2.1.5 土壤水分逐日递推

土壤水分逐日递推采用下式：

$$\theta_n = \theta_{n-1} - (ET_{n-1} - R_{n-1} - I_{n-1} - UP_{n-1} - \Delta W)/(1\,000 \times H) \tag{8}$$

式中，θ_n 为第 n 日计划湿润区内的平均土壤体积含水率，cm³/cm³；θ_{n-1} 为第 $n-1$ 日计划湿润区内的平均土壤体积含水率，cm³/cm³；ET_{n-1} 为第 $n-1$ 日的作物蒸发蒸腾量，mm；R_{n-1} 为第 $n-1$ 日的有效降雨量，mm；I_{n-1} 为第 $n-1$ 日的田间灌水量，mm；UP_{n-1} 为第 $n-1$ 日的地下水补给量，mm；ΔW 为因计划湿润层增加而增加的水量，mm；H 为计划湿润层深度，m。

2.1.6 灌水日期与灌水量的确定

当 $\theta_i \leqslant \theta_1$ 时，需要灌水，此时对应的日期即为预测的灌水日期；此时需要的灌水量按下式计算：

$$I = (0.9\theta_f - \theta_i)H \times 1\,000 \times 0.6 \tag{9}$$

式中，I 为预测灌水量，mm；θ_f 为田间持水量，cm³/cm³；θ_1 为土壤适宜含水率下限，随作物生育阶段而略有不同，cm³/cm³。

2.2 土壤墒情及灌溉预报模型计算

通过建模分析，可以得出如图 1 的土壤墒情及灌溉预报模型计算框图，并采用 Delphi 可视化编程语言编制成灌溉预报模块（图 2），以供用户调用。

3 意义

实验通过膜下滴灌棉花为例，建立新疆奎屯河流域灌区墒情预测模型，根据土壤墒情的预测模型表明，计算机信息技术对农田墒情、气象信息、灌溉用水以及农业生产等综合信息实行一体化的系统管理具有重要作用，可提高了灌溉管理水平，节约了水资源。土壤墒情的预测模型计算结果在干旱、半干旱地区具有参考和应用价值。

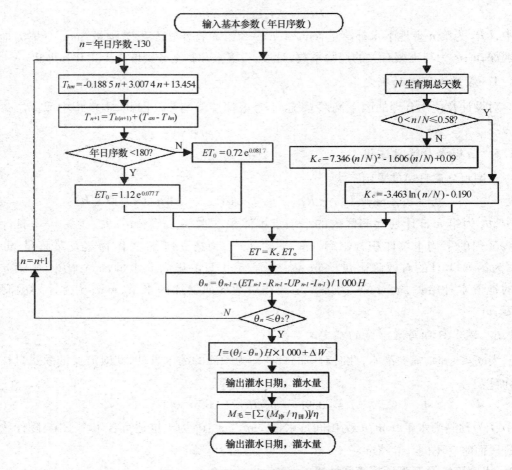

图 1 土壤墒情及灌溉预报计算模型

图 2 土壤墒情预报模块

参考文献

[1] 何新林,郭生练,盛东,等. 土壤墒情自动测报系统在绿洲农业区的应用. 农业工程学报,2007,23(8):170-175.

[2] 顾世祥,傅骅,李靖. 灌溉实时调度研究进展. 水科学进展,2003,9,660-666.

[3] 李彦. 棉花膜下滴灌灌溉制度的优化模型研究. 新疆农业大学,2005.

[4] 尚松浩,毛晓敏,雷志栋. 冬小麦田间墒情预报的 BP 神经网络模型. 水利学报,2002,(4):60-63.

[5] 毛晓敏,雷志栋,尚松浩,等. 作物生长条件下潜水蒸发估算的蒸发面下降折算法. 灌溉排水,1999,2,26-29.

[6] 杨绍辉,王一鸣,冯磊. 土壤水分空间分布快速测试仪器的开发. 中国农业大学学报,2005,10(2):23-25.

马铃薯的水分利用公式

1 背景

保水剂(SAP)是近年来迅速发展起来的一种新型高分子材料,具有很强的吸水、保水能力,能迅速吸收自身质量几百倍甚至上千倍的水分,且有反复吸水的功能,吸持后的水分可缓慢释放供作物利用[1,2]。目前商品化的保水剂大多以聚丙烯酸(PAA)或聚丙烯酰胺(PAM)为主生产,成本高,耐盐碱性能差,在农业生产应用中受到一定的限制。为了鉴别沃特的施用效果,探寻适宜的施用量,杜社妮等[3]对2005年在陕北黄土丘陵沟壑区以相同施用量的PAM(法国进口)为对比,开展了浸种和穴施不同用量的沃特对土壤水分和马铃薯生长影响的研究,并对其测定项目进行计算。

2 公式

在穴施沃特与PAM前(4月28日)、幼苗期(6月16日)、盛花期(7月22日,即块茎增长期)、收获期(9月14日)用土钻每间隔10 cm土层采样1次,用烘干法测定马铃薯株间距植株(种植穴中部)15 cm处0~100 cm土层土壤含水率(%),每个小区测定3处。根据不同土层的土壤密度、土层厚度和土壤含水率换算出不同土层的土壤水含量(水层厚度mm)。

$$w = \frac{s_w - s_d}{s_d} \times 100\% \tag{1}$$

式中,w 为土壤含水率,%;s_w 为湿土质量,g;s_d 为干土质量,g。

$$h = H_s \cdot w \cdot d \cdot 10 \tag{2}$$

式中,h 为土壤水含量,mm;H_s 为土层深度,cm;d 为土壤密度,g/cm³。

0~100 cm土层土壤水含量为0~10 cm、10~20 cm,…,90~100 cm土层土壤水含量之和。

从播种到采收期,每隔10 d测定株间距植株15 cm处10~20 cm(块茎形成层)和30~40 cm(根系分布层)土层的土壤含水率。用常规方法测定马铃薯的出苗率、块茎产量、地上部生物量、地下部生物量、块茎个数等。小区旁设置雨量筒,观测生长期间的降水量。

马铃薯从播种到收获期不灌水,不同处理生长期间的追肥、除草等管理措施均相同。由于试验地平整,地下水位深,土层深厚及土壤质地均一,试验地不产生渗漏、地下水补给

和水分的水平运动,因此马铃薯田间耗水量的计算公式为:

$$ET = p \pm \Delta h \tag{3}$$

式中,ET 为田间耗水量,mm;p 为生育期间的有效降水量,mm;Δh 为生育期间土壤水含量的变化,mm。

$$p = \lambda p' \tag{4}$$

式中,p 为有效降水量,mm;λ 为降水有效利用系数;p' 为降水量,mm。

当一次降水量或 24 h 降水量不大于 5 mm,λ 为 0;当降水量为 5~50 mm 时,λ 为 1.00;当降水量为 50~150mm 时,λ 为 0.75~0.85(试验期间最大日降水量为 65 mm,λ 为 0.80);当降水量大于 150 mm 时,λ 为 0.7[4]。

$$WUE = B/ET \tag{5}$$

式中,WUE 为水分利用率,kg/(mm·hm²);B 为生物总量,kg/hm²;ET 为耗水量,mm。

$$A = Y/ET \tag{6}$$

式中,A 为水分产出率,kg/(mm·hm²);Y 为块茎产量(鲜物质质量),kg/hm²。

$$E = \Delta Y/Q/S \tag{7}$$

式中,E 为单位施用量、单位面积的增产效果,kg/(kg·hm²);ΔY 为某一处理的增产量,kg;Q 为沃特或 PAM 某一处理的施用量,kg;S 为某一处理的面积,hm²。

监测数据均采用新复极差法检验,检验不同处理间的差异显著性。

根据杜社妮等[3]的试验数据,利用以上公式计算不同处理马铃薯的耗水量和水分利用率(表 1)。

表 1　不同处理马铃薯的耗水量和水分利用率

处理		播种到花期					播种到收获期				
		耗水量 (mm)	生物总量 (kg/hm²)	块茎产量(鲜物质质量)(kg/hm²)	水分利用率 [kg/(mm·hm²)]	水分产出率 [kg/(mm·hm²)]	耗水量 (mm)	生物总量 (kg/hm²)	块茎产量(鲜物质质量)(kg/hm²)	水分利用率 [kg/(mm·hm²)]	水分产出率 [kg/(mm·hm²)]
对照		209.2cA	3 025.26	5 313.0	14.46dC	25.40eC	350.9	7 515.90	2 571.4	21.42iC	73.28gF
沃特	15	179.5dB	3 103.38	5 510.4	17.29bA	30.70bcAB	356.0	9 364.74	34 255.2	26.31fgEF	96.22eDE
	30	178.9dB	3 262.98	5 871.6	18.24aA	32.82aA	357.1	10 232.46	37 493.4	28.65dcCDE	104.99dCD
	45	213.4bcA	3 403.68	6 161.4	15.95eB	28.87dB	359.1	11 322.78	40 500.6	31.53eBC	112.78eBC
	60	220.3abcA	3 504.48	6 442.8	15.91cB	29.25cdB	366.6	13 595.10	50 206.8	37.09aA	136.95aA
	1.0%	220.5abcA	3 176.88	5 707.8	14.41dC	25.89eC	360.9	10 858.68	41 857.2	30.09edCD	115.98bcBC

续表

处理		播种到花期					播种到收获期				
		耗水量 (mm)	生物总量 (kg/hm²)	块茎产量 (鲜物质质量) (kg/hm²)	水分利用率 [kg/(mm· hm²)]	水分产出率 [kg/(mm· hm²)]	耗水量 (mm)	生物总量 (kg/hm²)	块茎产量 (鲜物质质量) (kg/hm²)	水分利用率 [kg/(mm· hm²)]	水分产出率 [kg/(mm· hm²)]
PAM	15	181.3dB	3 105.06	5 653.2	17.13bAB	31.18abAB	350.9	8 723.82	31 105.2	24.86hF	88.64fE
	30	185.6dB	3 240.30	5 787.6	17.46abA	31.18abAB	355.5	9 064.44	32 096.4	25.50gF	90.29efE
	45	215.3abcA	3 427.20	6 127.8	15.92eB	28.46dB	361.3	9 818.76	34 137.6	27.18efDEF	94.49eDE
	60	226.6aA	3 486.42	6 358.8	15.39eBC	28.06dB	365	12 477.36	44 994.6	34.18bAB	123.27bAB
	1.0%	222.7abA	3 194.10	5 745.6	14.34dC	25.80eC	360.6	10 561.32	40 265.4	29.29dCD	111.66edBC

注：表中数据采用新复极差法检验，a、b、c 等表示显著水平达 0.05；A、B、C 等表示显著水平达 0.01。

3 意义

根据马铃薯的水分利用公式计算表明：沃特、PAM 均可吸收降水，提高土壤水含量，且土壤水分随降水量、施用量的增大而提高；当土壤干旱时沃特、PAM 可释放其吸收的水分，缓和土壤的水分状况。沃特、PAM 促进马铃薯生长，提高块茎产量，减少块茎个数，增大最大块茎，且穴施用量越大，块茎产量越高，块茎个数越少，最大块茎越大，根、茎、叶的生物量也越大。沃特、PAM 均可提高土壤水分利用率和水分产出率，穴施用量越大，水分利用率和水分产出率越高。从播种到花期沃特、PAM 穴施用量 15 kg/hm² 和 30 kg/hm² 处理的耗水量显著低于对照，从播种到收获期不同处理的耗水量与对照无显著差异，但花期、收获期不同处理的水分利用率和水分产出率均极显著高于对照。

参考文献

[1] 黄占斌. 农用保水剂应用原理与技术. 北京：中国农业科学技术出版社，2005：1-12.
[2] 黄占斌，夏春良. 农用保水剂作用原理研究与发展趋势分析. 水土保持研究，2005，12(5)：104-106.
[3] 杜社妮，白岗栓，赵世伟，等. 沃特和 PAM 保水剂对土壤水分及马铃薯生长的影响研究. 农业工程学报，2007，23(8)：72-79.
[4] 武汉水利电力学院《农田水利》编写组. 农田水利. 北京：人民教育出版社，1977：94-96.

农田生态系统的氮素平衡模型

1　背景

农田生态系统氮养分平衡作为理解氮养分在农业系统中循环周转的有效手段,反映了氮养分利用效率、氮素向环境迁移数量以及氮素管理的优劣等氮素与环境问题,近年来成为评价氮养分投入是否合理、农业可否持续发展、环境效益是否最佳的一个重要指标。王激清等[1]借助物质流分析中"输入＝输出＋盈余"的物质守恒原理,以氮素养分为介质建立中国农田生态系统氮素平衡模型,然后用2004年中国农业统计资料和文献查询获取的参数,估算中国不同地区的氮养分输入输出以及养分盈余,并分析养分产生的环境效应。

2　公式

2.1　建模方法

在农业生态体系里,国外建立的养分平衡模型主要包括三种[2]。第一种是"农场门"模型或者叫黑箱模型,这种模型将农场里所有的养分的输入和支出都通过"农场门"这个假定的输入支出端口进行养分流动的核算;第二种是"土表"养分平衡模型,主要是用来计算土壤根层深度的养分平衡,输入量包括化肥、有机肥、生物固氮、大气沉降等,输出量主要是作物收获后带走的养分量;第三种是"土壤系统"养分平衡模型,该模型对土壤中养分的输入和支出划分得更为仔细,多用来确定盈余养分的去向。以上三种模型可以运用于不同目的的养分预算,实验结合上述三种模型各自的优点,建立中国农田生态系统氮素平衡模型(图1),然后按照物质流分析的原理,即物质守恒定律:养分的"输入＝输出＋盈余",进行输入输出和盈余养分流的计算。其中模型的输入项主要包括化肥、有机肥、生物固氮、作物种子、灌溉、湿沉降和干沉降;输出项主要包括化肥的反硝化、化肥和有机肥的挥发、植株蒸腾、作物收获、养分的淋溶径流和养分的侵蚀损失;盈余量＝输入量−输出量。

2.2　数据来源与分析方法

该模型共涉及计算公式13项,其中输入项7项,输出项6项,涉及的参数共有28项,具体的养分输入输出计算公式列于下面。本研究主要采用2004年的数据,计算中国各个省级地区的养分平衡与盈余,数据来源为《中国农业年鉴(2005)》和《中国农村统计年鉴(2005)》,参数的获取主要来自近年来的文献资料。统计数据和计算参数采用 Excel 统计软

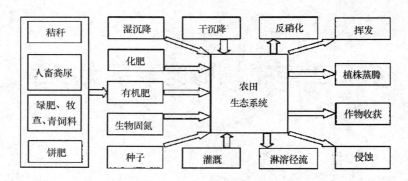

图 1 中国农田生态系统氮素平衡分析模型示意图

件进行列表和统计,并用 SPSS 统计软件进行相关检验,然后按某一特征将全国各省级数字化地图的图形库和计算得到的单位面积耕地氮养分负荷量连接起来,在 Mapinfo 系统中生成数字养分负荷分布图,用来分析养分负荷引起的环境效应。

$$干沉降输入 = (畜禽存/出栏数 \times 排泄系数 \times 粪尿氮养分含量$$
$$\times 还田比率 \times 损失率 \times 沉降率 \times 耕地占国土面积比例) + [(氮肥消费量$$
$$+ 复合肥消费量 \times 复合肥氮养分含量) \times 农田折算系数 \times 氨挥发损失率$$
$$\times 沉降率 \times 耕地占国土面积比例] \tag{1}$$

$$湿沉降输入 = 耕地面积 \times 湿沉降氮养分含量 \tag{2}$$

$$化肥输入 = (氮肥消费量 + 复合肥消费量 \times 复合肥中氮养分含量)$$
$$\times 农田折算系数 \tag{3}$$

$$有机肥输入 = (籽粒产量 \times 秸秆籽粒比 \times 秸秆氮养分含量 \times 还田比率)$$
$$+ (畜禽存/出栏数 \times 排泄系数 \times 粪尿氮养分含量 \times 还田比率)$$
$$+ (城市人口 \times 城市人均粪尿氮养分还田率 + 农村人口 \times 农村人均粪尿氮养分还田率)$$
$$+ (作物产量 \times 榨油率 \times 出饼率 \times 饼氮养分含量 \times 还田率)$$
$$+ (绿肥、青饲料和牧草产量 \times 氮养分含量 \times 还田率) \tag{4}$$

$$生物固氮输入 = 固氮作物种植面积 \times 固氮速率 \tag{5}$$

$$种子输入 = 作物播种面积 \times 种子氮养分含量 \tag{6}$$

$$灌溉输入 = 耕地面积 \times 灌溉水氮养分含量 \tag{7}$$

$$反硝化输出 = (氮肥消费量 + 复合肥消费量 \times 复合肥氮养分含量)$$
$$\times 农田折算系数 \times 反硝化损失率 \tag{8}$$

$$挥发输出 = [(氮肥消费量 + 复合肥消费量 \times 复合肥氮养分含量)$$
$$\times 农田折算系数 \times 氨挥发损失率] + (畜禽存/出栏数 \times 粪尿氮养分含量$$
$$\times 还田比例 \times 损失率) \tag{9}$$

$$植株蒸腾输出 = 耕地面积 \times 植物蒸散速率 \tag{10}$$

$$作物收获输出 = （籽粒产量 × 籽粒氮养分含量）$$
$$+（籽粒产量 × 秸秆籽粒比 × 秸秆氮养分含量） \tag{11}$$
$$侵蚀输出 = 耕地面积 × 侵蚀速率 \tag{12}$$
$$淋溶径流输出 = 耕地面积 × 淋溶径流速率 \tag{13}$$

3 意义

利用农田生态系统的氮素平衡模型[1]，计算结果表明，2004 年农田生态系统通过挥发、反硝化、植株蒸腾、淋溶径流和侵蚀等途径损失的氮为 $1\ 132.8×10^4$ t，盈余在农田生态系统土壤中的氮为 $1\ 301.2×10^4$ t；通过损失途径进入环境中的氮养分和盈余在农田生态系统中的单位面积耕地氮养分负荷高风险地区均集中在中国的东南沿海和部分中部地区。优化化学氮肥用量，有机氮肥与化学氮肥配合施用是降低农田生态系统氮养分污染潜势的最基本措施，针对中国不同地区因地制宜地制定合理种植结构和推广农田精准化施肥也是十分必要的。

参考文献

［1］ 王激清，马文奇，江荣风，等. 中国农田生态系统氮素平衡模型的建立及其应用. 农业工程学报，2007，23（8）：210-215.
［2］ Oenema O, Kros H, Vries W D, et al. Approaches and uncertainties in nutrient budgets: implications for nutrient management and environmental policies. European Journal of Agronomy, 2003,20(12):3-16.

土壤颗粒的接触模型

1 背景

土壤行为的变化过程直接受触土部件结构的影响,研究不同表面推土板作用下土壤动态行为的变化规律和影响因素对于触土部件的优化设计具有重要意义。为了准确分析土壤动态行为的影响因素和变化规律,张锐等[1]根据土壤内水分形成液桥对土壤颗粒之间相互作用力的影响以及液桥对土壤微观力学结构的影响,在传统离散单元法理论的基础上,建立了土壤颗粒接触非线性力学模型,并对光滑和波纹表面形态推土板前端土壤的动态行为进行了离散元模拟。

2 公式

为了揭示土壤颗粒之间相互作用机理,准确模拟土壤动态行为,当建立土壤颗粒接触离散元力学模型时,基于传统离散元理论,除考虑土壤颗粒之间接触力、摩擦力外,重点将并行约束引入土壤颗粒之间的相互作用中,表征液桥对土壤颗粒之间的黏性作用。同时,在土壤颗粒接触处加入法向和切向阻尼器,用黏性阻尼消散土壤颗粒相互碰撞时产生的高能量。综合考虑土壤颗粒之间的接触、滑移和内聚作用及颗粒碰撞能量的消散影响,建立 A、B 两个土壤颗粒接触非线性力学模型(图 1)。在图 1 中,接触法向弹簧和接触切向弹簧部分代表线性接触刚度模型,摩擦滑块部分代表滑移模型,并行约束弹簧部分代表并行约束模型,法向黏性阻尼器和切向黏性阻尼器部分代表黏性阻尼的影响。图 1 中右图为两颗粒 A、B 间的并行约束模型,图中 $x_i^{[A]}$ 和 $x_i^{[B]}$ 分别为颗粒 A 和颗粒 B 的中心,$x_i^{[C]}$ 为接触点,n_i 为单位矢量,$\bar{R}$ 为约束半径,F^{pb} 和 F_s^{pb} 分别为并行约束法向力和切向力矢量,M_3^{pb} 为并行约束合力矩矢量,t 为圆盘厚度。

在土壤颗粒接触非线性力学模型中,土壤颗粒之间的相互作用力为颗粒之间接触力、摩擦力、并行约束力以及黏性阻尼力的综合作用力,其性能方程表示为:

$$[F] = [F^c] + [F^s] + [F^{pb}] + [F^d] \tag{1}$$

式中,$[F]$ 为土壤颗粒综合作用力,包括综合法向作用力、综合切向作用力和综合力矩;$[F^c]$ 为土壤颗粒接触合力,包括法向接触合力和切向接触合力,其中切向接触合力受滑移模型中滑移条件的制约;$[F^s]$ 为土壤颗粒摩擦力,根据滑移模型进行计算;$[F^{pb}]$ 为并行约

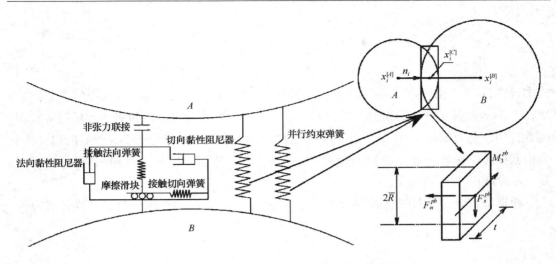

图 1　土壤颗粒接触非线性力学模型

束合力,包括并行约束合力法向分量和切向分量以及并行约束合力矩;$[F^d]$为黏性阻尼合力,包括黏性阻尼力法向分量和切向分量。

　　模型中的并行约束是颗粒流理论中描述了沉积在两颗粒之间一定尺度黏性物质的本构特性[2]。并行约束在颗粒之间建立一种弹性关系,这种关系能够与颗粒之间的接触、滑移以及阻尼作用并行发生。在两颗粒之间的并行约束既能传递作用力又能传递力矩,因此并行约束可以对处于约束状态的两颗粒贡献合力和合力矩。一个并行约束可看作一系列具有恒定法向和切向刚度的弹性弹簧,这些弹簧均匀分布在以接触点为中心的接触平面的矩形横截面上(颗粒为厚度 t 的圆盘),它们与描述线性接触刚度模型的点接触弹簧并行作用(图1)。

　　当并行约束建立以后,一旦两约束颗粒相对运动,受并行约束刚度的影响会在并行约束物质内部产生作用力和力矩。作用力和力矩作用在两约束颗粒上,并与作用在约束物质内部的最大法向应力和最大切向应力相关。如果任一最大法向或切向应力超过它们对应约束强度时,并行约束断裂。

　　并行约束产生的合力相对接触平面可以分解为法向分量和切向分量:

$$F_t^{pb} = F_n^{pb} + F_s^{pb} \tag{2}$$

式中,F_t^{pb} 为并行约束合力;F_n^{pb} 为并行约束合力法向分量;F_s^{pb} 为并行约束合力切向分量。

$$F_n^{pb} = F_n^{opb}n + \Delta F_n^{pb}$$
$$F_s^{pb} = F_s^{opb} + \Delta F_s^{pb}$$
$$M_3^{pb} = M_3^{opb} + \Delta M_3^{pb} \tag{3}$$

　　其中,

61

$$\Delta F_n^{pb} = (- k_n^{pb} A \Delta U_n) n$$

$$\Delta F_s^{pb} = - k_s^{pb} A \Delta U_s$$

$$\Delta M_3^{pb} = - k_n^{pb} I \Delta \theta_3 \qquad (4)$$

式中,F_n^{opb},F_s^{opb} 为前一时步并行约束合力法向和切向分量;M_3^{opb} 为前一时步并行约束合力矩;M_3^{pb} 为当前时步并行约束合力矩;ΔF_n^{pb},ΔF_s^{pb} 为并行约束合力法向和切向分量增量;ΔM_3^{pb} 为并行约束合力矩增量;k_n^{pb},k_s^{pb} 为并行约束法向和切向刚度;A 为约束横截面的面积;I 为约束横截面关于通过接触点的轴的转动惯量;ΔU_n,ΔU_s 分别为相对法向和相对切向位移增量;$\Delta \theta_3$ 为相对角位移增量。

根据梁理论,作用在并行约束的最大法向应力 σ_{max} 和最大切向应力 τ_{max} 计算公式为:

$$\sigma_{max} = \frac{- F_n^{ab}}{A} + \frac{M_3^{pb}}{I} \bar{R}$$

$$\tau_{max} = \frac{F_s^{pb}}{A} \qquad (5)$$

若最大法向应力 σ_{max} 超过法向约束强度 σ_n^{pb} 或最大切向应力 τ_{max} 超过切向约束强度 σ_s^{pb},并行约束断裂。

通过反复执行并调整输入参数的离散元模拟双轴实验(图2),最终使离散元模拟与实验室实验的应力—应变曲线趋于一致。

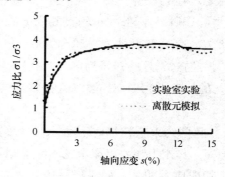

图2 模拟与实验中应力—应变曲线对比

3 意义

通过土壤颗粒的接触模型[1]的计算结果表明:离散元模拟不仅准确再现实验中表面形态对板面前端土壤动态行为影响的定性和定量结果,而且通过离散元细观分析从土壤内部土壤颗粒运动,合理解释了土壤宏观形态的变化规律以及推土板表面形态对土壤动态行为的影响,即波纹表面使板面前端土壤波动频率变大,而波动幅度变小。该研究为土壤—机械相互作用分析提供了新的研究思路和手段。

参考文献

［1］ 张锐,李建桥,周长海,等．推土板表面形态对土壤动态行为影响的离散元模拟．农业工程学报,
2007, 23(9)：13-19.

［2］ Itasca Consulting Group, Inc. PFC2D (Particle Flow Code in 2 Dimensions), Version 3. 0. USA：Minne-
apolis：ICG, 2002.

多目标农作物的种植结构优化模型

1 背景

农业系统实质是社会-生态-经济复合系统,水资源约束条件下的作物种植结构应统筹经济、社会、生态三大目标进行优化调整。针对作物种植结构调整多目标决策过程中,在数据处理、模型构建、决策者偏好等方面存在的模糊性,周惠成等[1]将交互式模糊多目标优化算法应用于求解作物种植结构优化调整模型,实现与决策者之间的反复协商,直至得到决策者满意的调整方案;并应用耗散结构理论和模糊数学理论,建立基于相对有序度熵的种植结构调整合理性评价模型,为可持续发展种植业研究以及灌溉水资源的合理利用提供理论依据。

2 公式

2.1 多目标作物和植结构优化模型

水土资源约束条件下的种植业,在具有巨大的社会经济效益的同时,还具有气体调节、气候调节、水源涵养等生态服务功能,其生态效益也是不可忽视的。农业系统实质是经济子系统、社会子系统以及生态环境子系统复合而成的生态经济系统[2]。根据文献[3]的生态经济系统理论,并参考作物种植结构调整的最新研究成果[4,5],确定以实现灌区经济效益、社会效益、生态效益三者的综合效益最大为目标,建立作物种植结构优化调整模型。

经济效益反映资源充分利用程度和生产效率的高低,净效益反映投入与产出的效益差值,是衡量经济效益的最直接指标。社会效益主要体现社会的分配公平和社区间的和谐关系,难于直接衡量与计算,而粮食增产是农民增收的最主要方式,增收意味着农民生活质量的提高,对灌区的社会稳定和安定团结起着直接作用,因此,实验选用粮食产量来间接衡量社会效益,作为一种近似处理方法。生态效益为一定性指标,也难于定量计算。陈仲新和张新时[6]参考 Costanza 等人的研究成果对中国生态系统服务价值进行估算,在此参考该研究成果,确定用农作物的生态服务价值指标来衡量生态效益。

通过上述分析,在考虑水量、面积等约束条件下,建立经济效益、社会效益和生态效益最大的多目标优化模型如下:

$$\max_{X \in R} f(X) = [f_1(X), f_2(X), f_3(X)]$$

64

$$s. t. \qquad R = \{X | G(X) \leqslant 0, X \geqslant 0\} \tag{1}$$

式中，X 为决策向量（农作物的种植面积）；$f_1(X)$，$f_2(X)$，$f_3(X)$ 为经济效益，社会效益，生态效益目标函数；G 为约束条件集，表示水土约束，政策约束等。

2.2 交互式模糊多目标优化算法

交互式模糊多目标优化算法求解上述多目标模型的步骤概况如下[7-9]。

(1)分别求解单目标优化问题 $f_p(X)$，$p = 1,2,3$，获取最优解 X_p、最优值 f_p，并构建多目标优化问题的支付表，以确定每个目标函数的最大值 $f_p(X)_M$、最小值 $f_p(X)_m$。

(2)在[0,1]区间把目标函数 $f_p(X)$ 转换成目标相对隶属函数 $\mu_p[f_p(X)]$，其中对极大化和极小化的模糊目标函数分别采用式(2)、式(3)进行转换。

$$\mu_p[f_p(X)] = [f_p(X) - f_p(X)^m]/[(f_p(X)^M) - f_p(X)^m] \tag{2}$$

$$\mu_p[f_p(X)] = [f_p(X)^M - f_p(X)]/[(f_p(X)^M) - f_p(X)^m] \tag{3}$$

(3)根据二元模糊比较决策分析法[10]确定归一化后的目标权重 λ_p^s。令迭代次数 $s = 1$。

(4)令 $\lambda_p^* = \lambda_p^s$，求解模糊线性规划[式(4)]得到满意解 X_p^s 以及 $f_p(X)$、λ_s^p。

$$\begin{cases} \min \lambda_p^s \{1 - \mu_p[f_p(X)]\} \\ X \in R \end{cases} \text{或} \begin{cases} \min \lambda_p^s \mu_p[f_p(X)] \\ X \in R \end{cases} \tag{4}$$

(5)将第4步中获得的解信息提供给决策者，若满意则停止迭代，X_p^s 为一满意解；否则，重新按照决策者的偏好计算目标权重 λ_p^{s+1}。令 $s = s+1$，返回第4步。

以兴凯湖灌区（位于黑龙江）为例，根据以上算法公式对该区作物种植结构调整的方案进行优化，结果见表1。

表1　灌区作物种植结构调整的可行方案集

可行方案	可行解							
	目标权重	水稻（10^4 hm²）	大豆/10^4 hm²	小麦（10^4 hm²）	玉米（10^4 hm²）	净经济效益（10^4 元）	粮食产量（10^4 t）	生态效益（10^4 元）
1	(0.402,0.329,0.269)	0.88	5.88	0.36	0.51	34 367.00	63.79	402 296.53
2	(0.290,0.378,0.332)	6.99	4.59	1.55	0.51	33 022.44	65.16	405 101.85
3	(0.301,0.332,.0367)	7.03	5.05	1.55	0.11	33 151.19	64.52	408 245.44

2.3 种植结构调整合理性评价模型

系统的演化方向常由熵变理论来判别，根据系统极大熵原理[11]，定义系统的相对有序度熵，利用农业系统相对有序度熵的变化对种植结构调整方案的合理性进行评价。

评价模型的建立过程如下。

(1)确定经济、社会和生态三大子系统的序参量后，首先对各个序参量进行无量纲化处理，以消除量纲对评价结果的影响，对越大越优型和越小越优型序参量分别采用式(5)、式

(6)进行无量纲化处理。

$$r_{ij} = (x_{ij} - x_{ijmin})/(x_{ijmax} - x_{ijmin}) \tag{5}$$

$$r_{ij} = (x_{ijmax} - x_{ij})/(x_{ijmax} - x_{ijmin}) \tag{6}$$

式中,r_{ij} 为 j 子系统第 i 个序参量的相对隶属度;x_{ij} 为 j 子系统第 i 个序参量值;x_{ijmax}、x_{ijmin} 分别为 j 子系统第 i 个序参量的阈值上、下限。

(2)确定子系统对有序的相对隶属度,简称子系统相对有序度 u_j:

$$u_j = \left(1 + \left\{\sum_{i=1}^{m} [w_{ij}(1 - r_{ij})]^2 \Big/ \sum_{i=1}^{m} (w_{ij}r_{ij})^2\right\}\right)^{-1} \tag{7}$$

式中,u_j 为 j 子系统的相对有序度,$u_j \in [0,1]$;m 为 j 子系统的序参量总个数;w_{ij} 为 j 子系统第 i 个序参量的权重。

(3)确定农业系统的相对有序度熵 $E(t)$:

$$E(t) = \sum_{j=1}^{n} klnu_j \tag{8}$$

式中,$E(t)$ 为第 t 个方案的农业系统的相对有序度熵;n 为子系统的总个数;k 为比例系数,通常取 $k=-1$。

当 $E(t+1) > E(t)$ 时,表明系统熵增加,无序度加大,系统结构处于不稳定状态,系统演变于恶性循环过程中,第 $t+1$ 个种植结构调整方案不合理;当 $E(t+1) < E(t)$ 时,表明系统熵减少,有序度增强,系统处于良性循环状态,第 $t+1$ 个种植结构调整方案合理;当 $E(t+1) = E(t)$ 时,表明一定时间间隔内,系统熵无变化,一般来说,系统处于定态,第 $t+1$ 个种植结构调整方案趋于合理。

根据此合理性评价模型,分别计算出 2002 年种植方案,3 个可行调整方案下的子系统相对有序度以及农业系统相对有序度熵值如表 2 所示。可以看出 2002 年由于灌区仅考虑社会经济发展,忽视生态环境保护,导致经济、社会、生态三大子系统不能协调发展,农业系统向恶性方向演化,种植结构不合理。

表 2　现有方案与调整的灌区农业系统相对有序度熵值对比

方案	经济子系统	社会子系统	生态子系统	农业系统相对有序度熵值
2002 年方案	0.507 0	0.493 0	0	
调整方案 1	0.518 2	0.245 8	0.235 9	3.505
调整方案 2	0.348 2	0.412 5	0.239 2	3.371
调整方案 3	0.319 5	0.386 3	0.294 1	3.316

3 意义

通过种植结构调整为一多目标决策问题,建立了作物种植结构优化模型。这是以实现灌区综合效益最大为目标,建立的多目标作物种植结构模型。针对多目标决策过程中在数据处理、模型构建以及决策者偏好等方面存在的模糊性特点,将交互式模糊多目标优化算法应用于求解作物种植结构调整模型。进一步通过种植结构调整合理性评价模型,与决策者之间进行协商反复,直至优选出决策者满意的调整方案。

参考文献

[1] 周惠成,彭慧,张弛,等.基于水资源合理利用的多目标农作物种植结构调整与评价.农业工程学报,2007,23(9):45-49.

[2] 刘凤琴,顾培亮.农业可持续发展系统动态评价研究.系统工程,1999,17(3):31-35.

[3] 冯尚友.水资源持续利用与管理导论.北京:科学出版社,2000.

[4] Gupta A P, Harboe R, Tabucanon M T. Fuzzy multiplecriteria decision making for crop area planning in Narmada river basin. Agricultural Systems, 2000,63,1-18.

[5] 陈守煜,马建琴.作物种植结构多目标模糊优化模型与方法.大连理工大学学报,2003,43(1):12-15.

[6] 陈仲新,张新时.中国生态系统效益的价值.科学通报,2000,45(1):17-23.

[7] Sakawa M. Fuzzy sets and interactive multiobjective optimization. New York:Plenum Press, 1993:149-173.

[8] Chih-Sheng Lee, Shui-ping Chang. Interactive fuzzy optimization for an economic and environmental balance in a river system. Water Research, 2005,39(1):221-231.

[9] 尚松浩.水资源系统分析方法及其应用.北京:清华大学出版社,2006.

[10] 陈守煜.工程模糊集理论与应用.北京:国防工业出版社,1998.

[11] Single V P. The use of entropy in hydrology and water resources. Hydrology Processes, 1997,(2):587-626.

土壤表观电导率的变异强度公式

1 背景

针对目前黄河三角洲地区存在的土壤盐渍障碍问题,杨劲松和姚荣江[1]以该地区典型地块为研究对象,运用磁感大地电导率仪(EM38)及MESS(图1),结合GIS与地统计学研究了不同样点密度下土壤表观电导率的空间变异特征,确定了最佳的空间插值模式,通过精度比较确定了不同样点密度下的优化空间插值模式,并采用偏差指数对不同样点密度下的分布图层的空间相似性进行了评价。

2 公式

2.1 交叉验证及预测精度检验

2.1.1 交叉验证

采用交叉验证法来评价插值的效果。假设某个样点的表观电导率值EC_a未知,用周围样点的值来估计,并计算所有样点实测值与估计值的平均误差(ME)和均方根误差($RMSE$)作为评价插值效果的标准,据此获得各空间插值方法的最优化参数。计算公式如下:

$$ME = \frac{1}{n} \sum_{i=1}^{n} \left[Z^*(x_i) - Z(x_i) \right] \tag{1}$$

$$RMSE = \left\{ \frac{1}{n} \sum_{i=1}^{n} \left[Z^*(x_i) - Z(x_i) \right]^2 \right\}^{0.5} \tag{2}$$

式中,$Z(x_i)$,$Z^*(x_i)$分别表示在插值数据点位置i上表观电导率的实际观测值与估计值;n为插值数据集的样点个数。

2.1.2 预测精度检验

插值结果的精度可用独立于插值数据集的校验数据集进行评价。比较校验数据点位置j上表观电导率的估计值$Z^*(x_j)$和实际观测值$Z(x_j)$,以校验数据集的平均预测误差(MPE)和均方根预测误差($RMSPE$)评价预测结果精度,MPE和$RMSPE$的计算方法如下:

$$MPE = \frac{1}{l} \sum_{j=1}^{n} \left[Z^*(x_j) - Z(x_j) \right] \tag{3}$$

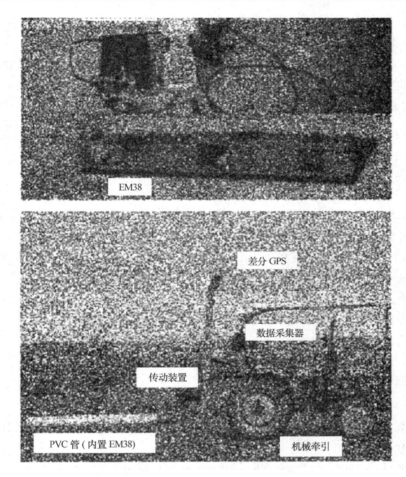

图 1　磁感大地电导率仪 EM38 及 MESS 的构架示意图

$$RMSPE = \left\{ \frac{1}{l} \sum_{j=1}^{n} \left[Z^*(x_j) - Z(x_j) \right]^2 \right\}^{0.5} \qquad (4)$$

式中, l 为校验数据集中样点的个数。

对不同样点密度下各空间预测方法的精度进行比较,分别均匀选取全部样点数据的 5%、10%、15%、20%、25% 和 30%(即 l 取 1334,2668,4001,5335,6668 和 8002)作为独立的校验数据集,其余数据(n 取 25338,24004,22671,21337,20004 和 18670)为插值数据集。校验数据集选取要求不同表观电导率值范围内的数量要相对均匀,还要考虑样点的空间位置分布均匀。

2.2　偏差指数法

采用 Costantini 提出的偏差指数对不同样点密度所得到的表观电导率分布图与参照分布图在空间上的相似程度进行量化[2]。偏差指数定义为:

$$DI = \frac{1}{MN} \sum_{i=1}^{M} \sum_{j=1}^{N} \frac{C(i,j) - B(i,j)}{B(i,j)} \tag{5}$$

式中,$C(i,j)$,$B(i,j)$分别为各样点密度下的表观电导率空间分布图层及参照分布图层;M,N为各图层的空间分辨率,表观电导率分布图层均转化为 3 m×3 m 栅格图层。由式(5)可知,偏差指数 DI 相当于图层间的平均相对误差,因此 $1-DI$ 认为是空间信息的相似程度。若 $1-DI$ 较小,说明图层间空间分布的相似程度较低;若 $1-DI$ 较大,则较高。

3 意义

土壤表观电导率的变异强度公式的计算结果表明:不同样点密度下的土壤表观电导率均呈中等变异强度,并服从对数正态分布;各样点密度下的土壤表观电导率均表现为强空间相关性,其空间变异主要表现在小于 10 m 的田间尺度上。偏差指数法分析表明,各插值方法分布图的空间相似性均随样点密度的降低而下降,采用泛克立格法可以在保证预测精度的基础上合理降低样点密度。该研究为黄河三角洲地区盐渍土地磁感式田间数据采集的合理密度确定以及优化空间插值模式选取提供了理论依据与技术参考。

参考文献

[1] 杨劲松,姚荣江. 基于磁感式土壤表观电导率空间变异性的插值方法比较. 农业工程学报,2007,23(9):50-57.

[2] Roggerman M C, Mills J P, Rogers S K. Multi-sensor information fusion for targed detection and classification. SPIE, 1988, 931:8-31.

土壤氮素的累积估测公式

1 背景

农田长时间被植被所覆盖给遥感直接监测农田土壤养分及其动态带来巨大难度。由于不同的土壤条件和施肥量会在一定程度上引起作物长势的差异,并最终反映在作物冠层光谱反射率的差异,因此,通过遥感监测作物长势动态实现农田土壤养分与环境质量监测将是遥感监测土壤质量的一个重要方法。潘瑜春等[1]利用追肥前后两期高光谱航空影像提取反映小麦长势状况的归一化植被指数 NDVI,并结合小麦种植前后的土壤采样数据,分析了追肥前后 NDVI 及其增量与小麦种植前后土壤碱解氮增量之间的关系。

2 公式

2.1 监测原理

在种植作物条件下,土壤氮素累积动态可以用作物某一生育时段内土壤氮素累积增量(Nitrogen)来描述,Nitrogen 主要受土壤速效氮增量(N)和土壤供氮转换率(ρ)影响,其关系可以用下式表达:

$$\Delta Nitrogen = \Delta N / \rho \tag{1}$$

土壤速效氮增量(N)是补给量与消耗量之差,其中补给量主要由施肥(底肥和追肥)和土壤供氮转换两部分构成,可以称为土壤初始速效氮含量,而消耗量包括小麦生长消耗和其他方式的流失。土壤供氮转换率(ρ)与土壤物理性状密切相关,对于地块内部土壤物理性状相对一致,土壤供氮转换能力和流失强度也基本一致,因此土壤速效氮增量在一定程度上反映了土壤氮素累积增量;另一方面,由于地块是均一管理,底肥施用量相同,因此,土壤初始速效氮含量差异主要体现在土壤速效氮含量差异方面,底肥、追肥和小麦生长消耗量是影响土壤中速效氮素动态消长的主要因子。在正常田间状态下小麦生长消耗的比例较为稳定,因此,可以通过监测小麦种植前后土壤速效氮增量间接监测土壤氮素累积增量。

2.2 数据获取与处理

2.2.1 地块土壤基础养分数据获取与处理

对土壤碱解氮含量使用半方差函数进行拟合,并进行交叉检验(Cross-Validation)选择最优模型类型和参数。在拟合半方差模型时,由于在大分离距离下的测量资料代表样本采样地边沿的方差结构,而不能反映样本主流的方差结构,因此在半方差函数拟合时只用采样点距离步长 $h \leqslant L/2$(L 为采样点间最大距离)的样本半方差函数值来拟合模型[2]。2000年土壤碱解氮步长(Lag)设为 26 m,2001 年步长设为 30 m。采用普通克里金插值法(Ordinary Kriging)将矢量的采样点插值为连续的土壤碱解氮空间分布图,并转换为分辨率为 3 m 的土壤碱解氮空间分布栅格数据,小麦种植前后的碱解氮增量 ΔN 提取表达式如下:

$$\Delta N = N_{2001} - N_{2000} \tag{2}$$

式中,N_{2001} 为种植一茬后小麦的土壤碱解氮(即由 2001 年采样并插值生成的碱解氮空间分布栅格数据);N_{2000} 为小麦种植前的土壤碱解氮(即由 2000 年采样并插值生成的碱解氮空间分布栅格数据)。

2.2.2 高光谱成像数据获取

分别在 2001 年 4 月 11 日(冬小麦起身期)和 4 月 26 日(冬小麦拔节期)生长期间进行航空高光谱成像光谱数据获取。传感器为中科院上海技术物理所研制的实用模块化成像光谱仪(OMIS-I 型),可见光/近红外波段光谱分辨率为 10 nm,机下点空间分辨率为 3 m。获取的高光谱影像经辐射矫正、反射率转换和几何矫正后,生成 3 m 分辨率的影像。利用遥感影像数据提取的归一化植被指数($NDVI$)指标监测小麦长势,即

$$NDVI = (\rho_{784-794\,nm} - \rho_{670-680\,nm}) / (\rho_{784-794nm} + \rho_{670-680\,nm}) \tag{3}$$

式中,$\rho_{784-794\,nm}$ 为近红外波段的反射率,中心波长为 789 nm;$\rho_{670-680\,nm}$ 为红光波段的反射率,中心波长为 675 nm。

基于拔节期和起身期提取的 $NDVI$ 差值反映小麦在该时段的小麦生长量,若将该时段 ΔT 作为一个时间单位,则该时段的 $NDVI$ 差值可以反映小麦在该时段的相对长速,因此在这里中将 $NDVI$ 差值定义为小麦长速,即:

$$\Delta NDVI = (NDVI_{426} - NDVI_{411}) / \Delta T \tag{4}$$

式中,$NDVI$ 为小麦长速;$NDVI_{426}$ 为追肥两周后(拔节期的 4 月 26 日)的 $NDVI$;$NDVI_{411}$ 为追肥前(起身期为 4 月 11 日)的 $NDVI$;T 的值为 1。

为了综合追肥前后小麦长势信息,在此采用 $R-NDVI_1$ 和 $R-NDVI_2$ 两个反映小麦相对长速的指标,其表达式如式(6)和式(7),其中 $SumNDVI$ 定义为小麦 $NDVI$ 累积量。

$$SumNDVI = NDVI_{411} + NDVI_{426} \tag{5}$$

$$R - \Delta NDVI_1 = \Delta NDVI / NDVI_{411} \tag{6}$$

$$R - \Delta NDVI_2 = \Delta NDVI / SumNDVI \tag{7}$$

根据以上公式计算的与氮增量的关系如图 1 所示。

2.2.3 分析样点数据提取

将 N_{2000}、N、$NDVI_{411}$、$NDVI_{426}$、$NDVI$、$R-NDVI_1$ 和 $R-NDVI_2$ 的栅格数据进行叠加合成生成一个具有 7 个波段的影像,在地块内部随机选择 194 个样点,提取各样点的上述 7 个指

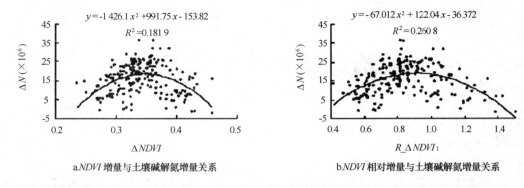

a.*NDVI* 增量与土壤碱解氮增量关系　　　　　b.*NDVI* 相对增量与土壤碱解氮增量关系

图1　小麦长速与土壤碱解氮增量的关系

标值。

3　意义

利用土壤氮素的累积估测公式,结果表明:利用追肥前获取的遥感影像提取的 *NDVI* 能够初步估测小麦生育期内土壤碱解氮增量的空间分布,而追肥后的 *NDVI* 与土壤碱解氮增量之间没有显著的相关关系。与追肥前后 *NDVI* 绝对增量相比,追肥前的 *NDVI* 能够较好地估测小麦生育期内土壤碱解氮增量,追肥前后 *NDVI* 绝对增量与追肥前的 *NDVI* 的比值是估测小麦生育期内土壤碱解氮增量的最好指标,而追肥后的 *NDVI* 与土壤碱解氮增量之间没有显著的相关关系,不能用于土壤碱解氮增量的估测。

参考文献

［1］潘瑜春,王纪华,陆安祥,等．基于小麦长势遥感监测的土壤氮素累积估测研究．农业工程学报,
2007, 23（9）:58-63.

［2］张仁铎．空间变异理论及应用．北京:科学出版社,2005.

清洗蔬菜的水射流模型

1 背景

采用淹没水射流方式清洗蔬菜及其他农产品,是近年来在国际上发展起来的一类新的清洗技术,由于该清洗方式能够与清洗水的循环利用密切结合,成为一种良好的清洗方式。王莉陈勤超[1]采用试验的方法对淹没水射流方式清洗樱桃番茄进行了研究。通过改变清洗量与射水流量进行试验,探索两者间的相互关系。对淹没水射流方式的清洗作用进行了研究,并且试验研究了清洗量和清洗时间对清洗效果的影响。

2 公式

2.1 清洗量与最小水流量

试验观察发现,在相同原料质量下,调节射水流量可改变原料的运动状态。射水流量未达到某一量值时,原料在水中静止不动;射水流量达到一定量值后,单一原料在水中呈现出不规则的行星运动,即在转动的同时随水的涡流做圆周运动,原料整体好似绕轴旋转。当射水流量较小时,原料易于偏向一侧运动,这在原料质量较小时表现明显,如图 1a 为原料质量 10 kg,射水流量 3 400 L/h 时的运动状态。无论原料质量大小,提高射水流量,均会使原料布满整个水域空间运动,如图 1b 为原料质量 3 kg,射水流量 5 800 L/h 时的运动状态。不仅如此,提高射水流量,可提高原料在水中的运动速度。

a.原料质量10 kg,射水流量3 800 L/h　　　　b.原料质量3 kg,射水流量5 800 L/h

图 1　射水流量对原料运动状态的影响

最小射水流量指在该流量下,原料开始运动,并且所有原料均无滞留现象。对录像记录进行分析后,确定得出与清洗量对应的最小射水流量值,并且采用 SigmaPlot 软件对其进行曲线拟合,其结果见图 2。最小水流量 Q_{min} 与清洗量 w 符合如下关系

$$Q_{min} = 2807 + 3.41w + 1.36w^2 \qquad (1)$$

拟合曲线与试验数据的相关性为 0.994。

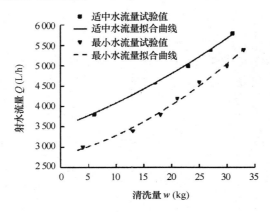

图 2　清洗量与射水流量的关系

2.2　清洗量与适中水流量

虽然达到最小射水流量后,原料在水中处于搅动状态,可以起到清洗的作用,但不认为是推荐的适中水流量。本试验将适中水流量定义为原料在整个水域空间能够较好分布并达到适当的旋转速度时的最小射水流量,根据分析录像记录,判断确定与清洗量对应的值,同样通过曲线拟合,得出结果见图 2。适中水流量 Q_{su} 与清洗量 w 的关系为:

$$Q_{su} = 3\,498 + 51.5w + 0.71w^2 \qquad (2)$$

曲线与试验数据的相关性为 0.997。

2.3　清洗量与洗净率

设每次采样观察记录的洗净果质量为 w_c,未洗净果质量为 w_d,洗净率 η 可计算如下:

$$\eta = \frac{w_c}{w_c + w_d} \qquad (3)$$

对于不同清洗量的樱桃番茄进行清洗试验,对 3 次采样结果进行算术平均,其结果见表 1。

表 1　不同清洗量下的洗净率

试验编号	1	2	3	4	5	6	7
清洗量 w(kg)	5	10	15	20	25	27.5	30
洗净率 η(%)	65.5	69.3	69.4	67.6	69.7	66.8	54.6

2.4 柄蒂脱落情况和破损率

在清洗过程中,由于水的搅动作用和原料之间的相互碰撞,不够牢固的柄蒂会从果上脱落,也有可能使原料破损。柄蒂脱落和原料破损情况能够反映出原料在清洗过程中受力和运动的强烈程度以及清洗方式对于清洗原料的适用性。

用柄蒂脱落率反映柄蒂的脱落情况,柄蒂脱落率 τ 表示为:

$$\tau = \frac{w_{b1} - w_{b2}}{w} \tag{4}$$

式中,w_{b1} 和 w_{b2} 分别为清洗前和清洗后带柄果质量;w 为试验清洗量。试验结果见表2。

清洗过程中,原料的破损程度用破损率表示,在此破损率 φ 指清洗后破损果重 w_p 与清洗量 w 的比值。

$$\phi = \frac{w_p}{w} \tag{5}$$

表2 柄蒂脱落率和破损率

试验编号	1	2	3	4	5	6	7
清洗量 w(kg)	5	10	15	20	25	27.5	30
柄蒂脱落率 τ(%)	1.09	2.25	3.42	9.21	2.66	2.54	1.47
破损率 φ(%)	0.40	0.25	0.13	0.45	0.42	0.49	0.30

从柄蒂脱落率数据看,在清洗量为 20 kg 时出现了最大值,这与录像记录分析的樱桃番茄运动状态的激烈程度结果一致。当清洗量较小时,原料运动有足够空间,虽然运动速度快,但原料间的相互碰撞少;当清洗量较大时,原料运动空间有限,运动速度明显放缓,原料运动的强烈程度也随清洗量的增加而下降。从这里也可以看出,为增强原料在清洗过程中的搅动,可以适当减少清洗量,而不是采用最大清洗量。

采用淹没水射流清洗方式清洗樱桃番茄,出现的破损表现为开裂,不存在可观察到的碰撞伤或擦伤。在非常成熟果中开裂是常见的破损现象。因此,清洗破损率的大小与果实成熟度有关。本试验结果的破损率非常低,在 0.5% 以下,表明了该清洗方式非常适合樱桃番茄的清洗。

3 意义

应用清洗蔬菜的水射流模型式,结果表明,清洗运动状态取决于射水流量与清洗量,射水流量与清洗量之间满足二次线性关系,可根据樱桃番茄的清洗量确定设备的射水流量。设备的最大清洗量由清洗槽的容积决定,建议最大清洗量不超过清洗槽容积的80%,在此清洗量范围内,清洗效果不会随清洗量的减少而改善,清洗 3 min 的洗净率为 60%～70%。结果表明,淹没水射流方式适合用于樱桃番茄的清洗,破损率低,可以获得比较好的清洗效果。

参考文献

[1] 王莉,陈勤超. 淹没水射流方式清洗樱桃番茄的试验研究. 农业工程学报,2007,23(9):86-90.

土壤的吸渗率公式

1 背景

盘式吸渗仪已成为测定田间土壤水力参数的重要工具之一,自动监测装置的应用将进一步提高试验的精确度并加快试验进程。王琳芳等[1]介绍了一种与 Casey 和 Derby 相似的试验装置,通过连接在储水管上下两端的传感器实时压差监测,以此确定入渗水量的变化过程,并通过一系列试验,对试验装置的可靠性进行了验证,并将试验装置应用到实际测定土壤水力参数中。

2 公式

2.1 自动测定装置的可靠性验证

首先通过确定储水管水位(H)和输出电压(V)之间的关系对传感器进行标定。随机调整储水管水位到不同的高度,记录该水位下的输出电压,分析两者之间的关系(图 1)。

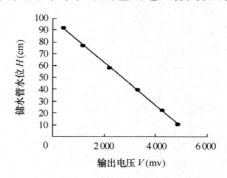

图 1　储水管水位与传感器输出电压之间的关系图

由图 1 可以看出,储水管水位 H 与输出电压 V 之间呈显著的线性相关,其关系表示为:

$$H = -0.018\,1V + 98.904, R^2 = 0.999\,5 \tag{1}$$

采用 F 检验方法[2]对试验结果进行显著性分析,结果为:($F = 2\,286.07$)>[$F_{0.05}(3) = 6.59$],表明输出电压与储水管水位之间的线性关系显著。

为了验证自动装置的可靠性,对于 15 cm 盘径,−6 cm H_2O 负水头下的试验,同时采用人工和自动监测装置两种方法采集数据,并且对两种数据采集方式下的试验结果进行对比(图2)。结果显示,对于整个试验过程的监测,人工读数与自动监测得到的结果是一致的,而且自动装置获取了更多的有效数据,特别是在试验开始的时段。

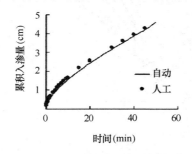

图2　两种方式下累积入渗量随时间变化的关系

2.2　吸渗率 S 的计算

将自动监测试验装置应用到盘式吸渗仪的应用中,并缩短数据采集的时间间隔,可以增加试验初期数据的采集量,以精确计算吸渗率 S,同时可以减少人工读数的误差,测定结果使用稳态方法计算。

当入渗开始时,在很短时间内,入渗过程可简单看成一维入渗,即忽略重力作用和扩散作用[3],因而入渗过程表示为:

$$I = S_0 t^{1/2} \tag{2}$$

式中,I 为累积吸渗量;t 为时间;S 为吸渗率。

试验采用 15 cm 盘径的盘式吸渗仪自动化监测装置,按照式(2)对试验结果进行分析。图3显示了累积入渗量随时间的变化过程;图4显示了累积入渗量随时间的平方根的变化过程。由图3可以看出,用自动监测装置记录的累积入渗量随时间变化呈现明显的幂函数的趋势;由图4可知,随着时间的变化,入渗过程符合短历时内,累积入渗量与时间的平方根呈现明显的线性关系的规律,通过自动装置可以获取更准确的 S 值。

2.3　时间尺度的确定

采用盘式吸渗仪测定土壤水力参数时,吸渗率的测定影响导水率结果的计算,而试验初期,可以看成一维入渗的阶段,其时间间隔的长短尺度把握对吸渗率的确定有直接影响[4]。为了分析线性阶段时间间隔长短对吸渗率测定的影响,用自动监测装置采集的数据,分别取不同的时间间隔分析吸渗率的变化情况。

White 和 Sully[4] 在 Wooding 方程[5] 的基础上,提出了以下方程:

$$K = q - \frac{4bS^2}{\Delta\theta\pi r_d} \tag{3}$$

式中,K 为相应负水头下的导水率;q 为该负水头下的近似稳定入渗率;S 为相应的吸渗率;

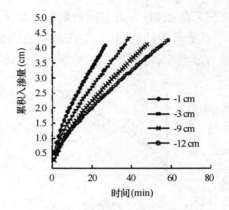

图 3　不同负水头下累积入渗量随时间变化

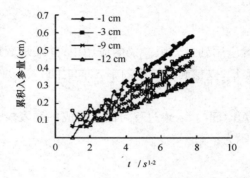

图 4　不同负水头下吸渗率变化

r_d 为吸渗仪的盘径;b 为形状因子,一般情况下取 0.55[6]。

　　Philip 用几何时间尺度估计的几何形状取代入渗初期一维入渗的时间,可以表示为:

$$t_{geom} = \left(\frac{r\Delta\theta}{S} \right)^2 \qquad (4)$$

式中,t_{geom} 为几何入渗时间;r 为吸渗仪的盘径;S 为相应的吸渗率。实际上,一维入渗的时间尺度远小于几何时间尺度,Philip 认为确定吸渗率值的时间尺度适合于 $0.12t_{geom}$[3]。

　　用 WS 方法对试验结果进行计算,在 -1 cmH_2O、-3 cmH_2O、-9 cmH_2O、-12 cmH_2O 4 个负水头下,分别取不同的时间间隔 t 作为一维入渗的时间尺度来计算相应条件下的吸渗率和导水率以及通过式(2)得到的线性关系的相关系数(R^2),结果如表 1 所示。其中:各个负水头下的初始体积含水率(θ_i)均为 0.024 m³/m³;-1 cmH_2O、-3 cmH_2O、-9 cmH_2O、-12 cm H_2O 下的最终体积含水率(θ_0)分别为 0.461 m³/m³、0.407 m³/m³、0.378 m³/m³、0.329 m³/m³;-1 cm H_2O、-3 cm H_2O、-9 cm H_2O、-12 cm H_2O 下的稳定入渗率(i)分别为 0.001 625 cm/s、0.001 289 cm/s、0.001 056 cm/s、0.000 849 cm/s。

表 1　不同负水头下各个时间段吸渗率及导水率

负水头 （cm H$_2$O）		时间尺度（s）					
		30	60	90	120	180	234
−1	S（cm/s^2）	$7.47×10^{-2}$	$7.51×10^{-2}$	$7.60×10^{-2}$	$7.60×10^{-2}$	$7.83×10^{-2}$	$7.95×10^{-2}$
	K（cm/s）	$4.33×10^{-4}$	$4.20×10^{-4}$	$3.91×10^{-4}$	$3.61×10^{-4}$	$3.15×10^{-4}$	$2.74×10^{-4}$
	R^2	0.958 9	0.987 4	0.992 1	0.993 5	0.994 1	0.993 8
−3	S（cm/s^2）	$6.16×10^{-2}$	$6.17×10^{-2}$	$6.26×10^{-2}$	$6.31×10^{-2}$	$6.40×10^{-2}$	$6.48×10^{-2}$
	K（cm/s）	$3.64×10^{-4}$	$3.61×10^{-4}$	$3.33×10^{-4}$	$3.18×10^{-4}$	$2.90×10^{-4}$	$2.65×10^{-4}$
	R^2	0.817 1	0.949 1	0.976 8	0.986 5	0.992 8	0.993 9
−9	S（cm/s^2）	$5.33×10^{-2}$	$5.40×10^{-2}$	$5.51×10^{-2}$	$5.56×10^{-2}$	$5.64×10^{-2}$	$5.71×10^{-2}$
	K（cm/s）	$3.06×10^{-4}$	$2.86×10^{-4}$	$2.55×10^{-4}$	$2.40×10^{-4}$	$2.16×10^{-4}$	$1.95×10^{-4}$
	R^2	0.917 5	0.972 6	0.983	0.989 2	0.993 5	0.994 5
−12	S（cm/s^2）	$4.55×10^{-2}$	$4.50×10^{-2}$	$4.49×10^{-2}$	$4.53×10^{-2}$	$4.60×10^{-2}$	$4.67×10^{-2}$
	K（cm/s）	$2.14×10^{-4}$	$2.27×10^{-4}$	$2.30×10^{-4}$	$2.19×10^{-4}$	$2.00×10^{-4}$	$1.80×10^{-4}$
	R^2	0.807 4	0.956 8	0.975 5	0.985 4	0.991 2	0.992 6

2.4　不同时间尺度吸渗率与导水率关系

对于盘式吸渗仪，按照 WS 方法，可以通过确定吸渗率的值，进一步确定相应条件下的土壤导水率。相应条件下的吸渗率与导水率之间呈幂函数关系[7]，可以表示为：

$$K = as^b \tag{5}$$

式中，K，s 分别为相应负水头下的导水率和吸渗率；a，b 为系数。由于取用不同的时间尺度，对 s 的测定结果有一定影响，所以不同时间尺度下的 K 和 s 的关系也会有所变化（表 2）。

由表 2 可以看出，随着取用时间尺度的变大，系数 a 和 b 均呈现逐渐减小的趋势，其相关性也逐渐降低，因此，时间尺度的扩大会造成吸渗率结果测定精度的降低。

表 2 不同时间尺度下吸渗率与导水率关系

时间尺度(s)	a	b	相关系数 R^2
30	0.016 7	1.389 9	0.947 3
60	0.010 4	1.227 8	0.978 3
90	0.006 1	1.065 1	0.940 2
120	0.004 9	1.013 4	0.922 1
180	0.004 2	1.000 0	0.883 9
240	0.002 7	0.882 3	0.851 1

3 意义

自动监测装置通过测定储水管的压差,并通过相应关系代换为储水管水位变化来采集试验数据的方法是可靠的。利用土壤的吸渗率公式,通过与人工读数方法测定的结果对比表明,其精度可以达到试验要求;对于本试验土壤,用自动监测装置采集的数据来确定吸渗率的时间可以控制在 30 s 至 4 min 之间。土壤的吸渗率公式计算结果表明可以获得更为准确的吸渗率 S 值,进而提高对土壤入渗率的测定精度。

参考文献

[1] 王琳芳,樊军,王全九.用自动盘式吸渗仪测定土壤导水率.农业工程学报,2007,23(9):72-75.

[2] 周玉珠,姜奉华.实验数据的一元线性回归分析及其显著性检验.大学物理实验,2001,14(4):43-46.

[3] Philip J R. Theory of infiltration. Adv Hydrosci, 1969,5:215-296.

[4] White I, Sully M J. Macroscopic and microscopic capillary length and time scales from field infiltration. Water ResourceResearch,1987,23:1514-1522.

[5] Wooding R A. Steady infiltration from large shallow circular pond. Water Resour Res, 1968,4:1259-1273.

[6] Smettem K R J, Clothier B E. Measuring unsaturated sorptivity and hydraulic conductivity using multi-disc permeameters. J Soil Sci, 1989,40:563-568.

[7] 雷志栋,杨诗秀,谢森传.土壤水动力学.北京:清华大学出版社,1988:30-131.

黄土泥流的流量公式

1 背景

在治理泥流上贯彻了以下原则:全面规划,综合治理;拦排结合,以拦蓄调洪为主;治沟与治坡相结合,以治沟为主;工程措施与生物措施相结合,以工程措施为主。按照建设部《城市防洪工程设计规范》(CJJSD-92)和国汛(1995)004 号文件以及《甘肃省小流域水土流失综合防治工程建设技术规程》(DB62/T346-94)和陇东地区的经验方法等进行设计,对环县东山黄土泥流防治工程设计进行重现期为50 年($P = 2\%$)和100 年的校核。马东涛等[1]通过公式分析了甘肃环县东山黄土泥流综合治理的方法。

2 公式

泥流设计重度 γ_c 是通过甘肃省泥石流重度经验公式[2]和野外实地采样分析综合确定的,治理后的泥流经沉沙调洪,均变成一般挟沙水流,其重度为 12.75 kN/m³。

泥流流量采用配方法求得[3],式中清水流量 Q_B 用庆阳地区小流域经流量公式计算:

$$Q_B = A_1 F^{0.736} \tag{1}$$

式中,A_1 为系数,取 18.3;F 为流域面积。各拦挡坝流量按式(2)确定:

$$Q_{ci} = (F_i/F)^{0.8} \cdot Q_c \tag{2}$$

式中,F_i 为拦坝控制面积;F 为主沟流域面积;Q_c 为主沟流量。计算结果见表1,表中 Q'_c 为治理后泥流流量,γ'_c 为治理后重度,ψ 和 ψ' 分别为治理前和治理后泥沙系数。

表1 泥流流量及库容设计表

坝号	坝高(m)	F(km²)	$Q_B 1\%$(m³/s)	$Q_B 2\%$(m³/s)	Y_c(kN/m³)	ϕ	$Q_c 1\%$(m³/s)	$Q_c 2\%$(m³/s)	Y'_c(kN/m³)	ϕ'	$Q'_c 2\%$(m³/s)	库容(10⁴m³) 滞洪	拦泥	超高
桃1#	20	1.38	23.2	18.6	15.4	0.5	35.3	28.2	12.75	0.22	22.7	2.17	6.16	1 61
桃2#	13	0.95	17.2	13.8	15.4	0.5	25.8	20.8	12.75	0.22	16.8	1.19	1.98	1 45
周1#	12	0.59	12.4	9.9	15.4	0.5	18.6	14.9	12.75	0.22	12.1	0.83	1.91	0 64
周2#	10	0.35	8.2	6.5	15.4	0.5	12.3	9.8	12.75	0.22	7.9	0.43	1.28	0 40
食1#	15	0.5	11.0	8.8	15.69	0.55	16.5	13.2	12.75	0.22	10.7	0.87	2.51	0 89

续表

坝号	坝高 (m)	F (km²)	$Q_B1\%$ (m³/s)	$Q_B2\%$ (m³/s)	Y_c (kN/m³)	ϕ	$Q_c1\%$ (m³/s)	$Q_c2\%$ (m³/s)	Y'_c (kN/m³)	ϕ'	$Q'_c2\%$ (m³/s)	库容(10⁴ m³)		
												滞洪	拦泥	超高
烈1#	12	0.16	4.4	3.5	15.4	0.5	6.6	5.3	12.75	0.22	4.3	0.22	0.84	0.26
烈2#	10	0.14	4.0	3.2	15.4	0.5	6.0	0.8	12.75	0.22	3.9	0.18	0.61	0.19
合计	92								5.91	15.30	5.44			

3 意义

通过对甘肃环县黄土泥流的分析,可知东山四沟泥流活动频繁,严重威胁环县城区 1.4 万人生命和 1.6 亿元资产安全。根据黄土泥流的流量公式,对其采取了以均质黄土坝、排导槽、沟头防护墙和涝池等工程措施与植树造林、水平梯田和柳谷坊等生物措施相结合的综合治理方案。在各主沟和较大支沟的源头部位修建柳谷坊 100 座,形成谷坊群,防止沟壁坍塌、沟底下切和溯源侵蚀。

参考文献

[1] 马东涛,祁龙,邓晓峰. 甘肃环县东山黄土泥流综合治理. 山地学报,2000,18(3):217-220.

[2] 中国科学院兰州冰川冻土研究所,等. 甘肃泥石流[M]. 北京:人民交通出版社,1982.14,53-75, 106-114.

[3] 甘肃省交通科研所,等. 泥石流地区公路工程[M]. 北京:人民交通出版社,1981.58-60,68-69.

泥石流的洪峰流量计算

1 背景

金源是云南省泥石流灾害十分严重的地区,以泥石流活动规模大、暴发频率高、灾害密集、灾情紧迫为显著特点,其中又以老干沟、沙湾大沟最为突出。1980 年以来,活动有明显加剧之势。老干沟泥石流使上百公顷良田沦为乱石滩,并直接威胁两侧村庄和稳产田。1991 年夏季,沙湾大沟泥石流将 110 hm² 稻田淤埋殆尽,良田变荒滩,使人多地少的矛盾更为尖锐。老干沟流域内断层发育,褶皱强烈,加之受新构造运动影响,为老干沟泥石流的固体物质提供了有利条件。张军等[1]利用公式分析了云南省寻甸县金源老干沟泥石流灾害与治理。

2 公式

2.1 野外调查

主要进行泥石流汇流条件和流通条件以及泥石流性质和规模的调查,泥石流洪痕断面和冲积扇纵断面测量。

2.2 清水设计流量的计算

采用水文手册法、水科院法、铁二院法、公路所法计算清水流量,并进行了比较。考虑到该沟所处的地域特点,铁二院法主要适用于西南地区,且与公路所法相对较为接近,设计使用铁二院法计算老干沟洪峰流量。老干沟主沟 20 年一遇洪峰流量为 106.4 m³/s。

2.3 泥石流设计流量

主沟以 20 年一遇泥石流流量作为排导槽工程的设计流量,采用计算公式为:

$$Q_{cp} = (1 + \Phi_c) D_n Q_p$$

式中,Q_{cp} 为频率为 p 的泥石流设计流量(m³/s);Q_p 为同频率的洪峰流量(m³/s),采用铁二院法计算结果;$\Phi_c = (\gamma c - \gamma w)/(\gamma s - \gamma c)$ 为泥石流流量增加系数,γ_w、γ_s 分别为水和固体物质容重(分别为 1 t/m³ 和 2.65 t/m³);γ_c 为根据泥石流性质调查和设计频率所确定的泥石流设计容重(t/m³);D_n 为泥石流堵塞系数,云南省寻甸县金源老干沟泥石流灾害与治理堵塞系数根据沟道流通条件、泥石流性质确定。

3 意义

通过金源泥石流形成的背景分析,根据泥石流的洪峰流量公式,对泥石流防治工程设计必需的水文参数进行计算,选择和确定治理的方案,得到 1 000 m 长排导槽工程的设计。因此,工程治理方案包括了:减少泥石流对村庄的危害,保护农田,综合治理与保护公路、水渠等基本设施相结合;而生物治理方案包括了:林业措施,农业措施,牧业措施。这样,就能够加强管护措施,落实护林人员,使封山育林及生物治理工作落到实处。

参考文献

[1] 张军,陈宁生,詹文安. 云南省寻甸县金源老干沟泥石流灾害与治理. 山地学报,2000,18(3):207-211.

树种的多样性计算

1 背景

几十年来,我国学者对常绿阔叶林的区系成分、物种组成、外貌结构、群落演替、生态系统的结构与功能等方面进行过研究。而物种多样性作为森林生态系统的一个重要特征,近年来已受到日益广泛的关注[1,2]。云南中部作为我国常绿阔叶林分布的重点地区之一,其树种多样性的分布特征受到当地山地条件的影响,具有亚热带高原特色。半湿润常绿阔叶林是滇中高原水平地带上分布的代表类型,而中山湿性常绿阔叶林是山地垂直带上分布的代表类型[3,4]。何永涛等[1]研究选择了这两类常绿阔叶林进行树种多样性的对比研究,以探讨它们的树种多样性组成特征和差异,为有效保护此类森林提供生态学基础数据。

2 公式

在进行树种多样性调查时,采用典型取样法,选取具有代表性且保存相对完好的天然森林地段,以 20 m×20 m 为单位取样面积,在两类森林中各调查 18 个样方,记录样方内 DBH≥3 cm 的所有乔木的种名、高度和胸径。样地分布见表1。

表1　各样方概况

样方编号	地点	海拔(m)	类型	群系	样方数	调查时间
1~18	景东徐家坝	2 400~2 600	中山湿性常绿阔叶林	木果柯	18	1998 年 12 月
19~31	昆明华亭寺	2 100~2 300	半湿润常绿阔叶林	滇青冈林	13	1999 年 2 月
32~34	武定狮子山	2 250	半湿润常绿阔叶林	元江栲林	3	1999 年 2 月
35~36	昆明筇竹寺	2 050~2 200	半湿润常绿阔叶林	元江栲林	2	1999 年 2 月

对于树种多样性的测定,研究采用了以下 3 类多样性指数[5]。

Shannon-Wiener 指数:

$$H = - \sum_{i=1}^{n} p_i \ln p_i \tag{1}$$

Simpson 指数:

$$D = N(N - 1) \Big/ \sum_{i=1}^{n} n_i(n_i - 1) \qquad (2)$$

α 指数:

$$S = a\ln(1 + N/a) \qquad (3)$$

式中,p_i 是 i 种的个体数占该样方内总个体数的比例;N 为样方中所有树种的总个体数;S 为所计算样方内的物种数目;n_i 为 i 种的个体数。

另外,研究还用到了以下数据处理方法。

(1)T 检验[6];

(2)聚类分析:采用角余弦系数,以平均链法对所有 36 个样方进行聚类[7];

(3)Jaccard 相似性系数[5]:$C_j = j/(a + b - j)$;

(4)Sorenson 相似性系数[5]:$C_N = 2_jN/(aN + bN)$。

这里,j 是两个样地中共有种的数量;a 是样地 A 中物种数;b 是样地 B 中的物种数量;a_N 是样地 A 中的总个体数;b_N 是样地 B 中的总个体数;j_N 是两个样地共有种中个体数量较少者之和。

3 意义

分别测定了滇中地区两类代表性群落即高原水平带上的半湿润常绿阔叶林和山地垂直带上的中山湿性常绿阔叶林的树种多样性(Shannon-Wiener 指数,Simpson 指数和 α 指数),根据树种的多样性计算[1],进行了比较研究。滇中地区垂直地带上分布的中山湿性常绿阔叶林的树种多样性远远高于滇中高原面水平带上分布的半湿润常绿阔叶林,这与群落所处生境、群落结构和人为干扰强度都有一定的关系,详细原因还有待深入探讨。

参考文献

[1] 何永涛,曹敏,唐勇. 滇中地区常绿阔叶林树种多样性比较研究. 山地学报,2000,18(4):322-328.

[2] 彭少麟,王伯荪. 鼎湖山森林群落分析(Ⅰ·物种多样性)[J]. 生态科学,1983,(1):11-17.

[3] 金振洲. 云南常绿阔叶林的类型和特点[J]. 云南植物研究,1979,1(1):90-105.

[4] 姜汉侨. 云南植被分布的特点及其地带规律性[J]. 云南植物研究,1980,2(1):22-31.

[5] Magurran A. Ecological Diversity and Its Measurement[M]. Princeton, New Jersey: Princeton University Press,1988.

[6] 崔党群. 生物统计学[M]. 北京:中国科技出版社,1994.

[7] 徐克学. 数量分类学[M]. 北京:科学出版社,1994.

滑坡位移的预报模型

1 背景

人工神经网络方法(ANN)是复杂非线性动力学系统预报中的一种有效方法[1],从而为滑坡预报提供了一种新的方法。人工神经网络方法中应用最广泛的前向反馈传播算法(BP算法),存在着学习后期收敛慢、局部最小等问题[2]。为此,一些学者提出了一些人工神经网络方法的改进方法,如准则函数加惩罚项方法以及启发式地去掉多余神经元的办法[3]。吴承祯和洪伟[1]研究引入遗传算法(Genetic Algorithms,简称GA)来训练网络参数,进而建立了可用于滑坡预报分析的基于遗传算法的BP神经网络模型,并进行了实例研究。

2 公式

假设已监测到 P 次滑坡资料,其中每次滑坡资料有 N_1 个输入因子,如地下水水位、降雨量、温度以及各种岩石的结构特征参数等,或时间因子;有 N_3 个输出因子,如水平位移、垂直位移、空间位移等。研究就是在现有 P 次观测资料的基础上,建立输出因子和输入因子之间复杂非线性关系的神经网络模型,并在观测到新的输入因子时(如地下水位、降雨量、温度、地震资料),利用神经网络模型预报出输出因子(如水平位移、垂直位移、空间位移等)。

对此,考虑一个三层前馈网络 BP 模型,其输入层、隐含层和输出层的节点数分别为 N_1、N_2、N_3。考虑到滑坡的预报值可能超过滑坡历史资料的最大值,故输出层节点作用函数取为恒等函数,隐含层节点作用函数取为 Sigmoid 函数,有:

$$O_{PK}^0 = f\left(\sum_{j=1}^{N_2} W_{kj}^S O_{pj}^H - \theta_k^0\right)$$

$$O_{Pj}^H = f\left(\sum_{i=1}^{N_1} W_{ji}^F O_{pi}^I - \theta_j^H\right)$$

$$f(x) = \frac{1}{1 + e^{-x}}$$

$$O_{pi}^I = I_{pi}$$

式中, W_{ji}^F , W_{kj}^S 分别表示输入层节点 i 和隐含层节点以及隐含层节点 j 和输出层节点 k 之间连接权值; θ_j^H, θ_k^0 分别表示隐含层节点 j 和输出层节点 k 的阈值; O_{pi}^I, O_{pj}^H, O_{pk}^0 分别表示训练样本为 P 时输入层节点 j 的输入、隐含层节点 j 和输出层节点 k 计算输出; I_{P_i} 表示训练样本为 P 时第 i 个输入因子, P 为样本序号。

BP 算法把网络的学习过程分成正向传播和反向传播两种交替进行的过程。在正向传播过程时,输入信号从输入层逐层单元处理,并传向输出层;如果在输出层不能得到期望的输出,则算法转入反向传播,将输出信号的误差沿原来的连接路径返回,并修改各层神经元的权值和阈值;如此反复学习,直至网络全局误差最小,即网络全局误差函数为:

$$E = \sum_{i=1}^{P} \sum_{j=1}^{N_3} (T_{ij} - O_{ij}^0)^2$$

当达到最小或小于预先设定的一个较小值或学习次数大于预先设定的值时,学习结束。

可见 BP 算法实际上是一种负梯度优化算法,它简单、直观、易于编制程序并在计算机上实现,但它的缺点是学习速度慢,存在局部最小问题。对此,提出在 BP 算法训练网络中出现收敛速度缓慢时启用遗传算法(GA)来优化此时的网络参数,把 GA 的优化结果作为 BP 模型的网络参数,这样 GA 可以加快网络的收敛速度,同时可实现全局优化以改善 BP 算法的局部最小问题。

3　意义

根据相关函数的分析,提出了滑坡位移预报的一种改进人工神经网络方法——ANN-GA 法,与传统的人工神经网络方法相比,该方法加快了网络的学习速度,提高了滑坡位移的预报精度。同时它是一种面向数据的方法,适合于不同地区不同条件下滑坡的预报。该方法具有科学性、可行性和有效性,是滑坡预报的一种新方法。

参考文献

[1]　吴承祯,洪伟. 滑坡预报的 BP_GA 混合算法. 山地学报,2000,18(4):360-365.

[2]　胡铁松. 神经网络预报与优化[M]. 大连:大连海事大学出版社,1997.

[3]　焦李成. 神经网络计算[M]. 西安:西安电子科技大学出版社,1993.85-102.

滑坡稳定性的评价公式

1 背景

1990年5月,罗家塘河段堤岸发生了滑坡,滑坡宽84.0 m,轴线长58.0 m,平面面积3 400 m²,顶部壁高7.0 m,滑舌挤入河床18.5 m(河床宽30.0 m),滑动土方6.82×10⁴ m³。大量的土体挤入河道,对汛期防洪泄流产生了极大的障碍,并危及到上游4个乡镇及长岭炼油厂等大型企业的安全。高加成[1]利用公式分析了减压沉井在滑坡治理工程中的应用。对此,采用了沉井支挡和抽水降压等综合治理措施,保证了堤岸的稳定和河道的畅通。

2 公式

滑坡位于路口断陷盆地北侧边缘,属丘陵山前垅岗状地貌形态。场内地层有呈角度不整合接触的震旦系砂岩和灰岩、第四系残积土层及冲洪积土层。场内构造发育,河道两侧砂岩被断层切割,错距30.5 m,并有长石斑岩岩脉侵入,滑坡恰巧发生在不整合面与断层交叉部位的灰岩一侧(图1)。

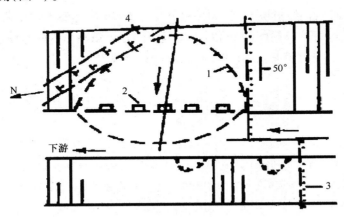

图1 滑坡工程地质平面图

1. 滑坡及边界(landslide and its boundary);2. 沉井(open_end caisson);

3. 隐伏地层界线(line of concealed layer);4. 斑岩岩脉(porpihyry vein)

场内地下水有两种赋存形式:一种是存在于含砂砾黏土层中的孔隙潜水,由田间灌溉水和降水微弱渗入补给,于半坡以泉或渗出面的形式排泄;另一种是赋存于灰岩中的岩溶承压水,顶板为残积土层,其参与该区地下水循环,补给源丰富,承压水头为7.4 m。

简化后的滑动带为一折线状的滑动面,故用折线法验算其稳定性[2,3]。根据室内不排水反复直剪试验结果,滑动面上泥糊状黏土的内摩擦角近似为零,黏聚力 $c = 10.0$ kPa。根据场地实际情况和地区经验,同时考虑到忽略滑动面泥糊状黏土的内摩擦角的影响,故取安全稳定系数 $K = 1.05$,则下滑体的剩余下滑力和抗滑体的抗滑力分别按下式计算。

下滑部分第 i 段沿滑动面的剩余下滑力 T_i:

$$T_i = W_i \cdot \sin a_i + T_{i-1} \cdot \cos(a_{i-1} - a_i) - c \cdot L_i \tag{1}$$

抗滑部分第 j 段沿滑动面的抗滑力:

$$T'_j = W_j \cdot \sin a_j + T'_{j-1} \cdot \cos(a_{j-1} - a_j) + c \cdot L_i \tag{2}$$

式中,W_i 和 W_j 为任一计算段内土体的重量,潜水位以内的土层按浮重度计算,抗滑段内的土体受到下部承压水的顶托作用,故应扣除其扬压力;α_i 和 α_j 为任一段滑动面与水平面所夹的锐角。

3 意义

根据对罗家塘滑坡的成因类型、影响因素及形成模式的详细分析,并对滑坡稳定性进行了认真的验算,论证了降低承压水头对治理滑坡所起到的关键性作用,在此基础上,设计了抽水降压与沉井支档相结合的综合治理方案,介绍了减压沉井的结构特点和排布方法,指出了施工过程中应注意的问题。为满足抗滑稳定性要求,将抽水降压井改为单向自溢排水井,不仅将承压水头控制在 5.5 m 以下,而且也防止了汛期河水的倒灌,并便于旱季安装抽水设备,满足了三产的要求,取得了较好的综合整治效果。

参考文献

[1] 高加成. 减压沉井在滑坡治理工程中的应用. 山地学报,2000,18(4):369-372.

[2] 华南理工大学,等. 地基及基础(第二版)[M]. 北京:中国建筑工业出版社,1995. 371-377.

[3] 殷万寿. 水下地基与基础[M]. 北京:中国铁道出版社,1994. 220-237.

景观斑块的特征模型

1 背景

景观格局是生态学家研究最多的课题之一,早在 20 世纪 50 年代就进行了大量的描述性研究,但数量化研究是 70 年代才逐渐重视起来,近年来景观格局数量研究有了重大发展,出现了大量的数量化方法。研究主要介绍景观格局研究的数量方法。景观格局主要是由斑块大小和形状、斑块分布、斑块镶嵌结构为主要特征的,张金屯等[1]以这样的思路分层次逐一介绍研究这些格局特征的方法。

2 公式

对于某一景观要素的一个斑块,其特征主要是斑块的形状和大小。形状和大小可能是景观要素特性的反映,同时也受局部的环境因子的影响,具有重要的生态意义。斑块大小很易实测得到,但对于其形状,由于变化大,复杂多样,难以确切地直接计测,一般多用各种指数描述[2]。这些指数有:长宽比——指斑块长轴与宽度的比值;伸张度(elongation)——是斑块宽度与长度比;圆环度(circularity)——是斑块形状接近圆圈的程度;致密度(compactness)——描述斑块面积与其边缘周长的关系,而其倒数称作扩展度(de-velopment)。另外还有周长与长轴的比和平均半径等指数。下面公式中的符号:l 为斑块长轴长度,w 为宽度;A 为斑块面积,A_c 为斑块 A 内所能容纳下的最大的圆圈面积;P 为斑块周长,P_c 为与斑块面积相同的圆圈的周长;R 为斑块平均半径,R_j 为多边形斑块第 j 个边距斑块中心的距离(半径);n 为多边形斑块的边数。

(1)长宽比 r(Davis 1986)

$$r = l/w \tag{1}$$

(2)伸张度 E(Davis 1986)

$$E = w/l \tag{2}$$

(3)圆环度 C

Davis 圆环度指数:

$$C = \sqrt{lw/l^2} = \sqrt{w/l} \tag{3}$$

Griffth 圆环度指数:

$$C = 4A/P^2 \qquad (4)$$

Unwin 圆环度指数：

$$C = \sqrt{A/A_c} \qquad (5)$$

（4）致密度 K

$$K = 2\sqrt{\pi A}/P \qquad (6)$$

（5）扩展度 D

$$D = P/2\sqrt{\pi A} \qquad (7)$$

（6）周长与长轴比 r_p

$$r_p = P/l \qquad (8)$$

（7）平均半径 $\bar{R}$

$$\bar{R} = \sum R_j/n \qquad (9)$$

连续样方方差分析和第一个方法是由 Greig_Smith[3] 提出来的，经 Kershaw、Hill、Goodall 等人的发展而产生了多个方法。这一类方法要求景观上的样方在空间上是互相连接的，一般用由小样方组成的样带或由小样方组成的网格取样，并将样方合并成不同大小的区组，针对不同区组大小而进行方差分析，结果用区组—方差图表示，可求得格局的规模（scale）或强度（intensity）。这类方法在研究景观中植物种群格局中应用最为广泛。双向轨迹方差法[4]主要是计算各区组的方差：

$$V_b = \sum_{j=0}^{n-2b-1} \left[\sum_{i=j+1}^{j+b} (x_i - x_{i+b}) \right]^2 /2b(n + 1 - 2b) \qquad (10)$$

式中，V_b 是区组 b 的方差，$x_i(i=1,2,\cdots,n)$ 代表第 i 个连续小样方的景观要素观测值（如种群密度、植被盖度、土壤化学成分等）。分析结果用区组大小为横坐标，方差为纵坐标，绘制区组—方差图。图上峰值所对应的区组大小代表着格局的规模。如果两类景观要素具有一致的格局规模（如植被和土壤），说明二者有相互依赖的生态关系。

空间自相关分析（spatial autocorrelation analysis）是检验某一景观要素的观测值是否显著地与其相邻空间点上的观测值相关联。如果相邻两点上的值均高或均低，则我们称其为空间正相关，否则称为空间负相关。空间自相关分析在景观生态学中应用较多，现已有多种指数可以使用，但最主要的有两种指数，即 Moran 的 I 指数和 Geary 的 C 指数：

$$I = \frac{N \sum_{i=1}^{N} \sum_{j=1}^{N} W_{ij} \sum (x_i - \bar{x})(x_j - \bar{x})}{(\sum_{i=1}^{N} \sum_{j=1}^{N} W_{ij}) \sum_{i=1}^{N} (x_i - \bar{x})} \qquad (i \neq j) \qquad (11)$$

$$C = \frac{(n-1)\sum\limits_{i=1}^{N}\sum\limits_{j=1}^{N} W_{ij}(x_i - x_j)^2}{2(\sum\limits_{i=1}^{N}\sum\limits_{j=1}^{N} W_{ij})\sum\limits_{i=1}^{N}\sum\limits_{j=1}^{N} W_{ij}(x_i - x_j)^2} \qquad (i \neq j) \qquad (12)$$

式中,x_i 和 x_j 分别代表景观要素 x 在空间单元 i 和 j 中的观测值;$\bar{x}$ 为 x 的平均值;W_{ij} 为相邻权重;N 为空间单元总数。这里,I 指数与统计学上的相关系数相近,其值变化于 0~1。当 $I=0$ 时代表空间无关,当 $I>0$ 为正相关,而 $I<0$ 时为负相关。C 值变化于 0~3,$C<1$ 时为正相关,C 值越大,相关性越小[5]。

自相关系数可以与尺度结合起来,以分析不同尺度下的空间相关关系,这样的结果可以用尺度—自相关系数图表示,其可以直观地看出空间相关性随尺度的变化。

变量图(variogram)和相关图(corregram)是地统计学的两种方法。变量图分析的是某一景观要素在空间的变异性,其可定义为:

$$r(h) = \frac{1}{2N(h)}\sum_{i=1}^{N}\left[x(i) - x(i+h)\right]^2 \qquad (13)$$

式中,$r(h)$ 为变异指数;h 为两点间的距离;$x(i)$ 和 $x(i+h)$ 分别代表景观要素在空间两点 i 和 $i+h$ 上的观测值;$N(h)$ 为距离为 h 时的样本总对数。由于这里有 1/2 因子,有的学者称其为半变量图(semi-variogram)。在取不同的 h 值时,可求得不同的变异指数,从而绘图得到变量图,其可反映尺度变化与格局的关系。

相关图描述的是景观要素的空间相关性,与自相关分析有类似之处,它用下式定义:

$$C(h) = \frac{\dfrac{1}{N(h)}\sum\limits_{i=1}^{N(h)}\left[x(i)x(i+h)\right]^2 - \bar{x}^2}{\dfrac{1}{N}\sum\limits_{i=1}^{N}\left[x(i)\right]^2 - \bar{x}^2} \qquad (14)$$

式中,$C(h)$ 为相关图相关系数;h、$x(i)$、$x(i+h)$ 和 $N(h)$ 的含义同式(13);$\bar{x}$ 为 x 的平均值。有不同的 h 值求得的相关系数可绘出相关图。同样,相关图可反映空间尺度变化与相关性的关系。

空间插值法(Kriging)也是地统计学方法,用以估计空间某一点上景观要素的值,其估计方程为:

$$X(j) = \sum_{i=1}^{N} \lambda_i X(i) \qquad (15)$$

式中,$X(i)$ 是景观要素在 i 点上的观测值;$X(j)$ 为其在点 j 上的估计值;λ_i 是与 $X(i)$ 有关联的加权系数。λ_i 的值可以通过变量图或相关图计算值,再用线性方程组解出。可以证明,空间插值法估计值是最优无偏估计值。

谱分析法(spectral analysis)是以光谱理论为基础而发展起来的,是 Ripley 首先在生态学中应用的。

该方法可以用连续样方的观测值,也可以用分离观测点值。对于一个由 n 个连续小样方 $x_1,x_2,\cdots,x_n$ 来说,有如下关系:

$$X_i = C_0 + \sum_{j=1}^{\frac{\pi}{2}-1} \left[C_j\cos\left(\frac{2\pi ij}{n}\right) + S_j\sin\left(\frac{2\pi ij}{n}\right) \right] + C_{n/2}(-1)^i \tag{16}$$

式中,j 为区组大小或空间距离,可以取 1 到 $(\frac{n}{2})-1$ 间的任何值。C_k、S_k 可分别计算 $C_0 = (x_1 + x_2 + \cdots + x_n)/n$,$C_j = \left[\sum_{i=1}^{n} x_i\cos\left(\frac{2\pi ij}{n}\right) \right]\frac{2}{n}$,$S_j = \left[\sum_{i=1}^{n} x_i\sin\left(\frac{2\pi ij}{n}\right) \right]\frac{2}{n}$,再计算周期图,其反映某一因子的周期性变化:

$$I_j = (C_j^2 + S_j^2)n/8\pi \tag{17}$$

周期图就可以反映景观格局的变化规律。该方法更适合于分析周期性波动的景观格局。

小波分析(wavelet analysis)是 Morlet 首先使用的方法,用于研究景观要素在多个尺度上的特征。其波值 $W(a,xj)$ 是由一系列卷积函数(convoluntionary function)$[f(xj)]$ 同相应空间尺度上的窗函数的乘积而求出,其公式为:

$$W(a,x_i) = \frac{1}{\sqrt{|a|}} \sum_{i=1}^{n} f(x_i)g(x_i - x_j) \tag{18}$$

式中,x_j 为窗函数的中值;$g(x_i-x_j)$ 为窗函数;a 表示尺度。

分形分析(fractal analysis)也有叫分维分析的,它是以分形几何为基础的,由 Mandel-brot[7] 所创立。分形几何在考虑空间尺度时更有效,在景观生态学中,其可用于研究不规则景观斑块的周长、廊道(河流、小路等)的长度,还可研究斑块面积与周长的关系等。这里我们只介绍分析格局规模的方法。该方法重要的是确定格局的分维数(fractal dimension),可以用下面式子描述:

$$D = 2 - \log r_h/2\log h \tag{19}$$

式中,r_h 为半方差,相当于变量图中的变异系数;h 为空间距离(尺度);D 代表分维数。用分形分析,可以求得任何景观要素的分维数 D,确定其格局特征,同时可以比较不同景观要素的格局特征以及确定不同生态因子对景观格局的影响。比如,若植被要素与某土壤要素具有相同的 D 时,说明二者有一致的格局。

斑块间隙分析(patch gap analysis)是研究同一类景观要素斑块的分离程度,也就是分析其间隙大小。间隙大小是格局的重要特征,主要用两种指数描述,一是最近距离指数(nearest neighbor index),二是连接指数(proximity index)。

$$I = \bar{D}_0 / \bar{D}_E \tag{20}$$

式中,I 是最近距离指数;D_0 是斑块与其最近相邻斑块间距离观测值的平均;D_E 是在随机分布下 D_0 的期望值(理论估计值),它们可以用下式计算:

$$\overline{D}_0 = \sum_{i=1}^{N} D_0(i)/N, \overline{D}_E = \frac{1}{2}\sqrt{d}$$

式中,$D_0(i)$是第i个斑块与其最近相邻斑块间的距离,注意这里距离应从斑块中心测起;d为斑块密度,它等于$d=N/A$,N为斑块数;A为所研究景观的面积。当$I=1.0$时,斑块为随机分布;$I<1.0$时,斑块趋于群集;若$I=0$,则斑块没有间隙;$I>1.0$时,斑块则趋于规则分布。

连接指数可由下式确定:

$$P = \sum_{i=1}^{N} \{[A(i)/D_0(i)]^2/[\sum_{i=1}^{N} A(i)/D_0(i)]^2\} \tag{21}$$

式中,$A(i)$为第i个斑块的面积;P为连接指数;其他符号同式(20)。P值介于$0\sim1$间,P值越大,说明斑块聚集程度超高。

趋势面分析(trend surface analysis)是 Gittins 首次使用的,用于描述景观要素在空间大尺度上的变化趋势。趋势面分析是将取样点的空间位置作为坐标轴,比如东西向作为U轴,南北向作为V轴,观测点的坐标值记为(VU_jV_j),景观要素观测值记为$X_i=X(U_jV_j)(j=1,2,3,\cdots,N=$观测点数)。格局的变化可以有多种拟合方法,多项式法即多元回归法用得最多。拟合值称为趋势值。多项式拟合公式为:

$$X = (U_jV_j) = \sum a_{ij}U_iV_j \tag{22}$$

拟合结果可以用趋势分析图表示,它可以直观地反映景观要素在空间的变化趋势。

景观多样性(landscape diversity)是景观要素丰富性及其分布特性的综合反映,它与景观中各种环境因子有密切关系。其主要用多样性指数、优势度(dominance)指数、相对丰富度(relative richness)指数和相对均匀度(relative eveness)指数描述。

(1)多样性指数H,它是景观斑块丰富程度和均匀程度的综合反映。

$$H = -\sum_{i=1}^{s} P_i\ln P_i \tag{23}$$

(2)优势度指数D[8],指某一类景观斑块占优势的程度。

$$D = \ln S + \sum_{i=1}^{s} P_i\ln P_i \tag{24}$$

(3)相对丰富度指数R[8],反映景观斑块类型的丰富程度。

$$R = S/S_{max} \times 100\% \tag{25}$$

式中,S_{max}为斑块类型的最大可能数,依景观类型凭经验确定。

(4)相对均匀度指数E[8],反映各景观斑块类型分布的均匀程度。

$$E = H_2(j)/H_{2max} \times 100\% \tag{26}$$

式中,$H_2 = -\ln\sum_{i=1}^{s} P_i^2$,$H_2(j)$是景观$j$的修订 Simpson 优势度;$H_{2(max)}$为含$S$个斑块类型的景观$j$的最大可能的$H_2$,就是说当所有斑块大小相等时的$H_2$值。

(5)边缘率指数(Edge ratio)$E_{i,j}$[9]。

$$E_{i,j} = \sum e_{i,j} \times l \tag{27}$$

式中,e_{ij}代表含有斑块类型 i 和 j 交界面的水平和垂直的格子数;l 为一个格子的边长。不同大小的格子可用于测定不同尺度下的边缘率。

相对相异度指数(Relative dissmilarity) P

$$P = \Big(\sum_{i=1}^{N} D_i/N \Big) \times 100\% \tag{28}$$

式中,N 为相邻格子中边界类型数目;D_i 为相邻格子中第 i 类边界的相异系数。对于景观边界,还可以测定单位面积内的边界总长度和单位面积内的边界数,分别称作边界长度和边界密度。

斑块格局指数

(1)斑块隔离度指数 I(isolation)。

$$I = \sum (\sigma_x^2 + \sigma_y^2) \tag{29}$$

这里将所有的景观斑块都放置在由 X 轴和 Y 轴组成的分成格子的二维空间之中,然后依据格子分别计算所有斑块 X 轴坐标值和 Y 坐标值的方差 σ_x^2 和 σ_y^2。该指数可反映景观斑块的大小。

(2)斑块蔓延度指数 C(contagion):

$$C = 2\log S + \sum_{i=1}^{s} \sum_{j=1}^{s} q_{ij}\log q_{ij} \tag{30}$$

式中,q_{ij}是第 i 类斑块与第 j 类斑块为邻的比率(概率)。该指数反映两类景观要素的关系。同理,该公式可以扩展到多个类型关系的分析。

景观斑块破碎性指数 F(fragmentation)

$$F = (N_p - 1)/N_c \tag{31}$$

式中,N_p 是各类斑块的总数;N_c 是观测网格中的格子总数。F 值越大,说明景观破碎性越高,即斑块较小,数量较多。式(31)也可以考虑斑块的平均面积 $\bar{A}$,则变为:

$$F = \bar{A}(N_p - 1)N_c \tag{32}$$

3 意义

依据景观格局数量方法的研究进展,从单个斑块特征分析、单一景观要素的格局分析及景观镶嵌体特征分析三方面介绍了数量分析方法,建立了景观斑块的特征模型。在景观格局分析中,应用景观斑块的特征模型,一个有用的计算机系统就成为地理信息系统(GIS),它不但可以将景观格局数字化、分析并输出分析图,而且可以对图形进行叠加、网格分析、邻区比较等处理,工作效率较高。

参考文献

［1］　张金屯,邱扬,郑凤英. 景观格局的数量研究方法. 山地学报,2000,18(4):346-352.

［2］　Forman R. Land mosaics,the ecology of landscapes and regions［M］. Cambridge:Cambridge University Press,1995.

［3］　Greig_Smith P. Quantitative plant ecology［M］. London:Blackwell,1983.

［4］　Legendre P,Fortin M. Spatial pattern and ecological analysis［J］. Vegetatio,1989,80:107-138.

［5］　Cliff A D,Ord J K. Spatial Processes［M］. London,Pion,1981.

［6］　Morlet J,et al. Wave propagation and sampling theory［J］. Geophysics,1982,47:203-236.

［7］　Mandelbrot B B. Fractal geometry of nature［M］. San Francisco,Freeman,1982.

［8］　Romme W H. Fire and landscape diversity in subalpine forests of Yellowstone National Park［J］. Ecological Mono-graph,1982,(52):199-221.

［9］　Turner M G,Gadner R H(eds.). Quantitative methods in landscape ecology［M］. New York:Springer_Ver-lag,1991.

泥石流的风险度模型

1 背景

风险是在一定区域和给定时段内,由于特定的自然灾害而造成的人们生命财产和经济活动的期望损失值,并采用了"风险度(R)= 危险度(H)×易损度(V)"的表达式。这一定义和表达式已逐渐为广大学者和有关机构所认同[1]。刘希林[2]利用公式分析泥石流风险评价的问题。由国际通用的自然灾害风险评价模式可知,危险度评价是前提,易损度评价是基础,风险度评价是结果。风险度表达为危险度和易损度的乘积,因此前者由后两者自动生成。危险度和易损度有"点评价"和"面评价"之分,相应的风险度评价也存在点、面之分。

2 公式

风险、危险性、易损性和敏感性等术语在灾害研究中早有使用,但它们的定义和相互关系一直不很清楚,而它们的定量表达则仍在继续探索。早期 Devin 等涉及的风险表达式为[3]:

易损性=风险×敏感性

有文献介绍了 Blaikie 等 1994 年提出的风险表达式为[4]:

风险=危险性+易损性

自 20 世纪 90 年代初,国际上逐渐形成了自然灾害风险的定量表达式:

风险度=危险度×易损度

泥石流危险度是指在一定范围(单沟或区域)内所存在的一切人和物有遭泥石流损害的可能性大小[5]。危险度(Hazard)比较公认的表达式为灾害发生规模(Magnitude)和灾害发生概率(Probability)的乘积,即

$$危险度(H) = 规模(M) × 概率(P) \tag{1}$$

危险度(H)取值范围介于 0~1 或 0~100%。

任何评价方法都应考虑其可操作性。基于此,泥石流危险度的多因子综合判定模式和计算公式又被不断改进,修订后的单沟泥石流危险度计算公式为[6]:

$$H = 0.2857M + 0.2857P + 0.1429S_1 + 0.0857S_2 + 0.0571S_3 + 0.1143S_6 + 0.0286S_9 \tag{2}$$

式中包括有泥石流发生规模(M)和泥石流发生概率(P)两个主导因子以及流域面积(S_1)、主沟长度(S_2)、流域相对高差(S_3)、流域切割密度(S_6)和活动沟床比例(S_9)5个易于获取的辅助性次要因子。各因子均根据其不同的绝对数值转换成相应的替代数值。式(2)中危险度(H)和各危险因子M、P、S_1、S_2、S_3、S_6、S_9的替代数值均介于0~1。

泥石流易损度是指在一定范围(单沟或区域)和给定时段内,由于潜在泥石流灾害而导致的潜在的最大损失程度。易损度(Vulnerability)由最大可能发生的损失值通过数值变换而获得。易损度(V)取值范围介于0~1或0~100%之间。有关单沟泥石流易损度的评价方法目前尚在探索之中,所及仅指区域泥石流易损度评价。根据最新研究成果[7],区域泥石流易损度计算公式为:

$$V = \sqrt{(FV_1 + FV_2)/2} \tag{3}$$

式中,V为区域泥石流易损度(0~1或0~100%);FV_1为人的价值赋值(0~1);FV_2为财产价值赋值(0~1)。

$$FV_1 = K \times fV_1 \tag{4}$$
$$K = (a + b + c)/3 \tag{5}$$

式中,fV_1为人口密度的定量赋值;V_1为人口密度(人/km²);K为修正系数;a为老年人和少年儿童人口的比例;b为文盲、半文盲和只受过初等教育人口的比例;c为农业人口的比例。

$$V_2 = G + P + L \tag{6}$$

式中,V_2为财产价值(亿元);G为国内生产总值(亿元);P为固定资产投资(亿元);L为土地资源价值。泥石流风险度,是指在一定范围(单沟或区域)和给定时段内,由泥石流灾害引起的人们生命财产和经济活动的期望损失值。风险度表达为危险度和易损度的乘积,由危险度和易损度自动生成,即

$$R = H \times V \tag{7}$$

风险度(R)取值范围介于0~1或0~100%之间。当H和V分别为单沟泥石流危险度和易损度时,R亦为单沟泥石流风险度;当H和V分别为区域泥石流危险度和易损度时,R亦为区域泥石流风险度。

3 意义

研究了自然灾害风险评价的一般模式及泥石流危险性和泥石流区域易损性的评价方法,确定危险度的指标选择及其量值表达以及风险度和易损度的异同,建立了泥石流的风险度模型。通过泥石流的风险度模型,明确了风险评价和环境评价的关系,泥石流风险评价(包括危险性评价和易损性评价)是环境评价的一部分;反过来,环境评价也应包含有对自然灾害(包括泥石流)的风险评价、危险性评价和易损性评价。

参考文献

[1] 青春炳,苟兴华·灾害评价、风险评价和灾情评价[J]. 大自然探索,1991,10(2):65-70.

[2] 刘希林. 泥石流风险评价中若干问题的探讨. 山地学报,2000,18(4):341-345.

[3] Devin L B,Hobba L J. Considerations for establishing flood mitigation priorities and the appropriate level of ad-justment (Australia)[A]. Proceedings of the Floodplain Management Conference[C],Canberra:Australian Govern-ment Publishing Service,1998. 261-266.

[4] Shang Yanrui. Seismic disaster vulnerability analysis-Taking Zhangbei-Shangyi earthquake disaster in Hebei province as an example[J]. 地质灾害与环境保护,1999,10(2),37-42.

[5] 刘希林,唐川. 泥石流危险性评价[M]. 北京:科学出版社,1995. 1-93.

[6] Xilin Liu. Assessment on the severity of debris flows in mountainous creeks of southwest China[A] In. Internationales Symposion-Interpraevent 1996,4[C]. Garmisch-Partenkirchen:Tagungspublikation,1996. 145-154.

[7] 刘希林. 区域泥石流风险评估价研究[J]. 自然灾害学报,2000,9(1):54-61.

泥石流的严重程度公式

1 背景

将模糊理论用于泥石流严重程度的评判以来,这将对泥石流沟与非泥石流沟及泥石流沟严重程度的判别向定量化推进了一步,但仍存在许多不足之处。其一是判别因子太多,造成了评判工作的复杂化和资料收集困难。二是选取的因子在物理意义上相互不独立,多有重复[1,2]。三是选取的因子不尽合理,取了一些并不重要的因子而舍去了一些重要的因子。四是把与成因有关的因子和堆积特征值混在一起,作为评价因子,在概念上有严重缺陷。祁龙[1]通过相关公式对泥石流沟活跃程度和泥石流侵蚀模数进行了评价。

2 公式

首先确定了 $A/100$、$J/0.06$ 和 F 之间应该是相乘的关系。因为只有这样,才能和土体的剪力 γHJ 在形式上保持一致。其次,泥石流的活跃程度应与 $F^{0.4}$ 成正比。因为 $F^{0.4}$ 大体上代表了流域的宽度,它和前两项因子相乘后就反映出了有"多少个"$(A/100) \times J/0.06$,即表达了一种"面上的力"。其所以取 $F^{0.4}$ 而不取 $F^{0.5}$ 是因为大多数流域形态更接近长方形、而不是正方形。至此,初步形成以下表达形式:

$$N = (A/100) \cdot F^{0.4} \cdot (J/0.06)^n \tag{1}$$

式中,n 为待定幂指数。经采用"甘肃泥石流"附录中内容齐全的 24 条泥石流沟和近年来经过详细调查的兰州、武都、甘南等地的 26 条泥石流沟资料为样本,通过计算分析,确定 n 为 0.375,则式(1)写成:

$$N = (A/100) \cdot (J/0.06)^{0.375} \cdot F^{0.4} \tag{2}$$

式中,N 为判别数,它与泥石流发生频率之间的关系如表 1 所示。

表 1　泥石流活跃程度评判表

N	<2	2<N<7	≥7
频率 $P(\%)$	<10	10~50	>100
	10 几年 1 次	几年 1 次	每年 1 至多次

作用强度主要是指泥石流侵蚀搬运强度,它和泥石流活动频率密切相关。因而,也应与泥石流固体物质储备量、沟床比降和流域面积有关。但由于作用强度多用侵蚀模数来表示,其中已经考虑了面积的影响,因而,它主要与固体物质储备量和沟床比降有关。采用类似于式(2)的形式,对甘肃陇南和云南东川地区的各4条泥石流沟进行分析,发现泥石流沟的侵蚀模数可用下式表达:

$$E = B + 0.33(A/100)(J/0.06)^{0.375} \tag{3}$$

式中,E 为侵蚀模数$[10^4 \text{ m}^3/(\text{km}^2 \cdot \text{a})]$。

3 意义

根据甘肃陇南等地50条泥石流沟资料,建立了判别泥石流沟活跃程度的表达式以及泥石流侵蚀模数式,呈现了泥石流的严重程度。通过年平均泥石流冲出量,并根据沟口地形条件,沟道排导能力及固体物质粒度特征推测出排导沟的淤积上涨速率、扇形地的前进速度等,依此还可预测成灾的可能性和范围。在防治工程设计中,也可正确地确定排导沟的尺寸和安全高度、决定拦挡工程的合理库容。泥石流的严重程度公式对泥石流灾害防治具有非常重要的意义。

参考文献

[1] 祁龙. 泥石流沟活跃程度的评价方法. 山地学报,2000,18:365-368.

[2] 谭炳炎. 泥石流沟严重程度的数量化综合评判[J]. 铁道工程学报,1986,(1):45-52.

乔木的斜向支撑模型

1 背景

斜向支撑作用是指生长在斜坡上的乔木,通过锚固在深层较稳定土层中的具有一定强度的树干,支档顺坡下滑的浅层土壤的力学过程。它使树桩上坡一侧的土壤下滑受阻并被迫堆积,从而制止了坡面运动,稳固了斜坡。乔木的根系把树干锚固到更深层、更稳定的土层中,让树干能够阻挡坡面顺坡下滑的土壤,并使其在树干向上坡一侧小范围堆积,从而在树桩上、下坡两侧出现一定的地表高差(图 1)。周跃[1]等利用公式对树木的斜向支撑效能及其坡面稳定意义进行了分析。

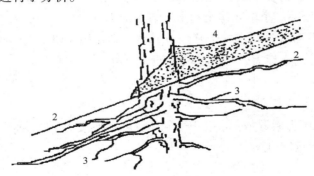

图 1　树干斜向支撑作用示意图

1. 树干(tree trunk);2. 坡面(slope surface);3. 根系(root system);4. 受阻堆积的土壤及土层(the soil piled on slope surface)

2 公式

乔木侧根在斜坡土壤中自树干基部分支后向各个方向伸延。设一树有向上和向下生长的长度为 $L(m)$、直径为 $D_R(m)$ 的两条粗大侧根,当树干基部受到顺坡向下的推力(F_S,kN)时,FS 将作用于两根,产生对上坡向侧根的拔出力和对下坡向侧根的推压力(图 2a)以及两侧根对土壤的压力。由于根土黏合作用,两侧根将产生对该拔出力的反力(F_{RL},kN)和对该推压力的反力(F_{RY},kN)。这些反力将成为对 FS 的反力系的组成部分或侧根对树桩的

105

锚固力,其结果是使侧根在土壤中不滑移,抵抗 F_s。F_{RL} 和 F_{RY} 之和是两侧根单独提供的锚固力(F_A,kN),基于对土体中沿轴向滑移侧根的研究[2],如果两侧根 L 相同,D 相同,根土黏合强度为 S_R,则有:

$$F_A = F_{RL} + F_{RY} = 2\pi L D_R S_R \tag{1}$$

如果把向下侧根和向上侧根分别单独考虑,F_{RL} 和 F_{RY} 与 F_s 的作用方向锐夹角分别为 θ_1 和 θ_2(图 2b),则有:

$$F_{RL} = F_S\cos\theta_1 = \pi L D_R S_R \ \text{或} \ F_S = \pi L D_R S_R / \cos\theta_1 \tag{2}$$

$$F_{RY} = F_S\cos\theta_2 = \pi L D_R S_R \ \text{或} \ F_S = \pi L D_R S_R / \cos\theta_2 \tag{3}$$

由式(2)和式(3)可见,F_s 受许多因素影响。当 L、D_R、θ 一定时,F_s 的量值决定于 S_R 值的大小。这时由 S_R 的量值可以分别得到每一侧根本身对 F_s 的最大阻力,或每一侧根能承受的最大锚固力。

扶垛效应是单株树干基部对浅层土体滑移的抑制和挡护作用;其作用原理与抗滑桩相似。根据研究[3],扶垛效应可借用挡土墙单位墙长的土压力计算方法,对树干上坡侧土壤压力进行定量分析。当树桩上坡向土壤下滑至树干受阻堆积时,根据朗金(Rankine)的研究,堆积土层深度 z 处某一小单元体受到土壤自重应力 δ 的作用,可由式(1)计算[4]。如果树基上下两侧土壤表面高差 H 和树干基径 D_T 确定,则作用在树干上的静止土压力(P_1),也就是树干对下滑土层的支撑力,可按式(5)做近似计算:

$$\delta = K\gamma_Z \tag{4}$$

$$P_1 = 0.5K\gamma H^2 D_T \tag{5}$$

式中,K 为土壤的侧压力系数或静止土压力系数,可近似按 $K = 1-\sin\varphi$(φ 是土壤的内摩擦角)计算[4],γ 为土壤重度(kN/m³)。

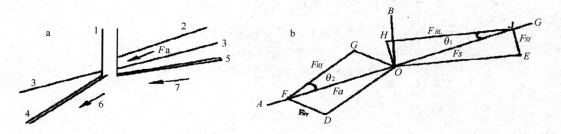

图 2　在受到 F_s 时的根系力系分析

(a)侧根在斜坡土层中的分布和受力示意图;(b)侧根的受力解析图

1 或 OB 为树干;2 为下滑堆积土层;3 为原坡面;4 为向下侧根;5 为向上侧根;

6 为向下侧根所受的推压力;7 为向上侧根所受的拔出力

如果斜坡上横向排列的树木相隔距离足够近,当土壤下滑并绕树桩向下迁移时,在两树上坡一侧出现土壤拱弧,树干成为拱台(图 3)。这种拱弧如同拱桥上的桥拱,两树干如同承受着压力的两个桥墩。一般情况下,出现土壤拱弧的滑动土层可能是堆积在相对稳定土层上的浅层残积土、堆积土或沙质土。当有两棵以上的松树横向一字排开,树干的斜向支撑作用就有可能产生拱顶效应;两树之间拱弧上的拱顶压力为 P_2。根据前人的工作,Wu[5] 对拱顶效应进行了周密分析,把 P_2 表示为:

$$P_2 = \frac{\gamma H\cos a(B/H\sin a - B/H\cos a\tan \phi - K\tan \phi)}{2K\cos a \tan \phi} \times$$
$$(1 - e^{-2Kx/B}\cos a\tan \phi) + 0.5ke^{-2Kx/B}\cos a\tan \phi \qquad (6)$$

$$B = \frac{HK(K + 1)}{\cos a(\tan a - \tan \phi)} \qquad (7)$$

式中,α 是坡度角;φ 是土壤的内摩擦角;B 是相邻两树有可能产生拱顶效应的最短距离;x 是土壤拱弧与相临两树连线的距离,在此设 $x = 0.5$ m。由于 P_1 和 P_2 的存在,相临两树中每一树干支撑的土压力总量 P 为[5]:

$$P = 0.5K\gamma H^2(B + D_T) - HBP_2 \qquad (8)$$

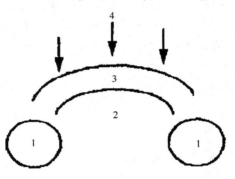

图3 拱顶效应中树干间产生土壤拱弧并支挡下滑土壤现象的示意图
1. 树干;2. 两树间空隙;3. 土壤拱弧;4. 下滑土壤在拱弧上的拱顶压力

根据有限坡长的土层稳定性分析,假设所研究的斜坡松散土层的潜在滑动面与坡面平行,深度为 H,坡面物质为松散堆积物,即 $c = 0$,则潜在滑动土层的安全系数 F 值可表示为[5,6]:

$$F = \frac{S_S + S_T}{\gamma H\sin a} = \frac{(\gamma H\cos a\tan \phi) + P/HD_T}{\gamma H\sin a} \qquad (9)$$

式中,S_S 是土壤本身的抗剪强度;S_T 是由于树干的作用而提高的抗剪强度。

3 意义

根据乔木的斜向支撑模型,初步定量探讨了乔木对顺坡下滑的浅层土壤的斜向支撑作用。基于多数侧根从主根分出后向四周辐射,逐级分枝,少有帚状根出现的结构和分布特征,计算云南松应该有斜向支撑作用,对侵蚀控制和斜坡保护有重要意义。乔木的斜向支撑模型揭示了乔木的斜向支撑作用,在云南中部地区,以云南松林为例,对乔木树干和根系的这一作用进行了初步探讨。

参考文献

［1］ 周跃,骆华松,徐强. 乔木的斜向支撑效能及其坡面稳定意义. 山地学报,2000,18(4):306-312.

［2］ 周跃. A Case Study on Effect of Yunnan Pine Forest on Erosion Control［M］. 成都:西南交通大学出版社,1999.

［3］ Gray D H,Leiser A J. Biotechnical Slope Protection and Erosion Control［M］. New York:Van Nostrand Reinhold. 1982.

［4］ 邵全,韦敏才. 土力学与基础工程［M］. 重庆:重庆大学出版社,1997.

［5］ Wu TH. Slope stabilization［A］. In:Morgan R P C,Rickson R J. Slope Stabilisation and Erosion Control:a Bioengi-neering Approach［M］. London:E & FN SPON,1995,221-264.

［6］ 周跃. 云南松林侵蚀控制潜能［M］. 昆明:云南科技出版社,1999.

山区县域的生态评价模型

1　背景

　　山西省是一个多山省份,丘陵、山地面积占全省的 80% 以上,90% 的县是山区县,山区县域的可持续发展对山西乃至全国都有至关重要的作用。然而,县域,特别是山区县域可持续发展的评价体系、调控途径以及相关的理论与方法尚不成熟[1]。研究在阐述山区县域特征的基础上,依据可持续发展思想,建立了评价山区县域可持续发展的指标体系及定量评价模型,并以山西省交口县为例对该模型进行了具体应用。

2　公式

　　根据可持续发展的涵义[2,3]并结合山区县域的特征,建立山区县域可持续发展指标体系,如表 1 所示。

　　由表 1 可见,山区县域可持续发展指标体系分为 4 个层次,可称为目标层、分目标层、指数层和统计指标层。

　　借助灰色系统的关联分析和模糊综合评价的结果,构造下列模型定量描述山区县域可持续发展的水平和能力。

　　区域可持续发展特征指标$(X_1, X_2, \cdots, X_{30})$,如果统计指标$\{x_{ij}\}$数值相近,则:

$$X_i = \sum_{j=k+1}^{k+n} m_{ij} x_{ij} \tag{1}$$

如果统计指标$\{x_{ij}\}$数值相差悬殊,则:

$$X_i = (\prod_{j=k+1}^{k+n} m_{ij} x_{ij})^{1/n} \tag{2}$$

　　式(1)、式(2)中,x_{ij}为第 i 个特征指标的第 j 个无量纲化统计数据;m_{ij}为第 i 个特征指标的第 j 个无纲化统计数据的权重。

表 1　山区县域可持续发展指标体系

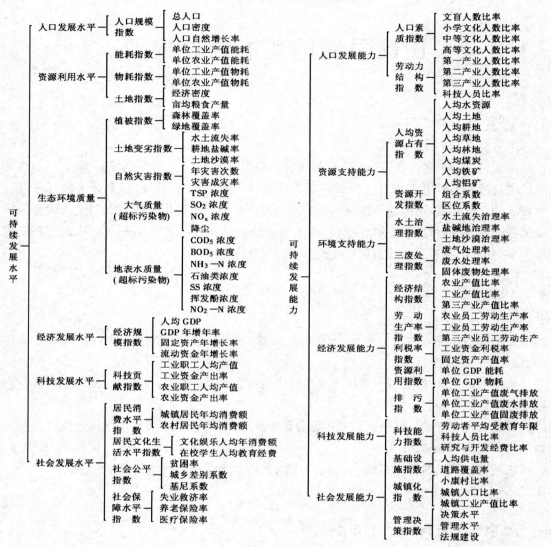

区域可持续发展特征函数($Y_1, Y_2, \cdots, Y_{12}$)

如果特征指标$\{X_i\}$数值相近,则:

$$Y_i = \sum_{j=k+1}^{k+n} m_{ij} x_{ij} \qquad (i = 3, 6, 7, 8, 9) \tag{3}$$

如果特征指标$\{X_i\}$数值相差悬殊,则:

$$Y_i = \left(\prod_{j=k+1}^{k+n} m_{ij} x_{ij} \right)^{1/n} \qquad (i = 2, 10, 12) \tag{4}$$

其余的函数各自仅有一个特征指标。式(3)、式(4)中，x_{ij} 为第 i 个特征函数的第 j 个特征指标，m_{ij} 为第 i 个特征函数的第 j 个特征指标的权重。

借助灰色系统的关联分析和模糊综合评价的结果，构造下列模型，定量描述区域可持续发展的水平和能力：

$$H_1 = K_1 \frac{Y_6}{Y_1 Y_2} e^{(Y_4 + Y_5 - Y_3)} \tag{5}$$

$$H_2 = K_2 \left(\prod_{I=7}^{12} M_i Y_i \right)^{1/6} \tag{6}$$

式(5)、式(6)中，K_1，K_2 为比例系数，M_i 为权重。

由(5)式可见，当 $Y_6 e^{(Y_4 + Y_5)} = Y_1 Y_2 e^{Y_3}$ 时，$H_1 = 1$（取 $K_1 = 1$）。这表明，经济发展、科技进步、社会保障对可持续发展的增益作用刚好与人口膨胀、资源耗竭、生态环境恶化对可持续发展衰减作用抵消，$H_1 = 1$，县域发展开始不可持续，称 $H_1 = 1$ 为县域发展可持续与否的临界状态。显然，当 $H_1 > 1$，表示该县处于可持续发展状态；$H_1 < 1$，表示该县处于不可持续发展状态。还可进一步将山区县域的可持续发展状况分为 5 级（见表 2）。

表 2　山区县域可持续发展状况分级

$H_1 \ll 1$	$H_1 < 1$	$H_1 = 1$	$H_1 > 1$	$H_1 \gg 1$
极不可持续	不可持续	临界状态	弱可持续	可持续

3　意义

在充分认识山区县域特征的基础上，依据可持续发展思想，建立了山区县域的生态评价模型，也就是建立了山区县域可持续发展的指标体系和定量评价模型。将其应用于交口县，获得了较满意的效果。此处提出的对山区县域可持续发展的定量评价方法，意义明确，数据易得，计算简便，不但能较准确地描述山区县域当前可持续发展的水平，还能描述今后可持续发展的能力，而且容易找出不可持续的原因，可为决策提供依据。

参考文献

[1]　冯玉广. 山区县域可持续发展定量研究. 山地学报,2000,18(4):329-335.

[2]　曲格平. 关于可持续发展的若干思考[J]. 世界环境,1995,(4):3-6.

[3]　张林泉,李新运,马金谦. 社会发展综合实验区指标体系与评价方法研究[A]//邓楠. 可持续发展:人类关怀未来[C]. 哈尔滨:黑龙江教育出版社,1998.91-99.

植被的净第一性生产力模型

1 背景

大气中 CO_2 及其他痕量气体含量急增;温室效应加剧了全球气候变暖,并带来一系列的环境问题[1]。20 世纪 80 年代是全球气候变暖最显著的 10 年,也是近 40 年来中国气候变暖最显著的 10 年;80 年代中国气候变暖有明显的区域性和季节性差异[2]。气候变化必然会引起自然生态环境的变化,进而影响自然植被生产力。刘文杰[1]就西双版纳近 40 年气候变化对自然植被净第一性生产力的影响展开了研究。

2 公式

在计算植被净第一性生产力(NPP)的模型中,Chikugo 模型是较好的估算方法,它是植物生理生态学和统计等相关方法结合的产物;综合考虑了诸因子的作用,是一种半经验半理论的方法[3]。但是,该模型在推导过程中是以土壤水分充分供给、植物生长茂盛条件下的蒸散来计算的,对许多地区该条件并不满足,尤其是干旱、半干旱地区。周广胜和张新时根据植物生理生态学特点及联系能量平衡方程和水量平衡方程的区域蒸散模式建立了植物 NPP 模型[4],该模型模拟的 NPP 接近于实测值,优于 Chikugo 模型。其模型为:

$$NPP = RDI \cdot \frac{rR_n(r^2 + R_n^2 + rR_n)}{(R_n + r)(R_n^2 + r^2)} \cdot EXP(-\sqrt{9.87 + 6.25 \cdot RDI}) \tag{1}$$

式中,NPP 为植物净第一性生产力[$t \cdot DM/(hm^2 \cdot a)$];$r$ 为年降水量(mm);R_n 为地表获得的净辐射量(换算为蒸发量单位,mm);$RDI = Rn/r$ 为辐射干燥度,系辐射能量的净收入与蒸发的年降水所需能量的比值。其中无辐射观测台站的 R_n 用下式计算:

$$R_n = R_a \cdot (1 - V') - I \tag{2}$$

式中,R_a 为总辐射[$J/(cm^2 \cdot a)$];I 为长波有效辐射[$J/(cm^2 \cdot a)$];V' 为反射率,取 0.12[5]。R_a 的求算为:

$$R_a = \frac{(R_n)^0}{4.18}[1 - 0.098 \cdot (\log h - 2)] \cdot [0.202 + 0.643(n/N)] \tag{3}$$

式中,$(Rn)^0$ 为天文辐射[$J/(cm^2 \cdot a)$];h 为海拔高度(m);n/N 为日照率。I 的求算为:

112

$$I = \sum_{I=1}^{12} I_i \tag{4}$$

$$I = \frac{S \cdot \sigma}{4.18} \cdot T_a^4 \cdot (0.39 + 0.058\sqrt{e_a}) \cdot [0.10 + 0.90(n/N)] \tag{5}$$

式中,σ、S 为常数;T_a 为月均气温(绝对温度);e_a 为月均水汽压(100 Pa);n/N 为月日照率。研究利用以上关系式计算西双版纳地区 NPP 值。

3 意义

根据植物生理生态学特点及区域蒸散模式,建立了植被净第一性生产力模型,利用西双版纳地区 5 个站 1955—1995 年的气象资料,计算了植被净第一性生产力,确定其随气候变化的规律和特点。通过植被净第一性生产力模型,计算得到了西双版纳地区近 40 年自然植被净第一性生产力(NPP)的时空变化,明确了"暖湿型"、"暖干型"气候变化对植被 NPP 的影响。

参考文献

[1] 刘文杰. 西双版纳近 40 年气候变化对自然植被净第一性生产力的影响. 山地学报,2000,18(4):296-300.

[2] 章基嘉. 40 年来中国气候变化[J]. 天津气象,1992,(1):1-15.

[3] 张宪洲. 我国自然植被净第一性生产力的估算与分布[J]. 自然资源,1993,(2):15-21.

[4] 周广胜,张新时. 自然植被净第一性生产力模型初探[J]. 植物生态学报,1995,19(3):193-200.

[5] H. A. 叶菲莫娃. 植物产量的辐射因子[M]. 王炳忠译. 北京:气象出版社,1983. 6-10.

生产系统的闭环控制函数

1　背景

随着我国开放程度的不断加大,资源的市场化程度日益增大,传统战略不能促进西部地区发展的弊端将更为明显。也就是说,资源开发的战略过去并未根本改变西部发展的落后面貌,如果新的世纪依然沿袭过去的老路,其后果只会更差。西部大开发应该选择新的发展道路,依据可持续发展战略,在生态学原理指导下,实施生态环境建设。艾南山[1]通过方程的分析对从生态学对西部大开发的生态环境建设展开了探讨。

2　公式

图 1 是人类生态系统简化图,三种生产构成了一个闭环系统。与一般生态系统相仿,物质生产和环境生产是该系统不可缺少的基本成分,但人口的消费活动,却对系统的丰富和演化有十分重要的意义。

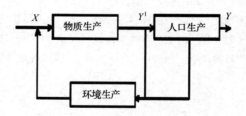

图 1　人类生态闭环系统

首先只考虑系统的最基本成分组成的简单闭环(图 1 的内环),根据控制论,其输入和输出分别为 X 和 Y^1,W_1 和 W_3 分别是物质生产和环境建设的被控和反馈函数。

则由:

$$Y^1 = (X\mu Y^1 W_3)W_1 \tag{1}$$

和

$$XW_1 = Y^1(1 \pm W_1 W_3) \tag{2}$$

得转换函数:

$$Y^1/X = W_1/(1 \pm W_1 W_3) \tag{3}$$

114

式(1)中,若取 $Y^1 = (X - Y^1 W_3) W_3$,则得 $Y^1/X = W_1/(1 \pm W_1 W_3)$,为负反馈;若取 $Y^1 = (X + Y^1 W_3) W_1$,则得 $Y^1/X = W_1/(1 - W_1 W_3)$,为正反馈。若考虑人口生产,将消费者纳入这个系统,并只考虑负反馈的情况,显然传递函数为:

$$Y/X = W_1 W_2/(1 + W_1 W_2 W_3) \tag{4}$$

正反馈对系统的演化具有重要作用,自然草原系统演化为人工草原生态系统,农村生态系统演化为城市(城市-农村)生态系统等,都需要正反馈作用,使系统通过自组织、突变、混沌、爆炸等过程,实现演化和发展。而维持系统的平衡,则需要负反馈,使系统趋于稳定。将从这些基本的概念出发,探讨通过生态环境建设,以保证实现系统的平衡、稳定,这时系统将按图构成一个负反馈闭环。

3 意义

建立生产系统的闭环控制函数后,需要全面应用"3S"系统等新技术手段,完成生态环境本底调查,建立起生态环境信息库。那么,建立起比较完善的生态环境信息系统,应用生产系统的闭环控制函数,为西南地区生态环境建设准确实施提供保障和动态监测。而且这也将为人类生态系统平衡,退化的生态系统恢复和被污染环境的重建提供有益的帮助。

参考文献

[1] 艾南山. 从生态学看西部大开发的生态环境建设. 山地学报,2000,18(5):383-396.

植物区系的综合系数计算

1 背景

大别山位于鄂、豫、皖三省交界处。天堂寨为大别山第二主峰,位于皖西西南面,地理位置 31°10′—31°15′N,115°38′—115°47′E,境内最高峰海拔 1 729 m,总面积 40 km²。该区属亚热带湿润气候区,年均气温 12.3℃,年降水量 1 330 mm,全年无霜期 186 天。该区为大别山台背斜,主要由花岗岩组成,夹有少量花岗片麻岩。小于 1 000 m 主要为黄棕壤;大于 1 000 m 主要为山地棕壤。部分地方发育着草甸土和沼泽土。张光富和沈显生[1]自 1983 年以来先后多次在天堂寨采集标本和调查植被,对该区蕨类植物区系特征作了初步分析。

2 公式

天堂寨自然区保护区的蕨类植物,经初步调查共有 24 科,45 属,72 种(包括变种和亚种),分别占安徽蕨类植物科、属、种的 47.1%、51.1%、28.5%。为了说明该区蕨类植物区系的丰富程度,研究选取与之邻近的 6 个山地,通过计算植物区系成分的综合系数(Intergrative coefficient)来比较它们的区系丰富程度[2](表 1),公式为:

表 1 天堂寨自然保护区与邻近 6 个区山地蕨类植物区系的综合系数比较

项目	天堂寨	黄山	天目山	九华山	板桥山地	庐山	长白山[3]
北纬	31°13′	30°10′	30°19′	30°29′	30°30′	29°51′	41°58′
东经	115°41′	118°52′	119°25′	117°47′	180°38′	115°58′	128°04′
科数	24	31	35	25	23	38	21
属数	45	58	68	45	43	78	31
种数	72	131	151	93	75	203	81
综合系数	-0.602	0.343	0.801	-0.494	-0.713	1.506	-0.961

$$S_i = \sum_{j=1}^{n} \frac{X_{ij} + \bar{X_{ij}}}{\bar{X_{ij}}}$$

$$\bar{X}_{ij} = \frac{1}{k} \sum_{j=1}^{k} X_{ij}$$

式中,X_{ij} 表示 k 个地区第 i 个地区 n 个分类单位的数目;X_{ij} 表示 k 个地区 n 个分类单位中第 j 个分类单位的平均值;S_i 表示 k 个地区中第 i 个地区植物区系成分的综合系数。

从表 1 可知,该区区系综合系数为 -0.602,明显低于纬度偏南的庐山、天目山、黄山、九华山,这是因为天堂寨地处北亚热带,蕨类植物生长的气候环境不如其南山地温暖湿润。但本区的区系综合系数却高于纬度偏北的长白山,而且比纬度略南的板桥山地还要高[3],这可能是因为本区生境条件多样,植被类型复杂,从而更有利于当地蕨类植物生存和繁衍。由此可见,该区蕨类植物区系不够丰富。

3 意义

根据对大别山天堂寨自然保护区蕨类植物的科、属、种分别进行的统计,应用植物区系的综合系数计算结果[1],表明其区系组成、区系性质和区系特点及其生态学特征。利用植物区系的综合系数计算,对种的相似性系数进行分析,结果表明该区与九华山、黄山、板桥山地的区系联系密切,而与武夷山、长白山、秦岭的区系关系则较为疏远。在植物区的亲缘上,该区隶属东亚植物区、中国—日本森林植物亚区、华东地区,天堂自然保护区植物区系应属于华东植物区。

参考文献

[1] 张光富,沈显生. 大别山天堂寨自然保护区蕨类植物区系特征. 山地学报,2000,18(5):468-472.

[2] 左家甫. 植物区系的数值分析[J]. 云南植物研究. 1990,12(1):179-185.

[3] 张光富,安徽板桥自然保护区的蕨类植物区系[J]. 山地学报,1998,16(4):303-308.

坡体的崩岗模型

1　背景

崩岗是广东花岗岩风化残积土地区的一种灾害类型,是发生在大于 30° 的陡倾斜地形上的坡体垮塌滑落。崩岗的地形因素、活动状况、移动速度和形态特征与滑坡存在着差别,尤其是受降雨的影响较大,常发生在一定强度的降雨条件下,研究其成因机理,对预防崩岗灾害具有重要意义。王彦华等[1]结合相关方程,建立了坡体的崩岗模型,探讨了风化花岗岩崩岗灾害的成因机理。

2　公式

坡体的滑移面有直线形、圆弧形、船形等形状,图 1a 是坡体稳定性分析的常规模型,即把滑落体分割成独立的单元,分析各单元的受力状态,进而对整个滑落体进行稳定性分析。其稳定性公式:

$$F = \left[\tan \phi \sum_1^n (N_i - U_i) + CL \right] \sum_1^n T_i \tag{1}$$

式中,F 表示滑落体的安全率;C 表示滑塌面上土的黏着力(T/m^2);φ 为滑塌面上土的内摩擦角(°);L 表示滑塌面的长度;N_i 表示各单元垂直作用于滑塌面上的压力,且 $N_i = A_i \gamma s \cos \alpha_i$,其中,$A_i$ 为各单元的垂向截面积(m_2),γ_s 为土体的比重(t/m^3),α_i 为各单元在滑塌面上的倾角;T_i 为各单元沿滑塌面向下的滑动力,且 $T_i = A_i \gamma s \sin \alpha_i$;$U_i$ 是孔隙水压(t/m^2)。

孔隙水压是指土粒子间隙充满水时产生的压力,关于孔隙水压对土体稳定性的影响有较多的争论,测定孔隙水压也比较困难,目前一般是用关系式 $U_i = \gamma_w h_i \lambda_i$ 求孔隙水压。式中 γ_w 是水的比重(t/m^3);h_i 是在滑落面上滑落体单元的地下水位;γ_i 是在滑落面上滑落体单元的长度。

在运用公式(1)进行稳定性计算和分析时,要设定滑塌面的角度,所以,对滑塌面形状的设定,不会影响对滑落体的稳定性分析。为了方便建立滑塌面的倾角与滑塌面深度的关系,假设滑体的走向截面为三角形(图 1b),则坡长 λ,坡角 α,坡长为 γ 处距滑移面的深度 h,滑移面的角度 θ,滑移面的长度 L 等参数有下列关系。

三角形的截面积:　　　$A = \dfrac{1}{2} h \lambda \cos a, \cos \theta = l \cos a / L$

118

滑移面长： $L = \sqrt{h^2 + l^2 - 2hl\sin a}$, $\sin \theta = (l\sin a - h)/L$

用湿密度的平均值表示土的密度（ $\gamma_s = 1.79$ t/m²），由于孔隙水压的测定比较困难，有资料显示[2]，用常用的方法测定的孔隙水压对滑塌面作用力的贡献占滑落体本身贡献的1/10，下面分析中将忽略这一项。关于土的内摩擦角和黏着力，参考有关广东各地花岗岩风化壳的剪切试验结果，以其平均值作为计算分析中的 C 和 ϕ（ $C = 0.29$ T/m², $\phi = 31.8°$）。

根据式（1）简化而成的公式为：

$$F = (N\tan \phi + CL)/T \tag{2}$$

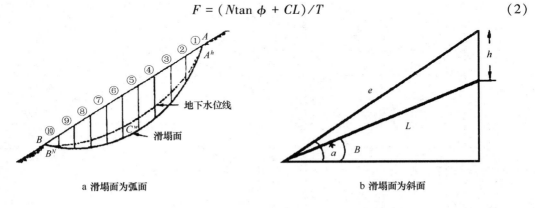

a 滑塌面为弧面　　　　　　　　　　　　　b 滑塌面为斜面

图 1　滑落体的模型

式中， $N = A\gamma_s\cos \theta = 0.5h\lambda\gamma_s\cos \theta\cos a$, $T = A\gamma_s\sin \theta = 0.5h\lambda\gamma_s\sin \theta\cos a$ 。由此推导出以下等式：

$$F = \frac{\cos \theta\tan \phi}{\sin \theta} + \frac{CL}{0.5hl\gamma_s\cos a\sin \theta} \tag{3}$$

并令 $F = 1$ ，求得包括 γ 、 h 和 a 三项参数，关于 h 的一元二次方程：

$$(1 + 3.1\lambda)h^2 + (1.93\lambda^2\cos^2 a - 2\lambda\sin a - 3.1\lambda^2\sin a\cos a)h + \lambda^2 = 0 \tag{4}$$

设定不同的坡角 α 和坡长 λ ，求出 α 、 λ 与 h 的对应关系（表1）。

从表1可以看出，随着坡度的增大，滑塌面的深度减小，相同坡度不同坡长时，随坡长的增大，滑塌面的深度减小。也就是一定坡度和坡长的坡体，当滑塌面在坡体稳定的临界深度以下时，坡体就要崩落下滑。雨水的渗透和地下水位抬升是主要的诱导因素，当连续的降雨渗透到坡体稳定的临界深度，使土体的剪切强度急剧降低，坡体就崩落或下滑。水库蓄水等使地下水位抬升，也是坡体稳定性变化的潜在影响因素，当有以上两种情况出现时，要根据坡体的地形地质特征，做好防治工作。

在一定的地质环境中，降雨对坡体稳定性的影响，是通过地表水的渗透而起作用的。一方面雨水下渗，坡体的容重增加，水压力增大；另一方面深部土体的饱和度达到一定值时，抗剪强度急剧降低。雨水的湿润前锋通常用以下公式来计算：

$$h = \sqrt{Dt} + \frac{kt}{n(S_f - S_o)}$$

式中,k 和 D 分别为渗透系数和扩散系数,都是关于含水量或饱和度的变量;n 为土体的孔隙度;S_f 和 S_o 分别为土体的初始饱和度和最终饱和度;t 是渗透时间。

表1　不同坡长和坡度时的滑移面深度(m)

坡长(m)	35°	38°	40°	43°	45°	50°	55°	60°
10	–	–	–	–	–	–	1.37	1.18
50	–	–	–	2.32	1.87	1.41	1.23	1.16
100	–	4.81	3.11	2.10	1.77	1.38	1.22	1.16
150	–	3.86	2.89	2.05	1.74	1.37	1.22	1.16
200	–	3.63	2.81	2.02	1.73	1.37	1.22	1.16
250	–	3.52	2.76	2.01	1.72	1.37	2.22	1.16
300	–	3.45	2.73	2.00	1.72	1.36	1.22	1.15
350	–	3.41	2.71	1.99	1.72	1.36	1.22	1.15
400	–	3.38	2.70	1.99	1.71	1.36	1.22	1.15
450	10.77	3.35	2.69	1.99	1.71	1.36	1.22	1.15
500	9.52	3.33	2.68	1.98	1.71	1.36	1.22	1.15
600	8.56	3.31	2.67	1.98	1.71	1.36	1.22	1.1

3　意义

根据广东珠海大镜山剖面(DJS)、增城剖面(ZC-1、ZC-2)、阳江飞鹅岭和圆周岭剖面(FEL、YZL)的物性指标的测定,建立了坡体的崩岗模型。设定不同的坡面参数条件,通过坡体的崩岗模型,计算了坡面和稳定临界深度,当坡度小于43°时,坡体的稳定临界深度大于2 m。根据雨水在花岗岩风化剖面的渗透特点[1],计算了一定强度的降雨在不同时间内的湿润前锋,由临界深度与湿润前锋的对比,说明了降雨与崩岗的关系以及不同时间的降雨对坡体稳定性的影响。

参考文献

[1] 王彦华,谢先德,王春云.风化花岗岩崩岗灾害的成因机理.山地学报,2000,18(6):496-501.
[2] 山口真一,中村三郎.地すべり.山崩れ—实态と对策[M].大明堂发行,1974.

黏性泥石流的阻力公式

1 背景

对黏性泥石流阻力的研究多采用曼宁公式，即用糙率 n 代表阻力来分析它的变化规律[1,2]。应用中主要表现在不同地区和沟谷之间的 n 值要相差 $3 \sim 4$ 倍之多[3]，这一方面给使用者造成了困难，同时也给研究者提出了一个需要解决的课题。由于反映流体结构特征的宾汉极限剪应力 τ_B 及黏滞系数 η 变化复杂，测试困难，虽然有一些包含了 τ_B 和 η 的流速计算公式[4]，但因很难对其在不同流域的通用性作出评价，在生产实践中也未被广泛采用。祁龙[1]就黏性泥石流阻力规律利用公式进行了初步初探。

2 公式

研究表明，代表阻力的 n 值具有随泥深 H 的增加而增大的规律，其中云南东川蒋家沟 n 值为[2]：

$$n = 0.035H^{0.34} \tag{1}$$

而甘肃武都的柳弯沟、火烧沟及马槽沟中，n 与 $H^{0.23}$ 成正比[5]。

根据力平衡原理，在稳定流条件下，床面阻力（不计内阻力）应等于流体作用在床面上的剪力 γHJ。对同一观测断面，J 为常数，因而，床面阻力只与 γH 有关。由于 H 的变化幅度大，大小相差 20 倍左右，而 γ 的变化幅度小，在黏性泥石流范围内，大小相差仅有 1.2 倍，即使不考虑 γ 的影响，泥深 H 也能与阻力 n 保持一定的关系。

因此，n 随 H 增大的实质应该是由于单宽重力随 H 的增加而增大所致。由于图 1 所用资料中缺粒度分析成果，为了和以后的分析相一致，又采用甘肃武都泥弯沟、柳弯沟和火烧沟的资料[2]，点绘了 $n-H$ 以及 $n-CVH$（体积浓度与泥深的乘积）关系图（图 1）。

从图 1 可以看出，后者的点群分布较前者有所改善。因此，研究的解释不仅反映了该现象的物理本质，且能提高精度。但它仍不能将不同流域的泥石流阻力规律统一起来。

有关研究表明，不同地区、不同沟谷之间泥石流阻力相差很大，文献[2]中将其按阻力大小分为高、中、低阻三种类型，而对其机理的解释是由于颗粒粗细程度不同所致。云南东川蒋家沟属低阻型，武都为中阻型，在同等水深下，武都泥石流阻力是蒋家沟的 2 倍左右。

经点绘 AC_vH-n 的关系图，发现蒋家沟泥石流点群基本上与武都泥石流混合在一起，且

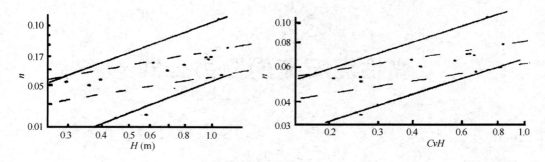

图 1　n-H 和 n-C_vH 关系图

并未超出武都泥石流点群的分布幅度(图 2)。图 2 与图 1 相比,分布宽度并未明显减加。这说明参数 $ACvH$ 基本上反映了阻力 n 的变化规律。经简单分析,得到如下表达式:

$$n = 0.14[P_{<2}/P_{<2}(0.3/H)^{0.5}C_vH]^{0.8} \tag{2}$$

整理后有:

$$n = 0.09[P_{<2}/P_{<2}C_v]^{0.8}H^{0.4} \tag{3}$$

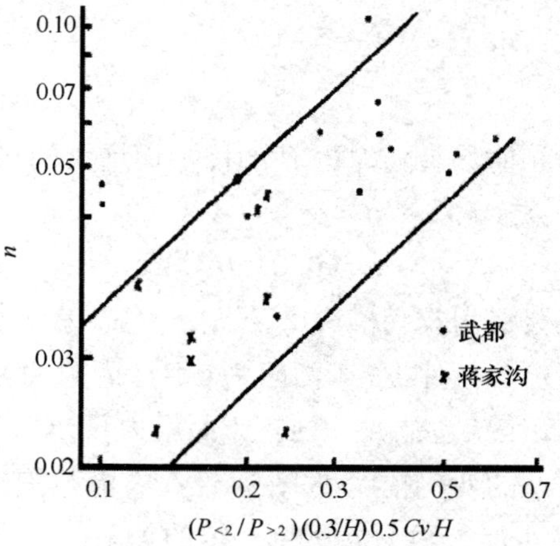

图 2　n-$(P_{<2}/P_{>2})(0.3/H)^{0.5}C_v H$

上述三种影响其实都与沟床比降有关,比降越小,残留层越厚、越宽,且沟道越顺直。为此,在式(2)右侧的参数项中增加比降因子,并点绘成图 3。图 3 与图 2 相比,落在两条平行线外的同是 4 个点,但平行线的间距减小了 31%,精度大为提高。图 3 中所用资料来自 4 条泥石流沟,比降范围 0.045~0.113。

n 的表达式为:

$$n = 0.97[P_{<2}/P > 2(0.3/H)^{0.5}C_vH(J/0.11)]^{0.4} \tag{4}$$

整理后有:

$$n = 0.185 [P_{<2}/P_{>2} C_v J]^{0.4} H^{0.2} \tag{5}$$

将式(5)代入曼宁公式 $V = \dfrac{1}{n} H^{\frac{2}{3}} J^{\frac{1}{2}}$ 后,黏性泥石流流速公式为:

$$V = 5.4 [P_{<2}/P_{>2} C_v]^{-0.4} H^{0.47} J^{0.1} \tag{6}$$

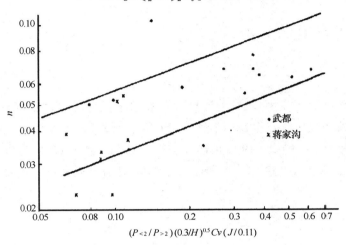

图3　$n - P_{<2}/P_{>2} (0.3/H)^{0.5} C_v H(J/0.11)$

3　意义

用曼宁公式分析泥石流阻力时,不同地区和不同流域之间的糙率 n 值相差很大,即是同一条沟的 n 值也很分散。若考虑单宽固体物质重量和粗、细颗粒含量之比沿垂线分布的不均匀性之后,则使单沟的 n 值点群分布趋于集中,且能将不同泥石流沟相差数倍的 n 值用统一的表达式加以描述。根据黏性泥石流的阻力公式,阻力规律对不同流域的泥石流阻力是有效的,可通过变化粗、细颗粒粒级和含量比之加以改善。

参考文献

[1]　祁龙.黏性泥石流阻力规律初探.山地学报,2000,18(6):508-513.

[2]　吴积善,康志成.云南蒋家沟泥石流观测研究[M].北京:科学出版社,1990.118-127.

[3]　中国科学院兰州冰川冻土研究所.甘肃泥石流[M].北京:人民交通出版社,1982,33-44.

[4]　吴积善.泥石流流态及流速计算[A]//泥石流论文集[1][C].重庆:科学技术文献出版社重庆分社,1981.79-86.

[5]　高守义,祁龙.甘肃省武都县马槽沟泥石流特征[J].山地研究,1997,15(4):300-304.

土壤的流失方程

1 背景

为了查明坡耕地水土流失现状,为治坡改土和水土保持提供试验依据,1982 年四川省农业厅在南充市改田改土项目中戴帽下达了"改田改土效益及坡耕地水土流失观测试验"。同年建起了试验小区,从 1983—1994 年连续进行了长期细致的观测,为省、市、县提供了丰硕的试验数据。吕甚悟等[1]建立了土壤的流失方程,对南充观测点的主要试验结果进行了计算和总结。

2 公式

用 $\sum EI_{30}$ 法则计算每次降雨 R 值,其中 $\sum E$ 为一次降雨总能量,I_{30} 为最大降雨强度。南充市观测期 15 年平均 R 值为 $362.5[J \cdot cm/(m^2 \cdot h)]$。这 15 年的平均降水量为 1 015.4 mm,接近南充 23 年的平均降水量 1 014 mm。因此,R 值可代表南充降水量多年平均值。以 362.5 为统一基数,把不同时期的坡度、坡长试验换算为同一 R 值的流失量,以便计算 SL 和 P 值。换算后,各处理的径流量衔接较好,但土壤侵蚀量不够吻合。这是因为冲刷土与 R 值的正比关系并不是很好。在表 1 中,横垄甘薯套种大豆的 5 年(n)中,20°坡耕地水土流失量与 R 值的关系为:

表 1　横垄甘薯间作大豆各年的水土流失量

年度	降雨量 (mm)	侵蚀雨量 (mm)	侵蚀力 [J·cm/(m²·h)]	径流量 (m³/hm²)	冲刷量 (t/hm²)
1983	1 015	275	534.8	2 395	82.2
1984	1 219	350	679.6	3 408	111.2
1985	960	85.5	165.1	704	19.9
1986	809	127.3	247.5	1 128	32.8
1987	853	175.5	342.5	1 343	50.7

$$\hat{y}_水 = 5.1482R - 232(n = 5, r = 0.9910) \tag{1}$$

$$\hat{y}_土 = 0.1461R - 10.14(N = 5, R = 0.9993)$$

$$\hat{y}_土 = 0.1461\bar{R}\left(\frac{R_i}{\bar{R}}\right)^{1.2} - 0.22(N = 5, R = 0.9996) \tag{2}$$

式中，$\bar{R}$ 为 5 年的平均数(393.9)。用 $\bar{R}\left(\dfrac{R_i}{\bar{R}}\right)$ [2] 代替 $R_土$ 后，不同时期的土壤流失量与降雨侵蚀力因子更加密切相关。

坡度是影响水土流失的主要地形因素。耕地坡度在 25° 范围内，不同时期的三种不同耕作试验，用式(1)、式(2)的关系换算成相同 R 值(362.5)后的水土流失量与坡度的关系如下。

顺坡起垄栽 1 行甘薯，垄的一侧栽 1 行玉米。4 年平均水土流失量与坡度 θ 的关系为：

$$\hat{y}_水 = 10.94 + 3.4\theta^{0.59}(\hat{n} = 5, \hat{r} = 0.9993)$$

式中，n 为 5 种不同坡度；r 为相关系数。以 9° 为基础，各坡度的径流量除以 9° 时的径流量得径流坡度因子为：

$$S_水 = 0.36 + 0.175\theta^{0.59} \tag{3}$$

$$\hat{y}_土 = 10.94 + 3.4\theta(\hat{n} = 5, \hat{r} = 0.9984) \tag{4}$$

各坡度与 9° 冲刷量的比值函数为土壤侵蚀坡度因子 $S_土 = 0.082\theta = 0.26$。

横坡甘薯垄下侧套种大豆的耕种，5 年平均水土流失量与耕地坡度的关系为：

$$\hat{y}_水 = 901 + 50.5\theta^{0.59} \qquad (n = 5, r = 0.9965) \tag{5}$$

$$\hat{y}_土 = 14.7 + 0.783\theta^{1.3} \qquad (N = 5, R = 0.9982) \tag{6}$$

横垄甘薯套种玉米，沟中加 10 cm 高的小土档，3 年平均水土流失量与坡度的关系为：

$$\hat{y}_水 = 343.3 + 9.63\theta^{1.4} \qquad (n = 5, r = 0.9965) \tag{7}$$

$$\hat{y}_土 = 16.6 + 0.114\theta^{1.69} \qquad (N = 5, R = 0.9979) \tag{8}$$

上述回归方程都达到了相关极显著水平，各式成立。选用顺坡薯玉垄作的水土流失方程为坡度因子的数学模型。各式保留常数项，能如实反映坡度增减趋势及坡度为零时，水土流失量并不等于零的实际情况。

在小区坡度均为 10° 时，顺坡薯玉耕作坡长试验 5 年平均的水土流失量换算成与坡度试验相同 R 值和 K 值后，水土流失与坡长 L(m) 的数量关系为：

$$\hat{y}_水 = 863.5l^{0.274} \qquad (n = 6, r = 0.9959) \tag{9}$$

$$\hat{y}_土 = 20.8l^{0.34} \qquad (n = 6, R = 0.9976) \tag{10}$$

式中的 n 为 6 种坡长,虽然坡长与水土流失量的关系曲线受坡度的影响而不同,但各坡度小区的坡长与土壤侵蚀率的关系曲线,没有受坡度因子的影响而变化[3]。因此,用各坡长与 20 m 坡长水土流失量的比值函数表示径流及土壤侵蚀的坡长因子为:

$$L_水 = (l/20)^{0.274} \tag{11}$$

$$L_土 = (l/20)^{0.34} \tag{12}$$

水土流失率与坡长也达极显著指数相关,坡长方程可以作为坡长因子的数学模型。坡耕地生长作物,使坡长因式的指数比其他裸地试验小一些,是覆盖作物对坡面径流的阻滞作用而引起的,符合常规耕作的冲刷流失情况。

根据南充市荆溪和大通两个试验场多年的顺坡薯玉耕作各次单位降雨侵蚀力引起的水土流失量与作物未覆盖度百分数(c)的关系式[4]表示 C 值。由于先前用 $\sum KE \geqslant 1$ 法则计算 R 值,现改为 $\sum EI_{30}$ 计算,R 值变小,原单位 R 值的 C 值扩大为:

$$C_水 = 2.90 + 0.0626c \qquad (n = 50, r = 0.707) \tag{13}$$

$$C_土 = 40.46 + 0.0469c \qquad (n = 50, r = 0.850, c \leqslant 74) \tag{14}$$

$$C_土 = 88.58 - 0.988c + 0.0483c^2 \qquad (n = 50, r = 0.944, c \leqslant 74) \tag{15}$$

式(13)~(15)也达极显著相关。因式(12)高端偏低,而式(13)低端偏高,故用两式联合表示土壤侵蚀的 C 值,若 $C_土$ 是以 t/hm² 为单位时,还应除以 1 000。

套用通用土壤流失方程,必须对各因子的取值方法重新拟定。这类径流方程算式还未见报导,特别是作物经营因子能否用简化算式代替。这些测试和算法是否真正适合本地具体情况,最终还要靠它们用于实际检验的精度评价。南充紫色土坡耕地径流方程模拟为:

$$A_水 = R_1 LSCP + 10 \sum (q_i - 100) \tag{16}$$

式中,$A_水$ 为径流量(m³/hm² · a⁻¹);R 为降雨侵蚀力指标;LS 为径流坡度坡长因子;C 为径流未覆盖度因子;P 为保水措施因子(表2)。

土壤流失方程为:

$$A_土 = R \cdot K \cdot L \cdot S \cdot C \cdot P \tag{17}$$

式中,$A_土$ 是土壤流失量(t/hm² · a),因 K 与英制单位一样还应乘 4.46;除横垄加挡和横坡梯沟耕作外的其他耕作 $R_土 + \bar{R}(R_i/\bar{R})^{1,2}$,式中 $\bar{R} = 362.5$。因 K 值的关系,$R_土$ 还应乘以 0.588 2;K 为土壤可蚀性因子;LS 为土壤侵蚀的坡度坡长因子;$C_土$ 为未覆盖度因子,用式(14)、式(15)计算;$P_土$ 为土壤保持措施因子。

表 2　小区基本资料及年均水土流失观测值

耕作	区号	坡度(°)	坡长(m)	R(Vm²)		SL		C		P		径流量[m³/(hm²·a)]	冲刷量[t/(hm²·a)]
				水	土	水	土	水	土	水	土		
顺坡垄栽甘薯套种玉米	1	5	10	276.9	262.4	0.672	0.529	5.47	0.145	1	1	1 010	19.87
	2	10	10	276.9	262.4	0.861	0.853	5.47	0.145	1	1	1 320	34.55
	3	15	10	276.9	262.4	1.013	1.177	5.47	0.145	1	1	1 519	44.81
	4	20	10	276.9	262.4	1.145	1.501	5.47	0.145	1	1	1 724	56.89
	5	25	10	276.9	262.4	1.265	1.825	5.47	0.145	1	1	1 908	71.34
横坡垄栽甘薯套种大豆	6	5	10	393.9	400.5	0.672	0.529	5.47	0.145	0.840	0.745	1 217	23.56
	7	10	10	393.9	400.5	0.861	0.853	5.47	0.145	0.765	0.666	1 377	32.09
	8	15	10	393.9	400.5	1.013	1.177	5.47	0.145	0.738	0.666	1 680	45
	9	20	10	393.9	400.5	1.145	1.501	5.47	0.145	0.729	0.664	1 784	59.36
	10	25	10	393.9	400.5	1.265	1.825	5.47	0.145	0.726	0.679	1 945	74.18
横垄加挡栽甘薯套种玉米	11	5	10	436.4	436.6	0.672	0.529	5.47	0.145	0.327	0.120	520	4.02
	12	10	10	436.4	436.6	0.861	0.853	5.47	0.145	0.344	0.159	739	9.02
	13	15	10	436.4	436.6	1.013	1.177	5.47	0.145	0.385	0.203	887	16.21
	14	20	10	436.4	436.6	1.145	1.501	5.47	0.145	0.434	0.246	1 159	21.44
	15	25	10	436.4	436.6	1.265	1.825	5.47	0.145	0.487	0.287	1 510	34.72
顺坡垄栽甘薯套种玉米	16	10	5	306.2	296.5	0.712	0.674	5.28	0.134	1	1	1 132	25.5
	17	10	10	306.2	296.5	0.861	0.853	5.28	0.134	1	1	1 392	31.81
	18	10	15	306.2	296.5	0.962	0.979	5.28	0.134	1	1	1 496	35.67
	19	10	20	306.2	296.5	1.041	1.08	5.28	0.134	1	1	1 688	40.24
	20	10	25	306.2	296.5	1.106	1.165	5.28	0.134	1	1	1 782	43.34
	21	10	30	306.2	296.5	1.163	1.24	5.28	0.134	1	1	1 832	47.26
横垄薯玉	22	10	15	413.8	424.9	0.962	0.979	5.28	0.134	0.77	0.63	1 682	30.50
横垄薯玉+梯沟	23	10	15	413.8	424.9	0.962	0.979	5.28	0.134	0.29	0.15	533	8.30
横垄薯玉+挡	24	10	15	413.8	424.9	0.962	0.979	5.24	0.134	0.34	0.16	598	8.85
平坡甘薯	25	10	15	413.8	424.9	0.962	0.979	5.22	0.13	0.87	0.81	1 746	40.6
横坡薯垄	26	10	15	413.8	424.9	0.962	0.979	5.84	0.167	0.77	0.63	1 831	41.0
平坡玉米	27	10	15	413.8	424.9	0.962	0.979	5.53	0.148	0.87	0.81	1 938	45.2
顺垄薯玉	28	10	15	413.8	424.9	0.962	0.979	5.28	0.134	1	1	2 130	55.3
顺坡薯垄	29	10	15	413.8	424.9	0.962	0.979	5.84	0.167	1	1	2 378	74.0

续表

耕作	区号	坡度 (°)	坡长 (m)	$R(Vm^2)$		SL		C		P		径流量 [m³/(hm²·a)]	冲刷量 [t/(hm²·a)]
				水	土	水	土	水	土	水	土		
横坡休闲	30	10	15	413.8	424.9	0.962	0.979	9.16	0.473	0.77	0.63	3 120	119.6
平坡休闲	31	10	15	413.8	424.9	0.962	0.979	9.16	0.473	0.87	0.81	3 405	161.9
顺垄休闲	32	10	15	413.8	424.9	0.962	0.979	9.16	0.473	1	1	3 855	201.7

注:1~15 小区土壤可蚀性 K 值为 0.387;16~32 小区 K 值为 0.357。

3　意义

根据土壤的流失方程,对影响水土流失的主要因子进行计算。应用土壤流失方程,预报紫色土坡耕地在耕种情况下的水土流失量。经实测资料检验精度良好,说明确定的 R、K、LS、C、P 算法符合这类区域的具体条件。作物经营因子用未覆盖度的简单因式代替,经检验误差在允许范围以内,而且更便于应用。横垄加挡,横坡或斜坡梯沟,鱼鳞坑种植,地边高埂,地坎植树留草等保土护坎措施简便易行,保土效果好,利于大面积推行。

参考文献

[1]　吕甚悟,陈谦,袁绍良.紫色土坡耕地水土流失试验分析.山地学报,2000,18(6):520-525.

[2]　N.W.哈德逊.土壤保持[M].窦葆璋译.北京:科学出版社,1975.

[3]　吕甚悟,王世平,徐多润,等.紫色土坡耕地耕作方法对土壤侵蚀影响的试验研究[J].中国水土保持,1996,(2):38-41.

[4]　吕甚悟,王世平,徐多润,等.紫色土坡耕地耕作方法对土壤侵蚀影响的试验研究[J].中国水土保持,1996,(2):38-41.

鸟类的多样性公式

1 背景

鸟类是山地森林生态系统不可分割的部分,它们在山地森林生态系统中能传递植物生产的物质能量,加速系统的物质能量循环、传播植物种子。鸟类与山地生态系统其他成员相互联系,其中营养联系占首要地位。西双版纳勐仑样区人为影响较大,林下大量种砂仁,长果桑幼树被砍伐利用,改变了森林结构和自然演替机制。南贡山样区虽有一定人为影响,但森林结构尚完整,长果桑树分布较多,长果桑果熟期摄食鸟类多样性较好。王直军等[1]应用鸟类的多样性公式,对两样区长果桑果熟期摄食鸟类多样性进行了比较分析。

2 公式

在西双版纳勐仑和南贡山样区进行路线调查,记录食长果桑果实的鸟种类、数量,再选定长果桑样树,在样树对面较高位置用望远镜全天观察摄食桑果和出入桑树的鸟类、鸟类摄食情况以及桑树周围的情况。用观察资料计算鸟类相对多度、鸟类相对摄食频度,再用 Shannon_Wiener 多样性指数(H),最大多样性指数(H_{max})分析[2],计算公式如下:

相对多度(%)= 记录到鸟种 i 的个体数/所记录鸟种的总个体数×100

相对频度(%)= 鸟种 i 的出现频率/所有鸟种出现频率之和×100

$$H = - \sum_{i=1}^{S} p_i \log p_i , H_{max} = \log S$$

式中,S 为样区观察到取食桑果的鸟种数;p_i 为第 i 种鸟个体数与样区所观察到鸟总个体数比值。

以取食桑果的鸟多样性指数(H')与最大多样性指数(H'_{max})的比值(摄食率,Foraging Ratio)以及生态位重叠值(Overlap)计算,比较勐仑和南贡山样区鸟类摄食桑果的情况,使用 Schoener[3,4] 公式:

$$重叠值 = 1 - \sum_{i=1}^{S} |P_{ix} - P_{iy}|$$
$$摄食率 = H'/H'_{max}$$

式中,P_{ix} 和 P_{iy} 分别是在长果桑样树 x 和 y 上摄食的鸟种个体数与该样区所观测到它们各自个体总数的比值,鸟种数从 i 种递增到 S 种。

将摄食长果桑的鸟类情况、鸟类多样性及相关参数列于表 1 和表 2,并进行比较。

表 1 勐仑和南贡山研究地摄食长果桑的鸟类情况比较

样区	摄食桑果鸟 种数	雀形目鸟类 种数	非雀形目鸟类 种数	特有种或亚种 种数	重点保护鸟类 种数
勐仑	20	19	1	12	0
南贡山	35	22	13	23	10

表 2 勐仑和南贡山研究地摄食长果桑的鸟类多样性及其他相关参数比较

样区	多样性指数 H'	最大多样性指数 H'_{max}	摄食率	重叠值	在 2 km 观察带内 长果桑树(棵)
勐仑	1.148 5	1.301 0	0.882 8	0.897 2	3
南贡山	1.435 8	1.531 5	0.937 5	0.146 8	18

3 意义

在西双版纳的热带山林中,鸟类对山地环境的变化敏感,对森林结构和食物资源的反应明显。根据鸟类的多样性公式,应用到研究长果桑果熟期摄食鸟类种群结构,计算得到:一些地区特有的鸟类种和亚种、大中型非雀形目鸟类以及人们需要重点保护的鸟类,已经随着植被结构的变化和食源的减少而失去了。若不尽早消除干扰、改善植被结构,情况还会越来越严重。因此,只有保护森林自然结构和自然更新,停止对森林结构的破坏性干扰,才可能有效保护鸟类多样性。

参考文献

[1] 王直军,陈进,邓晓保. 长果桑果熟期摄食鸟类多样性. 山地学报,2001:19(1):48-52.

[2] Schoener T W. The anolia lizard of Bimini:resource partition in a complex fauna[J]. Ecology,1968,49:704-726.

[3] Cody M L. Competition and the structure of bird communities[M]. Princeton:Princeton Universty Press,1974.

[4] 包维楷,陈庆恒. 退化山地生态系统恢复和重建问题的探讨[J]. 山地学报,1999,17(1):22-27.

福建山地的红壤磷吸附方程

1　背景

福建省 70 ％的山地土壤为红壤,其通常极度缺磷,严重制约林木生长。近几年来,随着林木经营集约度的提高(如世行贷款国家造林项目等)[1,2],多进行幼林施肥,但由于对山地红壤磷素状况缺乏足够的了解,造成施用磷肥基本上对林木生长无促进作用。对土壤吸附阴离子的机制早已进行了广泛的研究,目前为学者接受的是非专性吸附和性吸附两种机制。张鼎华[1]建立了福建山地的红壤磷吸附方程,利用此方程对福建山地红壤磷酸离子吸附与解吸附进行初步研究。

2　公式

用吸附方程式来描述磷吸附过程可以用简单的几个数字把许多实验结果总结出来。目前描述磷吸附等温线常用的方程是 Langmuir 方程,其方程为:

$$X = \frac{a \cdot X_m \cdot C}{1 + a \cdot C}$$

线性方程为:

$$\frac{C}{X} = \frac{1}{a \cdot X_m} + \frac{1}{X_m} \cdot C$$

式中,X 是单位土壤的吸磷量;C 是平衡溶液中磷的浓度;a 是系数,反映达到平衡时吸附和解吸附的相对速率;X_m 是最大吸附量。C/X 和 C 呈直线关系,其斜率的倒数即为最大吸附量 X_m,从截距可计算系数 a 值。

研究磷吸附方程的目的之一就是要用它来预测土壤对磷的需要量。从表 1 看,福建红壤的标准需磷量在 40 cm 土层内为 10.3 ~ 59.5 mg/kg,需肥量由大至小的趋势为:平和,福州,上杭,霞浦,松溪。

131

表1　福建山地红壤的标准需磷量

样品	1		2		3		4		5	
	0~20	20~40	0~20	20~40	0~20	20~40	0~20	20~40	0~20	20~40
标准需磷量(mg/kg)	10.3	16.1	18.0	20.0	48.0	59.5	21.2	28.1	30.0	37.6

为研究磷吸附与土壤性质的关系,对最大吸附量和标准需磷量与土壤有机质、土壤黏粒等性质进行了相关回归分析,其结果如表2。

表2　福建山地红壤磷吸附与某些土壤形状的关系

土壤因子	有机质 （%）	pH H_2O	pH KCl	有效磷 （mg/kg）	全磷（%） total P	黏粒（%） <0.001 mm
最大吸附量 X_m	−0.850 4	−0.899 3	−0.772 3	−0.851 9	−0.154 1	0.747 2
标准需磷量 SHPQ	−0.511 4	−0.699 7	−0.342 7	−0.697 1	−0.387 5	0.629 3

3　意义

根据福建山地的红壤磷吸附方程,对福建山地红壤磷吸附和解吸附状况进行研究。可知福建山地红壤磷吸附与解吸附状况极显著地吻合了 Langmuir 方程,运用该方程可推算出最大吸附量和标准需磷量。福建山地红壤磷吸附量较大、解吸量较小,且磷吸附量与土壤有机质、酸度、有效磷、黏粒有着显著的相关关系。根据其求出的磷最大吸附量和标准需磷量可作为合理施用磷肥的依据。鉴于当前施肥方法和施肥量的不当,建议今后多开展这方面的试验和研究。

参考文献

[1]　张鼎华,叶章发,罗水发.福建山地红壤磷酸离子($H_2PO_4^-$)吸附与解吸附的初步研究.山地学报,2001:19(1):19-24.
[2]　赵美芝,陈家坊.土壤对磷酸离子吸附的初步研究[J].土壤学报,1981,18(1):71-77.

黄土土壤的侵蚀模型

1 背景

黄土高原是世界上土壤侵蚀最严重的地区。研究黄土高原典型地区土壤侵蚀的共性与特点,可为该区落实水土保持治理方针,并在代表类型区因地制宜地进行水土保持工作提供科学依据。绥德、安塞、天水和西峰是分别位于黄丘第一、二、三副区及黄土高原沟壑区的四个典型地区。这些地区的土壤侵蚀既有共性,也有各自的特点。王占礼和邵明安[1]建立了黄土土壤的侵蚀模型,对黄土高原典型地区土壤侵蚀共性与特点进行了计算和分析。

2 公式

根据分析结果,安塞地区土壤侵蚀与次降雨因子指标呈幂函数正相关,关系式为:

$$M = A(PI_{30})^a \tag{1}$$

式中,M 为次降雨侵蚀量(t/km^2);P 为次降雨量(mm);I_{30} 为最大 30 min 雨强(mm/min);A,a 为待定系数与指数。

加权雨强同降雨量的乘积与侵蚀量的关系最密切,同其他雨强的相关关系与之相比均较弱。土壤侵蚀与次降雨量及加权雨强的乘积呈幂函数正相关:

$$M = A(PI_{加权})^a \tag{2}$$

式中,$I_{加权}$ 为次降雨加权雨强(mm/min)。根据该地不同坡度的裸地径流小区观测资料分析结果,这种正相关表现为幂函数,且随降雨强度的增加,坡度的作用更加明显:

$$M = AS^a \tag{3}$$

式中,S 为坡度(°)。

对坡长的侵蚀作用[2,3]研究表明:20~60 m 坡长的坡面是各种侵蚀形态发育最活跃的地带,也是侵蚀最严重的地带,土壤侵蚀与坡长的关系一般表现为正相关。根据安塞地区不同坡长裸地径流小区观测资料分析结果,次土壤侵蚀与坡长呈幂函数相关关系,且随降雨强度的增加,由负相关变为正相关,降雨强度越大,坡长的侵蚀作用越明显。

$$M = AL^a \tag{4}$$

式中,L 为坡长(m)。

坡度坡长的综合侵蚀作用。当把坡度与坡长对土壤侵蚀的综合作用进行分析,则获得土壤侵蚀与坡度及坡长之间呈二元幂函数相关,关系式为:

$$\bar{M} = 103.385 S^{1.114} L^{0.350} \tag{5}$$

式中,$\bar{M}$ 为年平均土壤侵蚀(t/km^2)

草地土壤侵蚀系数(即草地侵蚀模数与裸露地侵蚀模数的比值)与草地植被覆盖度之间呈现指数函数关系:

$$K = \begin{cases} 1.0 & (C < 5\%) \\ e^{-0.0418(C-5)} & (C > 5\%) \end{cases} \tag{6}$$

式中,K 为人工草地土壤侵蚀系数($0\sim1$);C 为植被覆盖度(%)。

林地土壤侵蚀与林地植被覆盖度之间呈多项式关系:

$$M_f = 10377.87 - 271.68C + 1.78C^2 \tag{7}$$

式中,M_f 为人工杯地年土壤侵蚀量(t/km^2)。

绥德地区的研究表明,侵蚀模数与覆盖度间的关系为:

$$D = 23.855 - 5.133\ln V \tag{8}$$

式中,D 为土壤侵蚀模数;V 为牧草覆盖度。

3 意义

在比较土壤侵蚀相似性和差异性的基础上,对这些典型地区土壤侵蚀的共性与特点进行了研究,建立了黄土土壤的侵蚀模型[1]。利用此模型,计算结果表明:(1)黄土高原典型地区土壤侵蚀影响因素有降雨、地形及土地利用;(2)黄土高原各典型地区主要侵蚀类型为水蚀及重力侵蚀,主要侵蚀发生时间为汛期,主要侵蚀空间分布特征为具有垂直分带;(3)绥德地区侵蚀产沙强烈,天水地区侵蚀相对轻微,安塞地区具有各种侵蚀典型特征,西峰地区土壤侵蚀特殊。

参考文献

[1] 王占礼,邵明安. 黄土高原典型地区土壤侵蚀共性与特点. 山地学报,2001:19(1):87-91.

[2] 李壁成. 小流域水土流失与综合治理遥感监测[M]. 北京:科学出版社,1995. 186-217.

[3] 杨文治,余存祖. 黄土高原区域治理与评价[M]. 北京:科学出版社,1992. 298-344.

景观生态的破坏评价模型

1 背景

目前,景观生态破坏日趋严重,景观结构破坏、景观生态失调(森林锐减、土壤退化、生物多样性损失等)、景观功能退化等问题严重影响人类的生存和发展。[1-3]景观生态破坏评价对景观生态系统优化和建设十分重要,为了开发利用景观单元,协调人与景观生态系统的紧张关系,保证景观生态系统持续稳定发展[4],在评价景观破坏程度的过程中必须考虑系统的生态效应,强调景观评价适应自然,突出人类活动的影响[5],反映景观生态结构及其变化,反映景观内各生态系统间相互作用与影响。龙开元等[1]明确了景观生态破坏评价指标体系,建立了景观生态的破坏评价模型。

2 公式

根据人类活动的特征以及景观生态系统破坏的表现、特征和成因确定指标体系。通过对各景观要素、景观生态客体的内部结构、变化以及它们之间的结构、作用和变化的研究,评价景观生态系统的稳定性、生产能力、景观异质性,从而获得景观生态破坏程度的综合指数。

2.1 景观生产力指标(P)

(1)生物量指数(p_1)指区域内主要粮食作物和经济作物的单位面积生物产量(kg/m^2)。

(2)生物多样性指数(p_2):

$$P_2 = - \sum (b_i) \times \ln(b_i)$$

式中,b_i 为生物属 i 的种类数。

(3)土壤肥力指数(p_3)主要指土壤中有机质含量。

2.2 景观生产力指标(P)

(1)景观多样性指数(h_1)。

景观类型包括林地、果园、草地、耕地、城市和居民用地、工厂、交通用地、水面、休闲地、荒地,h_{1j}是景观类型 j 所占区域总面积的比率:

$$h_1 = - \sum (h_{1j}) \times \ln(h_{1j})$$

（2）景观破碎度：

$$h_2 = \sum n_i / A$$

式中，h_2 表示景观破碎度；$\sum n_i$ 为景观中所有景观类型斑块的总个数；A 为景观的总面积。

（3）自然景观分离度是指某一景观类型中不同斑块个体分布的分离程度，采用下列方法计算自然景观的分离度：

$$h_3 = D_i / S_i$$

其中：

$$D_i = 1/2 \sqrt{n/A}$$

式中，h_3 为自然景观分离度；D_i 为自然景观类型 i 的距离指数；S_i 为自然景观类型 i 的面积指数；A 为自然景观类型 i 的总面积；n 表示自然景观类型 i 中的斑块总个数。

（4）根据各单项指标的得分和权重计算出复合指标的得分。

景观稳定性指标：$\qquad\qquad S = \sum (s_i \times w_i)$

景观生产力指标：$\qquad\qquad P = \sum (p_i \times c_i)$

景观异质性指标：$\qquad\qquad H = \sum (h_i \times y_i)$

（5）根据复合指标的得分和权重计算综合指标得分。

$$综和指标得分 = S \cdot W + P \cdot C + H \cdot Y$$

3　意义

在探讨景观生态破坏评价指标体系建立的目的和原则以及分析人类对景观生态系统影响的成因和表现的基础上，建立了景观生态的破坏评价模型[1]，通过实例分析、讨论指标体系，得到此模型的可靠性和适应性。在研究景观生态系统破坏的表现、特征和成因、景观生态系统的性质和类型以及景观生态系统时间演变的基础上，运用层次分析法，建立景观生态破坏评价的指标体系，以评价区域景观生态破坏程度，为景观生态建设提供一定的科学依据。

参考文献

［1］　龙开元,谢炳庚,谢光辉. 景观生态破坏评价指标体系的建立方法和应用. 山地学报,2001,19(1)：64-68.

［2］　Forman R,Godron M. Landscape Ecology[M]. New York：John Wiley. &Sons,1986.

［3］　Legendre P,Fortin M J. Spatial pattim and ecological analysis[J]. Vegetation,1989 ,80 :107-138.

［4］　肖笃宁. 景观生态学理论、方法与应用[M]. 北京:中国林业出版社,1991.

［5］　Jacob M. Sustainable development and deep eclolgy：analysisof competing traditions [J]. Envir-conment Management. 1994. 18(4)：477-488.

冬小麦条锈病的叶片诊断模型

1 背景

小麦条锈病是我国乃至世界上发生面积最广、为害最大的重要小麦病害之一。遥感属于一种无损测试技术,它能够适时、快速、大面积地监测病害的发生与发展状况。在单叶光谱对作物胁迫状况诊断的研究上,学者田庆久等利用单叶片的光谱反射率在 1450 nm 附近处水的特征吸收峰深度和面积与叶片水分含量呈极显著相关关系来诊断叶片的水分状况,结果非常理想。黄木易等[1]采用美国 LI-Cor1800-12 外置积分球,与 ASDField Spec Pro FR 2500(350~2500 nm)型光谱仪耦合进行冬小麦条锈病单叶片的反射率测定。

2 公式

所测条锈病单叶光谱通过反射率值和 DN 灰度值转换公式为:

$$R_目 = \frac{DN_目}{DN_参} \times R_参$$

式中:$R_目$ 为条锈病单叶光谱反射率;$DN_目$ 为条锈病单叶光谱 DN 灰度值;$DN_参$ 为积分球内白板的反射灰度值;$R_参$ 为积分球内白板的反射率值。

对敏感波段建立的模型,其预测结果通过均方根误差 $RMSE$ 进行评价,其计算公式为:

$$RMSE = \sqrt{\frac{1}{n} \sum_{i-1}^{n} (SL - \hat{SL})^2}$$

式中,SL 与 $\hat{SL}$ 分别表示冬小麦条锈病单叶严重度(severity level)的真实值与通过预测模型估算的单叶严重度预测值;n 是单叶严重度的样本数。

不同条锈病严重度的单叶光谱特征是不同的,由图 1 的不同冬小麦条锈病严重度的单叶光谱特征可以看出,条锈病单叶片光谱的反射率在整体上都随叶片严重度的增加而增加,以 0%严重度的单叶光谱反射率为基准,把其他严重度单叶光谱反射率与其做对比,得相对反射率,即:

$$R^* = \frac{R_D - R_0}{R_0 + R_D}$$

式中,R^* 是相对反射率;R_0 是 0%严重度单叶片的光谱反射率;R_D 是严重度为 D 时的单叶片光谱反射率。

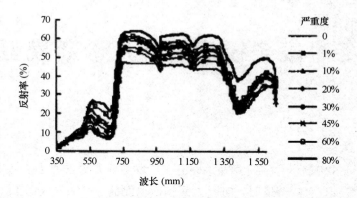

图1　不同严重度单叶光谱特征

反演单叶严重度的敏感波段要进行选择,根据图2中与单叶严重度相关性最好的666 nm反射率与758 nm随严重度变化的趋势,可以构建设计一个光谱角度指数:即把各严重度在666 nm的反射率乘以正常叶片在758 nm与666 nm反射率的比值数(7.289)所得的直线(7.289×R_{666nm}),此直线与$R_{758\,nm}$直线构成的夹角θ为一常数,如图2,可表示为:

$$tg\theta = \frac{7.289 \times R_{666\,nm}}{89\% - 0\%}$$

计算得tgθ=95 591,所以$SL = 1/tg\theta°X$

式中,X为光谱角度指数$7.289×R_{666\,nm} - R_{758\,nm}$,模拟方程决定系数为0.926。

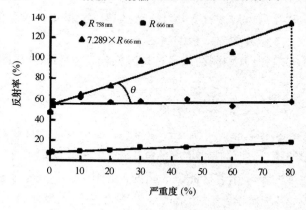

图2　用二波段的光谱角度指数构建

通过定量化归一分析,计算的Depth与Area值与单叶严重度呈极显著负相关,如表1所示,我们对面积进行变换,设计吸收面积指数(AAI)为:

$$Absorption\ Area\ Index = \frac{Arga_0 - Arga_D}{Arga_0 + Arga_D}$$

式中,$Area_0$ 表示严重度为0%的正常叶片的 $Area$ 值,$Area_D$ 表示严重度为 D 的 $Area$ 值,将其与严重度作回归,决定系数最高为0.972。

3 意义

根据冬小麦条锈病的叶片诊断模型,并且对冬小麦条锈病胁迫不同严重度的单叶进行光谱测定,其光谱特征明显,通过计算表明,随冬小麦条锈病严重度增加,单叶光谱反射率在可见光550~740 nm 处增加,差异显著;而近红外平台750~1 340 nm 反射率也呈上升趋势,差异不显著;中红外1 350~1 600 nm 反射率上升,差异显著。应用冬小麦条锈病的叶片诊断模型,计算可知条锈病单叶光谱特性明显,利用其光谱反射率可以很好地估算单叶严重度,建立的模型具有很高的反演精度。研究结果对深入研究冬小麦条锈病害遥感监测机理提供了理论依据。

参考文献

[1] 黄木易,黄文江,刘良云,等. 冬小麦条锈病单叶光谱特性及严重度反演. 农业工程学报,2004.1, 20(1):176-179.

温室气动天窗的仿真模型

1 背景

天窗是连栋塑料温室的必要部件之一,对温室的正常生产及经济效益有重要影响,为实现现代温室天窗的分布式智能控制,采用快速、安全、可靠、低成本的气动技术是必要的。司慧萍等[1]对所设计的一种气动天窗机构进行了动力学仿真研究。在天窗荷载中风载占有较大的比例,计算时需要考虑风速大小、风速波动性(阵风)造成的附加动载、温室周围环境对风速的影响、风力作用于天窗的方式、温室结构及其重要性等。

2 公式

2.1 天窗荷载和气缸负载的确定

天窗与风载的相互作用复杂多样,做到精确合理的计算比较困难,司慧萍等[1]从最不利的角度考虑问题,采用基于风速资料分析的一种风载确定方法[2,3],具有较大的合理性。

考虑天窗机构在遇大风等严酷条件下亦能可靠关闭,计算动压时按大于95%的可靠度选择风速(13.5 m/s),天窗风载采用下面的一组公式确定[2,3]。

$$\begin{cases} P_1^+ = q_1^+ A_1^- P_1^- = q_1^- A \\ q_1^+ = q_x G \cdot (C_p^+ - C_{p1}^+)_x^- q_1^- = q_x G \cdot (C_p^- - C_{pi}^-) \end{cases} \tag{1}$$

式中,P_1 为天窗风载,N,风向与图 1 所示一致记作 P_1^+,相反记作 P_1^-;q_1 为天窗上的总压,Pa,风向与图 1 所示一致记作 q_1^+,相反记作 q_1^-;A 为天窗面积,m²,所研究温室的天窗面积为 36 m²;q_z 为天窗处的风力动压,Pa;G 为阵风作用因子,按暴露 C 类和天窗开启高度 6.45 m 选 $G=1.284$;C_p 为天窗外侧压力系数,风向与图 1 所示一致记作 C_p^+,相反记作 C_{pi}^+;C_{pi} 为天窗内侧压力系数,风向与图 1 所示一致记作 C_p^-,相反记作 C_{pi}^-;I 为温室重要性系数,华东型连栋塑料温室多位于沿海台风多发地区,选择 $I=1.00$;K_z 为速度暴露系数,按暴露 C 类和天窗最大开启高度 6.45 m,选 $K_z=0.888$;V 为天窗所处地域标准高度处的风速(m/s),取 10 m 高度处的风速。

考察天窗受风的所有类型,尤以天窗轴线与风向垂直的外侧迎风和内侧迎风两种状态不利,仅考察这两种情况。天窗关闭($\psi=78°$)时,$C_{pi}\equiv-0.2$;天窗开启时,背风侧压力系数均按等于 -0.7 处理,迎风侧压力系数随屋面角变化,详见表 1。

表1   风向垂直于屋脊时的压力系数

天窗位置角 $\psi(°)$	70	78	90	100~105	110	116	120	130	180
C_p^+	-0.7	-0.7	-0.5	0.2	0.2	0.26	0.3	0.4	0.8
C_{pi}^+	-0.2	-0.2	0	-0.7	-0.7	-0.7	-0.7	-0.7	-0.7
C_p^-	0.2	0.0	-0.5	-0.7	-0.7	-0.7	-0.7	-0.7	-0.7
C_{pi}^-	-0.2	-0.2	0	0.2	0.2	0.26	0.3	0.4	0.8

2.2　气缸负载 R

　　称天窗作用于活塞杆上的力为气缸负载,用 R 表示。参见图1和图2,由力矩平衡解得:

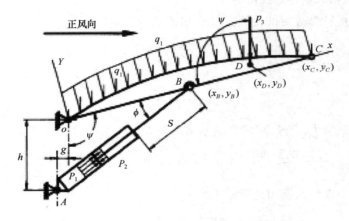

图1　气动天窗机构及其荷载

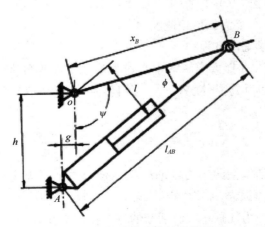

图2　气缸负载计算中有关量的关系

141

$$R = \frac{1}{l}\left[P_1 \cdot \frac{1}{2}x_C + P_2 \cdot \frac{1}{2}x_C \cdot \cos\left(\Psi - \frac{\pi}{2}\right) + P_3 \cdot x_D \cdot \cos\left(\Psi - \frac{\pi}{2}\right) + P_3 \cdot y_D \cdot \sin\left(\Psi - \frac{\pi}{2}\right)\right]$$

(2)

$$\begin{cases} l = x_B\sqrt{1 - \cos^2\phi} \\ \cos^2\phi = \dfrac{l_{AB}^2 + x_B^2 - g^2 - h^2}{2x_B^1 AB} \\ l_{AB}^2 = g^2 + h^2 + x_B^2 - 2x_B\sqrt{g^2 + h^2}\cos\left[\Psi + arctg\left(\dfrac{g}{h}\right)\right] \end{cases}$$

(3)

式中，Ψ 为天窗位置角，(°)；l 为气缸力臂，指气缸负载 R 对天窗转动中心 O 的力臂，m，根据余弦定理和机构参数求出；l_{AB} 为气缸作用长度，m，指工作时气缸两铰链中心的距离。

2.3 排气口节流与天窗角速度的关系

由排气口节流特性决定的排气流量 Q 可表示为：

$$Q = kF\sqrt{\Delta p}$$

则活塞速度可由下式计算：

$$V = \frac{Q}{F_{aml}} = \frac{kF\sqrt{\Delta p}}{F_{aml}}$$

对气缸作用长度 l_{AB} 求导，可求出活塞速度与天窗角速度的关系式：

$$V = \frac{dl_{AB}}{d_1} = \frac{1}{l_{AB}}x_B\sqrt{g^2 + h^2}\sin\left[\Psi + \mathrm{arctg}\left(\frac{g}{h}\right)\right] \cdot \frac{\mathrm{d}\psi}{d_1}$$

则排气口压力差与天窗角速度的关系为：

$$\Delta p = \left\{\frac{F_{out}}{kFl_{AB}}x_B\sqrt{g^2 + h^2}\sin\left[\Psi + \mathrm{arctg}\left(\frac{g}{h}\right)\right]\right\}\omega^2$$

(4)

式中，Δp 为排气口压力差，N/m^2；k 为排气口流量系数；F 为排气口截面积，m^2；F_{out} 为气缸排气腔活塞的有效面积，m^2；ω 为天窗角速度，s^{-1}，$\omega = d\Psi/dt$。

2.4 天窗运动的动力学基本方程

以天窗为研究对象，选择天窗转动中心作为动力学等效简化中心，建立天窗运动的动力学基本方程。以气缸为分离体，各力对天窗转动中心 O 取矩得天窗运动的力矩方程如下：

$$(p_1 F_{ent} - p_2 F_{out} - R) \cdot l = J\frac{d^2\Psi}{dt^2}$$

式中，p_1 为气缸进气腔活塞上的压力，Pa；p_2 为气缸排气腔活塞上的背压，Pa，$p_2 = p_0 + \Delta p_g + \Delta p$，其中 Δp_g 为管道压力损失，p_0 为大气压力；Δp 为排气口压力差；F_{ent} 为气缸进气腔活塞的有效作用面积，m^2；F_{out} 为气缸排气腔活塞的有效作用面积，m^2；J 为天窗绕转动中心 O 旋转的转动惯量，$kg \cdot m^2$。

气动天窗机构的驱动功率为:

$$N_1 = p_1 F_{ent} \cdot l \cdot \frac{\mathrm{d}\Psi}{\mathrm{d}t} \tag{5}$$

气动天窗机构所需的驱动力矩为:

$$M = R \cdot l \tag{6}$$

由力矩方程可决定排气口压力差与角加速度的关系:

$$\Delta p = \frac{1}{F_{out}}\left(p_1 F_{out} - R - \frac{J}{l}\frac{\mathrm{d}^2\Psi}{\mathrm{d}t^2} \right) - p_0 - \Delta p_\varepsilon \tag{7}$$

联立求解得天窗运动的动力学基本方程为:

$$\frac{J}{lF_{out}}\frac{\mathrm{d}^2\Psi}{\mathrm{d}t^2} + \left\{ \frac{F_{out}}{kFl_{AB}} x_B \sqrt{g^2 + h^2} \sin\left[\Psi + \mathrm{arctg}\left(\frac{g}{h}\right) \right] \right\}^2 \left(\frac{\mathrm{d}\Psi}{\mathrm{d}t}\right)^2 - p_1\frac{F_{ent}}{F_{out}} + \frac{R}{F_{out}} + p_0 + \Delta p_g = 0$$

$$\tag{8}$$

2.5 气动天窗机构的动力学仿真模型

由于难于通过直接求解动力学基本方程得到必要的数据,故考虑初始条件和适当的约束,利用非线性规划方法建立动力学仿真模型求解。考虑的约束如下:

天窗无论上升或下降均不允许有逆行旋转,即恒有:

$$\mathrm{d}\Psi/\mathrm{d}t \geqslant 0 \ \text{或} \ \mathrm{d}\Psi \leqslant 0 \tag{9}$$

排气压力差为正值:

$$\Delta p = \frac{1}{F_{out}}\left(p_1 F_{out} - R - \frac{J}{l}\frac{\mathrm{d}^2\Psi}{\mathrm{d}t^2} \right) - p_0 - \Delta p_g \geqslant 0 \tag{10}$$

$$\Delta p = \left\{ \frac{F_{out}}{kFl_{AB}} x_B \sqrt{g^2 + h^2} \sin\left[\Psi + \mathrm{arctg}\left(\frac{g}{h}\right) \right] \right\}^2 \left(\frac{\mathrm{d}\Psi}{\mathrm{d}t}\right)^2 \geqslant 0 \tag{11}$$

角加速度与角速度的关系满足:

$$\begin{cases} \dfrac{\mathrm{d}^2\Psi}{\mathrm{d}t^2} > 0 & \dfrac{\mathrm{d}\Psi}{\mathrm{d}t} \ \text{增加} \\[2mm] \dfrac{\mathrm{d}^2\Psi}{\mathrm{d}t^2} = 0 & \dfrac{\mathrm{d}\Psi}{\mathrm{d}t} \ \text{不变} \\[2mm] \dfrac{\mathrm{d}^2\Psi}{\mathrm{d}t^2} < 0 & \dfrac{\mathrm{d}\Psi}{\mathrm{d}t} \ \text{减少} \end{cases} \tag{12}$$

为使天窗运动的动力学基本方程成立,非线性规划的目标函数选为:

$$min = \left| \frac{J}{lF_{out}}\frac{\mathrm{d}^2\Psi}{\mathrm{d}t^2} + \left\{ \frac{F_{out}}{kFl_{AB}} x_B \sqrt{g^2 + h^2} \sin\left[\Psi + \mathrm{arctg}\left(\frac{g}{h}\right) \right] \right\}^2 \left(\frac{\mathrm{d}\Psi}{\mathrm{d}t}\right)^2 - p_1\frac{F_{ent}}{F_{out}} + \frac{R}{F_{out}} + p_0 + \Delta p_g \right|$$

$$\tag{13}$$

由式(1)、式(2)、…、式(13)组成动力学仿真模型。

3 意义

根据华东地区的气象资料,分析确定风载与天窗位置角的关系,同时计算天窗均布结构重力和集中力两种荷载,在此基础上,针对经过优化设计的气动天窗机构,导出气缸负载表达式,建立了温室气动天窗的仿真模型。这是结合气压传动特性,导出驱动力矩、驱动功率、排气节流压降和天窗运动的动力学基本方程,采用非线性规划方法,以动力学基本方程为目标函数,考虑适当的约束,产生了气动天窗的动力学仿真模型。模型求解给出了气缸负载、天窗驱动功率、天窗角加速度和角速度等随天窗位置角变化的过程。

参考文献

[1] 司慧萍,苗香雯,崔绍荣,等 . 温室气动天窗机构的动力学仿真研究 . 农业工程学报 . 2004,20(1):250-254.

[2] 周长吉,程勤阳 . 美国温室制造业协会温室设计标准 . 北京:中国农业出版社 . 1998.6-12.

[3] GB/P 50009-2001,建筑结构荷载规范 . 24-47.

香菇冷冻干燥的工艺模型

1 背景

　　香菇是国际第二大商品菇,富含蛋白质、抗坏血酸和多种氨基酸。鲜香菇质地细嫩,采收后鲜度迅速下降,从而会引起开伞、菌褶褐变、菇体萎缩等,影响风味和商品价值。故香菇不易贮存,若将其干燥则其附加值倍增。真空冷冻干燥是物料脱水干燥的一种新的工艺措施,通过对鲜物料预先冻结,并在冻结状态下,将物料的水分从固态直接升华为气态,达到去除水分的目的。宫元娟等[1]通过实验对香菇冷冻干燥工艺参数进行了试验研究。

2 公式

2.1 试验中衡量物料干燥品质的指标及其影响因子

　　(1)复水比

$$r = \frac{m_a}{m} \tag{1}$$

式中,r 为复水比;m 为干物料质量;m_a 为复水后物料质量。

　　(2)体积收缩率

$$\delta = \frac{V_a - V_i}{V_o} \times 100\% \tag{2}$$

式中,δ 为体积收缩率;V_o 为鲜物料体积;V_i 为干燥后物料体积。

2.2 香菇冻干试验的二次回归正交设计

　　为了得到各指标与各个因素之间的量化关系和数学模型,考虑到各因素之间的交互作用,并尽量减少试验次数,采用适合于一般生产过程分析的4因子二次可归正交试验设计。将各因素按其水平及取值范围进行编码,得其因素水平表,如表1所示。

表1　因素水平表

因素	压力(Pa)	加热温度(℃)	降温速度(℃/mm)	物料厚度(mm)
编码代号	x_1	x_2	x_3	x_4
基准水平(0)	66	35	0.53	6

续表

因素	压力(Pa)	加热温度(℃)	降温速度(℃/mm)	物料厚度(mm)
变化区间(Δ)	30	5	0.2	3
上水平(+1)	96	40	0.73	9
下水平(-1)	36	30	0.33	3
上星号臂(+1.414)	108.42	42.07	0.81	10.2
下星号臂(-1.414)	23.58	27.93	0.25	1.8

根据4因素5水平正交试验设计,安排了25次试验,利用计算机求解出回归数学模型。

$$\hat{y}_1 = 2.172 - 0.139\ 5x_1 - 0.058\ 3x_2 + 0.114\ 2x_3 + 0.655\ 6x_4 -$$
$$0.262\ 5x_1x_2 - 0.05x_1x_3 + 0.1x_1x_4 + 0.05x_2x_3 - 0.125x_2x_4 + 0.187\ 5x_3x_4 -$$
$$0.43(x_1^2 - 0.8) + 0.145(x_2^2 - 0.8) + 0.045(x_3^2 - 0.8) - 0.155(x_4^2 - 0.8) \quad (3)$$

$$\hat{y}_2 = 41.393\ 6 - 1.097\ 8x_1 - 0.151\ 4x_2 - 0.038\ 7x_3 - 2.777\ 2x_4 + 4.331\ 3x_1x_2 +$$
$$0.83x_1x_3 - 0.976\ 3x_1x_4 + 0.595x_2x_3 + 1.833\ 8x_2x_4 - 1.132\ 5x_3x_4 -$$
$$4.834(x_1^2 - 0.8) - 4.111\ 5(x_2^2 - 0.8) - 4.944(x_3^2 - 0.8) - 4.396\ 5(x_4^2 - 0.8) \quad (4)$$

$$\hat{y}_3 = 5.410\ 8 - 0.406\ 6x_1 + 0.019\ 2x_2 + 0.560\ 4x_3 + 0.800\ 1x_4 - 0.838\ 1x_1x_2 -$$
$$0.098\ 1x_3x_4 - 0.148\ 1x_1x_3 + 0.505\ 6x_1x_4 - 0.224\ 4x_2x_3 + 0.274\ 4x_2x_4 -$$
$$1.401\ 8(x_1^2 - 0.8) + 0.809\ 3\ (x_2^2 - 0.8) + 0.951\ 8\ (x_3^2 - 0.8) +$$
$$1.004\ 3\ (x_4^2 - 0.8) \quad (5)$$

式中,$\hat{y}_1$ 为干燥时间,h;$\hat{y}_2$ 为体积收缩率,%;$\hat{y}_3$ 为复水比。

利用计算机对各因子与回归数学模型的拟和情况进行分析,从而得到方差分析表(干燥时间指标,其余指标值略),如表2所示。

表2　干燥时间指标方差分析表

方差来源	平方和	自由度	均方和	F	显著性检验	显著性
回归	13.323 7	14	0.951 69	3.515 99	$F > F_{0.05}[4,10] = 2.256$	显著
剩余	2.706 74	10	0.270 67			
总计	16.030 4	24				

方差分析得出,各指标回归方程在各自的因子水平上是显著的,试验数据与回归数学模型拟合性好。

2.3 交互作用效应分析

从试验分析的结果可以看出：对于干燥时间、体积收缩率以及复水比这几个指标，干燥室压力 x_1、加热板温度 x_2 两因素之间的交互作用对它们影响显著。对于回归数学模型式(3)，只考虑 x_1 与 x_2 两因素对干燥时间的影响，所以把其余因子规定在 0 水平上，即 $x_3 = x_4 = 0$，则式(3)可化为：

$$y_1 = 2.172 - 0.139\ 5x_1 - 0.058\ 3x_2 - 0.43(x_1^2 - 0.8) + 0.145(x_2^2 - 0.8) \quad (6)$$

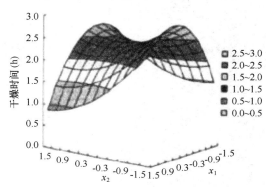

图 1　x_1x_2 交互作用对干燥时间的影响

二次曲面图如图 1 所示。从图可以看出，当加热板温度编码值为 1.5，干燥室压力为 1.5 时，干燥时间最短，这与单因素试验中的分析结果相同。另外，当干燥室压力较高或较低时，物料的干燥时间明显缩短。当加热板温度取一定值时，在 $[-1.5,0]$ 区域内，干燥时间随着干燥室压力的增大而增大；在 $[0,1.5]$ 区域内，干燥时间随着干燥室压力的增大而减小。故生产中在满足冷冻干燥的条件下，可以取较大的干燥室压力，以节省成本，且能获得较短的干燥时间。

2.4 工艺参数的优化与分析

为了得到香菇冷冻干燥的最优工艺参数，利用多目标非线性优化理论与方法，对所得的回归模型进行优化分析。得到的约束条件为：干燥时间、干燥前后体收缩率、复水比各指标的值均应大于零，其对应的试验因素编码值限制在试验设计的范围内取值。

$$\begin{cases} y_j \geqslant 0 \\ -1.5 \leqslant x_i \leqslant 1.5 \end{cases} \quad (j = 1,2,3 \quad i = 1,2,3,4) \quad (7)$$

3　意义

通过研究确定了香菇干燥最佳工艺参数，对提高冻干效率和冻干香菇品质提供了理论依据。通过 4 因素 5 水平的二次回归正交试验，研究了冻干室压力、加热板温度、预冻降温速度和物料厚度等因素对冻干时间、干燥前后物料体积收缩率及复水比几个指标的影响；建立了各指标与试验因子之间回归的数学模型；利用二元函数曲面对影响各个指标的主要因子交互作用进行了分析；最后利用多目标非线性优化理论与方法，在保证香菇干燥品质情况下，得到了香菇(厚度 6~10 mm)冷冻干燥的最优工艺参数，干燥室压力 111 Pa，加热板温度 42.5℃，降温速率-0.29℃/min。

参考文献

[1] 宫文娟,王博,林静,等. 香菇冷冻干燥工艺参数的试验研究. 农业工程学报,2004,20(1):226-229.

水塔树状管网系统的优化模型

1 背景

树状管网系统广泛用于乡镇供水工程,通过优化设计,可获得管网系统最经济的设计方案。国内外许多学者在树状管网优化设计方面开展了研究,主要方法有非线性规划法、动态规划法、线性规划法以及人工神经网络法等。白丹[1]在考虑管网系统最高用水和最大转输两种工况的基础上,针对对置水塔树状管网系统各组成部分的压力和流量关系,建立了该管网系统优化设计的线性规划模型。

2 公式

2.1 备选管径组

在对置水塔管网中,泵站供水分为两级,即最高用水时($m=1$)和最大转输时($m=2$)管道流量条件下,为防止水击破坏,管道内流速通常限制在 3 m/s 以下;为防止淤积,管内流速不应低于 0.6 m/s。

$$0.6 \leqslant V_{ijm} \leqslant 3(m=1,2) \tag{1}$$

式中,V_{ijm} 为管道流速,m/s;i 为管段序号;j 为标准管径序号;m 为泵站分级供水序号。

$$V_{ijm} = \frac{4Q_{im}}{\pi D_j^2}(m=1,2) \tag{2}$$

式中,Q_{im} 为管段设计流量,m³/s;D_j 为管道计算内径,mm。

在第 i 管段中,可根据式(1)选择符合这一条件的标准管径,若这样的标准管径档次有 $M(i)$ 个,则这 $M(i)$ 个标准管径组成第 i 管段的备选管径组。

2.2 目标函数

在目标函数中只考虑由地面至水塔水柜底部分的造价。以管网系统年费用最小为目标函数,则有:

$$\min W = A_1 \sum_{j-1}^{N} \sum_{j-1}^{M(i)} C_{ij}x_{ij} + A_2 C_t H_t + \sum_{m-1}^{M} R_m Q_m H_m \tag{3}$$

式中,W 为对置水塔树状管网系统年费用,元/年;N 为管段数;$M(i)$ 为第 i 管段的备选管径数;C_{ij} 为第 i 管段中的第 j 种标准管径管道单价,元/m;x_{ij} 为第 i 管段中选用的第 j 种标准管径的管长，m；A_1 为管道部分考虑资金偿还与大修费的系数；A_2 为水塔考虑资金偿还与大修费的系数；C_t 为单位高度水塔造价，元/m；H_t 为地面至水塔水柜底高度，m；M 为泵站供水分级总数，在对置水塔管网中 $M=2$；Q_m 为最高日第 m 供水阶段泵站供水流量，m^3/s；H_m 为第 m 供水阶段泵站扬程，m；R_m 为第 m 供水阶段动力费用系数：

$$R_m = \frac{3\,578\sigma b_m T_m}{\eta_m} \tag{4}$$

式中，T_m 为最高日第 m 供水阶段泵站工作时数，h；η_m 为最高日第 m 供水阶段泵站效率，%；σ 为系数；b_m 为供水能量不均匀系数。

$$A_1 = \left[\frac{e(1+e)^{t_1}}{(1+e)^{t_1}-1} + \frac{p_1}{100}\right] \tag{5}$$

$$A_2 = \left[\frac{e(1+e)^{t_2}}{(1+e)^{t_2}-1} + \frac{p_2}{100}\right] \tag{6}$$

式中，e 为年利率，%；t_1 为管道的投资偿还期，年；p_1 为管道的年折旧费及大修费扣除百分数；t_2 为水塔的投资偿还期，年；p_2 为水塔的年折旧费及大修费扣除百分数。

2.3 约束条件

1）管长约束

$$\sum_{j-1}^{M(i)} x_{ij} = L_i \quad (i = 1, 2, \cdots, N) \tag{7}$$

式中，L_i 为管段长，m。

2）最高用水时压力约束

（1）供水节点水压约束

要求泵站供水各节点水压标高均不得低于该节点服务水压标高：

$$\sum_{i-1}^{I(kp)} \sum_{j-1}^{M(i)} J_{ij1} x_{ij} - H_1 \leq E_0 - E_{kp} - h_1 \quad (kp = 1, 2, \cdots, KP) \tag{8}$$

式中，kp 为泵站供水节点序号；KP 为泵站供水节点总数；$I_{(kp)}$ 为从泵站到其供水节点经过的管段数；E_0 为水源水面高程，m；E_{kp} 为泵站供水节点服务水压标高，m；J_{ij1} 为最高用水时管道水力坡度；h_1 为最高用水时水泵吸水管水头损失，m。

（2）水塔供水节点水压约束

要求水塔供水各节点水压标高均不得低于该节点服务水压标高：

$$\sum_{i-1}^{I(kt)} \sum_{j-1}^{M(i)} J_{ij1} x_{ij} - H_t \leq G_t - E_{kt} \quad (kt = 1, 2, \cdots, KT) \tag{9}$$

式中，k_t 为水塔供水节点序号；KT 为水塔供水节点总数；$I_{(kt)}$ 为从水塔到其供水节点经过的管段数；G_t 为水塔处地面高程，m；E_{kt} 为水塔供水节点服务水压标高，m。

（3）分界点水压平衡约束

泵站和水塔供水分界点处水压值应相等。

$$H_t - H_1 + \sum_{i-1}^{TF} \sum_{j-1}^{M} J_{ij1}x_{ij} - \sum_{i-1}^{TF} \sum_{j-1}^{M} J_{ij1}x_{ij} = E_0 - G_t - h_1 \tag{10}$$

式中, PF 为最高用水时泵站至分界点经过的管段数; TF 为最高用水时水塔至分界点经过的管段数。

3）最大转输时压力约束

（1）节点水压约束

$$\sum_{j-1}^{I(im)} \sum_{j-1}^{M(i)} J_{ij2}x_{ij} - H_2 \leqslant E_0 - E_{kp} - h_2 (kp = 1,2,\cdots,KP) \tag{11}$$

式中, J_{ij2} 为最大转输时管道水力坡度。

（2）泵站扬程约束

在最大转输时，泵站扬程要能满足向水塔供水的要求。

$$\sum_{i-1}^{PT} \sum_{j-1}^{M(i)} J_{ij2}x_{ij} + H_t - H_2 \leqslant E_0 - G_t - H_0 - h_2 \tag{12}$$

式中, PT 为泵站至水塔经过的管段数; H_0 为水塔水柜有效深度,m; h_2 为最高转输时水泵吸水管水头损失,m。

4）管道承压力约束

泵站扬程不能大于管道承压力。

$$H_m \leqslant 102H_c + h_m (m = 1,2) \tag{13}$$

式中, H_c 为管道承压力,MPa。

5）非负约束

$$x_{ij} \geqslant 0 \tag{14}$$

$$H_t \geqslant 0 \tag{15}$$

以上是一个线性规划问题,优化变量为 x_{ij}、H_t 和 H_m,可用单纯形法[2]计算。

3 意义

通过优化设计树状管网系统,可获得管网系统最经济的设计方案。在考虑管网系统最高用水和最大转输两种工况的基础上,针对对置水塔树状管网系统各组成部分的压力和流量关系,建立了该管网系统优化设计的线性规划模型,应用这一优化设计模型,以管网系统年费用最小为目标函数,在保证管网系统各节点所需流量和压力条件下,可确定管段尺寸、水塔高度和泵站扬程的最优值,获得树状网前水塔管网系统的优化设计方案。

参考文献

［1］ 白丹. 对置水塔树状管网系统优化设计的线性规划模型. 农业工程学报,2004,20(1):87-90.

［2］ 马树升. 乡镇供排水. 北京:中国水利水电出版社,1999.

肥料的养分释放模型

1 背景

从 20 世纪 80 年代到 20 世纪初的 20 多年时间,是我国化肥施用量增加最快的时期,但肥料养分的有效利用率却越来越低。肥料的损失不但造成了经济损失,而且对环境和可持续发展带来了越来越大的影响,并对人类的健康构成了严重的威胁,引起了世界各国的高度重视。为了控制肥料使用量,杜昌文等[1]对肥料养分释放装置的控释原理进行了一些探讨,但还不成熟。控释装置法是将肥料放入到某种特别容器中,通过对容器某些部分的渗透性的调整,使养分能逐步扩散出来,从而达到控制肥料释放的目的。

2 公式

2.1 尿素溶出的模拟

根据图 1 和图 2,设 S 为管子的横截面积,cm^2;l 为下端胶黏物质的厚度,cm;C_{in} 为管子中肥料的浓度,g/cm^3;C_{out} 为广口瓶中养分的浓度,g/cm^3;$\Delta C = C_{in} - C_{out}$;$m(t)$ 为单位时间内释放出的养分,g/d;M_0 为装置中的总养分,g;$M(t)$ 为单位时间养分溶出率,$\%$;D 为养分在胶黏物质中的扩散系数(假定扩散系数 D 是一常数),cm^2/d。

根据 Fick 第一定律:

$$d_m = D \frac{S \Delta C}{l} dt \tag{1}$$

如果 D 和 ΔC 是独立于时间 t、d 的量,式(1)积分得:

$$m(t) = \frac{DS\Delta C}{l} t \tag{2}$$

则养分的溶出率为:

$$M(t) = \frac{m(t)}{M_0} = D \frac{S\Delta C}{lM_0} t \tag{3}$$

又根据欧姆定律可得到物质流的扩散定律,在本文中即为养分扩散:

$$Q = \frac{\Delta C}{R_0} \tag{4}$$

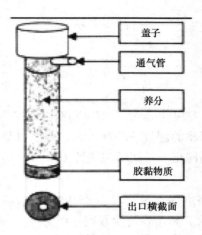

图 1　模拟养分释放装置结构示意图

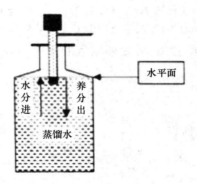

图 2　模拟养分释放的装置图

式中,Q 为单位时间物质的流量,g/d;ΔC 为物质流驱动力,g/cm^3;R_0 为物阻,d/cm^3。

而物阻为:

$$R_0 = \rho_0 \frac{1}{S} \tag{5}$$

式中,ρ_0 为物阻率,d/cm^2;l 为胶黏物质的厚度,cm;S 为横截面积,cm^2。

因此:

$$Q = \frac{1}{\rho_0} \frac{S \Delta C}{l} \tag{6}$$

$$m = Qt$$

$$dm = \frac{1}{\rho_0} \frac{S \Delta C}{l} dt \tag{7}$$

同样,如果 D 和 ΔC 是独立于时间 t 的量,则式(7)积分得:

153

$$m(t) = \frac{1}{\rho_0} \frac{S\Delta C}{l} t \tag{8}$$

则养分的溶出率为:

$$M(t) = \frac{m(t)}{M_0} = \frac{1}{\rho_0} \frac{S\Delta C}{lM_0} t \tag{9}$$

比较式(3)和式(9)可以发现,Fick 第一定律和欧姆定律是一致的,尽管参数有所不同,但可以看出,扩散系数为物阻率的倒数,即 $D = 1/\rho_0$。根据推导前的假设,式(3)和式(9)中各参数与时间无关,则养分的溶出与时间呈现线性关系。

2.2 模型的验证

果胶与壳聚糖的比例分别为 4 :1,4 :2,4 :3 和 4 :4 时,设其扩散系数分别为 D_1、D_2、D_3、D_4,物阻率分别为 ρ_1、ρ_2、ρ_3、ρ_4。其经验线性方程分别为:

$$4:1, y = 1.441\ 6x - 9.402\ 1 \qquad R^2 = 0.935\ 9$$
$$4:2, y = 1.251\ 3x - 13.9 \qquad R^2 = 0.977\ 8$$
$$4:3, y = 1.129\ 6x - 15.729 \qquad R^2 = 0.955\ 5$$
$$4:4, y = 0.912\ 7x - 11.541 \qquad R^2 = 0.967\ 6$$

由以上方程的相关系数可看出,各处理尿素的释放在稳定释放阶段基本上是呈线性的,与模拟结果相一致。

根据模拟方程:
$$M(t) = \frac{m(t)}{M_0} = D \frac{S\Delta C}{lM_0} t$$

又考虑到滞后期为 13 d,所以:
$$M(t) = \frac{m(t)}{M_0} = D \frac{S\Delta C}{lM_0} (t - 13)$$

而 $S = 3.14\ cm^2$,$l = 1.3\ cm$,因为 $C_{in} = C_s$(尿素在水中的饱和浓度),$C_{out} \cong 0$,所以设 $\Delta C = C_s = 1.22\ g/cm^3$(25℃尿素在水中的饱和浓度)。

由此可得不同比例胶黏物质的扩散系数:
$$D_1 = 1.42, D_2 = 1.23, D_3 = 1.11, D_4 = 0.89$$

因此,随着壳聚糖比例的增加,扩散系数 D 越来越小,所以尿素的溶出率就变慢。

根据 $D = 1/\rho_0$,可得 4 种不同比例胶黏物质的物阻率:
$$\rho_1 = 0.70, \rho_2 = 0.81, \rho_3 = 0.90, \rho_4 = 1.12$$

显然,随着壳聚糖比例的增加,物阻率是逐渐增加的。

由此可见,扩散系数和物阻率可能主要由材料性质和多少决定,通过物阻率或扩散系数可以判断胶黏物质的控释性能。

3　意义

根据肥料的养分释放模型,应用 Fick 第一定律和欧姆定律对控释装置养分的释放进行了模拟,从而可知这种控释装置中养分的释放基本上是线性的。通过对养分释放的模拟可以得到两个重要的参数:扩散系数和物阻率,这两个参数可用来刻画胶黏物质的性质,如果知道了这两个参数,就可能估算养分的控释曲线。这两个参数实际上是物质的物理参数,我们现在还无法给它们准确的定义,只能通过试验来估算它,但有一点是明确的,在定义前必须明确一定的条件,如温度、水分状况及胶黏物质量等,否则它将是一个变量。

参考文献

[1] 杜昌文,周健民,王火焰,等. 基于胶黏物质的肥料控释装置的方案设计及其养分释放模拟. 农业工程学报,2004,20(1):104-106.

气力抛秧的气流场方程

1 背景

水稻抛秧是一项浅栽移植技术,近年来在我国得到了较快发展。该技术采用空气与钵体苗的软作用取代目前一些抛秧机常用的机械式夹取、顶出等方法,具有不易伤秧、简化工作机构等优点,具有广阔的应用前景。"气力"是该项技术的关键所在,向卫兵等[1]采用ANSYS/FOTRAN有限元软件对喷射气流场进行了仿真分析,并对喷射气流场进行了试验研究,对于揭示气力有序抛秧的机理、优化相关的影响参数、减少喷射气流初始压强并节约气源能耗等具有重要意义。

2 公式

在气力有序抛秧过程中,气流运动服从质量、动量和能量守恒定律[2-4],主要数学模型如下。

(1)连续方程(质量守恒方程)

在直角坐标系(x,y,z)下,方程形式如下:

$$\frac{\partial \rho}{\partial_t} + \frac{\partial(\rho v_x)}{\partial_x} + \frac{\partial(\rho v_y)}{\partial_y} + \frac{\partial(\rho v_z)}{\partial_z} = 0 \tag{1}$$

式中,v_x,v_y,v_z分别为流体速度v在x,y,z坐标上的分量;ρ为气流密度;t为时间;x,y,z为坐标分量。

(2)运动方程(动量守恒方程)

$$\frac{\partial(\rho v_x)}{\partial_t} + \frac{\partial(\rho v_x v_x)}{\partial_x} + \frac{\partial(\rho v_y u_x)}{\partial_y} + \frac{\partial(\rho_z v_x)}{\partial_z} = \rho g_x - \frac{\partial P}{\partial_x} +$$

$$R_x + \frac{\partial}{\partial_x}\left(\mu_e \frac{\partial v_x}{\partial_x}\right) + \frac{\partial}{\partial_y}\left(\mu_e \frac{\partial v_x}{\partial_y}\right) + \frac{\partial}{\partial_z}\left(\mu_e \frac{\partial v_x}{\partial_z}\right) + T_x \tag{2}$$

式中,g_x为重力加速度g在X坐标上的分量;P为气压;μ_e为有效黏性;R_x为分布式阻力;T_x为黏性损失项;上式为X方向的运动方程,对于Y,Z方向的运动方程,只需将式中x,y,z互换即可。值得注意的是:对于不可压流和性质不变的流体,黏性损失项T_x通常被忽略掉。根据本文所研究的喷射气流场的特点,考虑黏性损失项,其表达式如下:

$$T_x = \frac{\partial}{\partial_x}\left(\mu\frac{\partial v_x}{\partial_x}\right) + \frac{\partial}{\partial_y}\left(\mu\frac{\partial v_y}{\partial_x}\right) + \frac{\partial}{\partial_z}\left(\mu\frac{\partial v_z}{\partial_x}\right) \tag{3}$$

式中,μ 为动力黏性。如同运动方程一样,对于 T_y 和 T_z 只需将式中 x,y,z 互换即可得到。

（3）能量方程（能量守恒方程）

喷射气体流场应遵守可压缩流体能量守恒方程,方程如下：

$$\frac{\partial(\rho c_p T_0)}{\partial_t} + \frac{\partial(\rho v_x c_p T_0)}{\partial_x} + \frac{\partial(\rho v_y c_p T_0)}{\partial_y} + \frac{\partial(\rho v_z c_p T_0)}{\partial_z}$$

$$= \frac{\partial}{\partial_x}\left(K\frac{\partial T_0}{\partial_x}\right) + \frac{\partial}{\partial_y}\left(K\frac{\partial T_0}{\partial_y}\right) + \frac{\partial}{\partial_z}\left(K\frac{\partial T_0}{\partial_z}\right) + W^o + E^k + Q_0 + \Phi + \frac{\partial P}{\partial_z} \tag{4}$$

式中,C_p 为比热；T_0 为总温；K 为热传导率；W_v 为黏性作用项；Q_v 为体积热源；Φ 为黏性热生成项；E_k 为动能。

喷射气流区域的有限元模型如图 1 所示,气管内部流场的有限元模限于篇幅,没有列出。

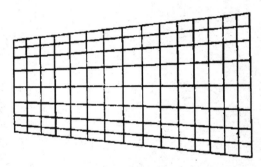

图 1　射流区域有限元模型

3　意义

根据气力抛秧的气流场方程,利用有限元仿真对抛秧喷射气流场进行了分析,对三种气管结构在三种初始压强作用下的喷射气流区域速度进行了比较,在初始压强为 0.8 MPa 时,非直线结构气管射流区末端最大气流速度等值线区域比在 0.65 MPa 和 0.5 MPa 时小,并且其射流区的气流速度最大点位置在始端偏下方,而在 0.65 MPa 和 0.5 MPa 时,气流速度最大点位置仍在射流区域中心线附近。对喷射气流场速度进行了测试,并对初始压强等进行了正交试验,从而可知初始压强为 0.65 MPa 和 0.5 MPa 时的抛秧效果比 0.8 MPa 时要好。因此,气流场的分布仿真和优化是可行的。

参考文献

[1] 向卫兵,罗锡文,王玉兴,等.气力有序抛秧气流场的有限元仿真分析与试验.农业工程学报.2004,
20(1):44-46.
[2] 美国ANSYS公司.ANSYS计算流体动力学分析指南.2002.
[3] 刘军,苏清祖.排气催化器气流分布的数值模拟与试验.农业工程学报,2003,19(1):95-98.
[4] 平浚.射流理论基础及应用.北京:宇航出版社,1995:74-75.

轴流泵的表面粗糙度模型

1 背景

泵的水力性能主要是由过流部件的水力性能和质量决定的,过流部件的水力性能和质量取决于过流部分的几何形状和表面粗糙度。为了研究泵表面粗糙度对性能的影响,李龙和王泽[1]应用三维湍流 Navier-Stokes 方程、工程上广泛使用的两方程湍流模型、包含粗糙度影响的壁面函数,对 9 种过流表面粗糙度下的轴流泵段的性能和力学特性进行了数值模拟研究,对力矩、扬程和效率随粗糙度变化趋势进行了分析,探讨了轴流泵粗糙度对泵性能的影响。

2 公式

2.1 控制方程与湍流模型

由连续性方程、动量方程及模型构成控制方程组。在计算中,采用工程上广泛应用的 $k\text{-}\varepsilon$ 两方程湍流模型。

根据雷诺统计模式方法,可得以下 k、ε 方程[2]:

$$\frac{\partial_k}{\partial_t} + (\mu_k)\frac{\partial_k}{\partial x_k} = 2v_t(S_{ij})\frac{\partial(\mu_i)}{\partial x_j} - \frac{\partial}{\partial x_k}\left[\left(v + \frac{v_t}{\sigma_k}\right)\frac{\partial_z}{\partial x_k}\right] - \varepsilon$$

$$\frac{\partial_z}{\partial_t} + (\mu_k)\frac{\partial_z}{\partial x_k} = C_{\varepsilon 1}\frac{\varepsilon}{k}2v_t(S_{ij})\frac{\partial(\mu_i)}{\partial x_j} - \frac{\partial}{\partial x_j} - \frac{\partial}{\partial x_k}\left[\left(v + \frac{v_\varepsilon}{\sigma_k}\right)\frac{\partial \varepsilon}{\partial x_k}\right] - C_{\varepsilon 2}\frac{\varepsilon}{K}$$

令 $G_k = 2v_t(S_{ij})\dfrac{\partial(\mu_i)}{\partial x_j}$,在定常条件下,则可得 $k\text{-}\varepsilon$ 控制方程:

$$\frac{\partial}{\partial x_k}\left[\left(v + \frac{v_t}{\sigma_\varepsilon}\right)\frac{\partial k}{\partial x_\varepsilon}\right] + G_k - \varepsilon = 0$$

$$\frac{\partial}{\partial x_k}\left[\left(v + \frac{v_t}{\sigma_\varepsilon}\right)\frac{\partial k}{\partial x_\varepsilon}\right] + C_{\varepsilon 1}\frac{\varepsilon}{k}G_k - C_{\varepsilon 2}\frac{\varepsilon^2}{k} = 0$$

$$v_t = C_\mu\frac{k^2}{\varepsilon}$$

上式中的常数 $C_\mu = 0.99$,$\sigma_k = 1.0$,$\sigma_\varepsilon = 1.3$,$C_{\varepsilon 1} = 1.44$,$C_{\varepsilon 2} = 1.92$。

2.2 壁面条件

粗糙壁面边界层的流速分布可写为[3]：

$$\begin{cases} \mu^+ = \dfrac{1}{k}\ln y^+ + C - \Delta\mu^+ \\[2mm] \Delta\mu^+ = \dfrac{1}{k}\ln k_s^+ + C' \end{cases}$$

根据克劳泽（F. H. Clauser）给出的试验资料，在水力粗糙区（$k+s>70$），C'约为 1.65，$C=5.45$，并考虑到当 $k+s\rightarrow0$ 时，$\Delta u^+\rightarrow0$。所以有：

$$\begin{cases} \mu^+ = \dfrac{1}{k}\ln E y^+ - \Delta\mu^+ \\[2mm] \Delta\mu^+ = \dfrac{1}{k}\ln(1 + 0.5_s^+) \end{cases}$$

在上式中，取 $\kappa = 0.42$[4]。

处理压力与速度耦合关系的算法，直接影响到收敛的快慢、对计算机性能的要求和收敛解的参数变化范围。在此采用收敛速度较好的 SIMPLEC 算法[4]。

3　意义

应用三维湍流 Navier-Stokes 方程、工程上广泛使用的 k-ε 两方程湍流模型、包含粗糙度的壁面函数，对不同粗糙度下的轴流泵段的性能和力学特性进行了数值模拟研究，得到了力矩、扬程和效率随粗糙度变化的趋势，探讨了轴流泵过流表面粗糙度对泵性能的影响。轴流泵的表面粗糙度模型模拟研究表明，对轴流泵流道表面进行处理或提高表面铸造光洁度，可显著提高轴流泵的效率和扬程。研究结果对认识粗糙度对轴流泵性能的影响、挖掘轴流泵效率潜力具有指导意义。

参考文献

［1］ 李龙，王泽. 粗糙度对轴流泵性能影响的数值模拟研究. 农业工程学报. 2004,20(1):132-134.

［2］ 张兆顺. 湍流. 北京:国防工业出版社,2002.

［3］ 章梓雄,董曾南. 黏性流体力学. 北京:清华大学出版社,1999.

［4］ 陶文铨. 数值传热学(第二版). 西安:西安交通大学出版社,2002.

城乡结合部的耕地变化模型

1 背景

城乡结合部亦称城市边缘区,是指位于城市建成区与乡村结合地带同时受城市和乡村双重辐射影响的过渡区域。我国对城乡结合部土地利用的系统研究较多,但主要侧重于该类地区土地利用数量变化和区域土地可持续利用对策领域等。左玉强等[1]利用 GIS 技术与统计方法,对 1990—2001 年太原市万柏林区城乡结合部耕地的变化方向、变化数量、变化速率、空间差异等特征进行分析,并探讨其形成原因,从而为该区的耕地转用管理和保护决策提供依据。

2 公式

2.1 耕地变化速率

采用区域内单一土地利用动态度和综合土地利用动态度[2]表示。单一土地利用动态 (K) 的计算方法为:

$$K = \frac{(\Delta U_1 + \Delta U_2)}{U_a} \cdot \frac{1}{T} \times 100\% \tag{1}$$

式中,T 为时间间隔,a;U_a 为区域内某一土地利用类型初始面积,hm^2;ΔU_1、ΔU_2 分别为 T 年内增加、减少的某一土地利用类型面积的绝对值,hm^2。

综合土地利用动态度(L_c)计算公式为:

$$L_c = \left[\frac{\sum_{i=1}^{n} \Delta LU_{i-j}}{2 \sum_{i=1}^{n} LU_i} \right] \cdot \frac{1}{T} \times 100\% \tag{2}$$

式中,LU_i 为区域内第 i 类土地利用类型的初始面积,hm^2;ΔLU_{i-j} 为 T 年内第 i 类土地利用类型转为非 i 类土地利用类型面积的绝对值,hm^2;n 为土地利用类型数目。

2.2 耕地分布重心

耕地分布重心表征区域耕地分布在空间上的集中性特征,与人口地理学中常用的人口分布重心原理[3]一致。其计算方法为:

$$X_t = \sum_{i=1}^{n} (C_{ti} \cdot X_i) / \sum_{i=1}^{n} C_{ti} \qquad (3)$$

$$Y_t = \sum_{i=1}^{n} (C_{ti} \cdot Y_i) / \sum_{i=1}^{n} C_{ti} \qquad (4)$$

式中，X_t、Y_t 分别为第 t 年区域内耕地分布重心的经纬度坐标；C_{ti} 为区域内第 t 年第 i 个耕地图斑的面积，hm^2；X_i、Y_i 分别为区域内第 i 个耕地图斑重心的经纬度坐标；n 为耕地图斑个数。

2.3 耕地相对变化率

耕地相对变化率(R)是在相对变化率[4]概念的基础上修改确定的，计算方法为：

$$R = \left(\frac{\Delta K}{K}\right) / \left(\frac{\Delta C}{C}\right) \qquad (5)$$

式中，C、K 分别表示区域、区域内某一子区域的初始耕地面积，hm^2；ΔC、ΔK 分别代表 T 年内区域、区域内某一子区域的耕地面积绝对变化量，hm^2。

2.4 耕地变化景观指标

包括耕地破碎度、耕地分离度以及耕地重要度。

耕地破碎度用区域内单位面积上的耕地图斑个数表示。

耕地分离度(F)则是耕地图斑个体空间分布的离散或聚集程度，计算公式为：

$$F = D_G / G \qquad (6)$$

式中，D_G 为区域耕地的距离指数；G 为区域耕地的面积指数。

其中，

$$D_G = \frac{1}{2} \times \sqrt{\frac{N_G}{S}} \qquad (7)$$

式中，N_G 为区域耕地图斑个数；S 为区域土地总面积，hm^2。

$$G = S_G / S \qquad (8)$$

式中，S_G 为区域耕地面积，hm^2。

2.5 耕地重要度(IV)表示耕地在区域土地利用过程中的地位和程度

其计算方法为：

$$IV = \left(\frac{N_G}{N} + \frac{S_G}{S}\right) \times 100\% \qquad (9)$$

式中，N 为区域内各种土地利用类型图斑总个数。

3 意义

应用 GIS 技术与统计方法对 1990—2001 年太原市万柏林区城乡结合部的耕地变化进

行了定量分析。根据城乡结合部的耕地变化模型计算得到,11 年间全区耕地转为他用的面积占所有土地转用总和的 52.04%。8 类土地利用类型中,耕地相对变化率在位于城乡结合部核心区的小井峪乡最高,达 2.98。补充耕地时成片开发后备土地使耕地大图斑增多,近城区的零星耕地因建设占用使耕地小图斑减少,致使全区耕地破碎度由 0.264 减少到 0.258,耕地分离度则由 0.65 上升到 0.68,耕地重要度由 53.23% 下降到 44.86%。

参考文献

[1]　左玉强,刘伟,朱德举,等. 万柏林区城乡结合部的耕地变化定量分析. 农业工程学报. 2004,20(1):293-296.

[2]　陈述彭. 遥感信息机理研究. 北京:科学出版社,1998.

[3]　祝卓. 人口地理学. 北京:中国人民大学出版社,1991.

[4]　王秀兰,包玉海. 土地利用动态变化研究方法探讨. 地理科学进展,1999,18(1):81-87.

含油菜籽的蛋白酶水解方程

1 背景

菜籽蛋白是一种优质蛋白,营养价值优于其他植物蛋白,在菜籽制油过程中寻找一种制取菜籽油与获得无毒菜籽蛋白二者兼顾的新工艺至关重要。常规方法是采用高度酶解,这样做一方面酶的用量增加,另一方面不利于产品的加工利用。刘志强等[1]在水剂法制油基础之上对菜籽进行水相酶解法制油,采用 Alcalase 蛋白酶,在温度 50℃、pH 值为 8.0 的条件下对水剂法制油所得含油菜籽蛋白低度水解,研究酶解反应过程中处理参数的影响,并从反应机理出发建立描述水解过程规律的动力学关系式。

2 公式

根据已掌握的水相酶解制油工艺资料及对目标产物的质量要求,酶解反应的水解度不宜过大($x<6$),属低度水解过程,水解过程符合双底物顺序反应机理[2],在恒定 pH 值和温度的条件下,含油菜籽蛋白的总水解速率可用下述方程表示:

$$V = a[S_0]\exp(-bx) \tag{1}$$

式中,V 为总水解速率;S_0 为初始底物浓度;x 为蛋白质水解度。

对方程式(1)积分可得水解速度 d_x/d_t 随水解度呈指数递减关系,关系方程如下:

$$\frac{d_x}{d_t} = a\exp(-bx) \tag{2}$$

对式(2)进行积分,可得描述水解度与水解时间的关系方程如下:

$$x = (1/b)\ln(1 + abt) \tag{3}$$

根据方程式(3),对试验中的 x-t 关系数据进行非线性回归运算,可得式(3)中的动力学参数 a 和 b(表 1)

表 1　含油菜籽蛋白酶水解动力学参数值

$S_0[g/(100\ mL)]$	$E_0[g/(100\ mL)]$	E_0/S_0	a	b	a_m
9.73	0.4	0.041	1.34	0.432	1.4
6.22	0.4	0.064	2.78	0.428	2.98

$S_0[\text{g}/(100 \text{ mL})]$	$E_0[\text{g}/(100 \text{ mL})]$	E_0/S_0	a	b	a_m
5.12	0.4	0.078	3.97	0.512	3.56
4.21	0.4	0.095	4.94	0.509	4.72
5.12	0.2	0.039	1.39	0.477	1.50
5.12	0.3	0.059	2.46	0.482	2.29
5.12	0.5	0.098	5.87	0.496	5.03
5.12	0.6	0.117	6.13	0.452	5.61

从表1可看出，b 值总是接近于一个常数，其值在平均值 0.473 5 左右波动；另外，a 值随着 E_0 的增加而增加，随着 S_0 的增加而减小。取 b 值的平均值代入上述的拟合方程中，重新计算 a 值，得 a_m 值（如表1所示）。当使用 a_m 值和 b 值时，重复上述水解试验，误差小于 $\pm 10\%$。

a_m 对 E_0/S_0 通过计算机处理得到一元线性方程：

$$a_m = 57.1 \frac{E_0}{S_0} - 0.84 \tag{4}$$

线性相关系数：$r = 0.976$

综合式（2）、式（3）和式（4）可得总水解速率的方程如下：

$$V = S_0 \frac{d_x}{d_t} = S_0 a \exp(-bx) = 57.1\left(E_0 - \frac{0.84}{57.1}S_0\right)\exp(-0.474x) \tag{5}$$

式（5）表明：$E_0 = \dfrac{0.84 S_0}{57.1}$ 时，此酶浓度为临界酶浓度，低于或等于此浓度，水解反应不会发生，因为这时候总水解速率变为负数。这个结果一方面可能是由于式（5）对于较低的 E_0/S_0 值不适用；另一方面，由于底物或底物水解过程产生的产物对酶反应存在不可逆抑制。

同理，$E_0 = \dfrac{57.1 S_0}{0.84}$ 时，此底物浓度为临界底物浓度，高于或等于此浓度，水解反应不会发生。

将表1所得动力学参数 $b = 0.473\,5$ 与式（4）的 a_m 代入式（3）可得描述 Alcalase 蛋白酶在温度 50℃、pH 值为 8.0 的条件下催化水解含油菜籽蛋白的动力学方程：

$$X = 2.112\ln\left[1 + 27.04\left(\frac{E_0}{S_0} - 0.398\,7\right)t\right] \tag{6}$$

式（6）表明，在 Alcalase 蛋白酶催化水解含油菜籽蛋白的体系中，水解度 x 与初始酶浓度 E_0、初始底物浓度 S_0 和时间 t 存在一定关系：在 S_0 不变的情况下，水解度随着初始酶浓

度 E_0 的提高而提高;反之,在 E_0 不变的情况下,水解度随着初始底物浓度 S_0 提高而降低;这与上面讨论到的试验结果是一致的。

3   意义

根据酶动力学的基本理论,由试验数据得到描述 Alcalase 蛋白酶在温度 50℃、pH 值为 8.0 的条件下催化水解含油菜籽蛋白的动力学方程,该方程可以用来指导和优化水相酶解法同时提取菜籽油与菜籽蛋白的酶解试验。含油菜籽蛋白乳液的固形物颗粒度对酶解反应速率有明显影响,总的趋势是颗粒度越小,酶促反应速率越大;酶催化水解速率随水解进程呈指数下降,在反应过程中过高的底物浓度会抑制酶的失活。在此基础上由试验数据推导出描述催化水解含油菜籽蛋白的动力学方程,由此通过控制酶与底物浓度之比以及反应时间,可以控制水解作用的程度,从而指导和优化菜籽水相酶解法提取菜籽油的工艺。

参考文献

[1]   刘志强,曾云龙,金宏. 酶法有限水解含油菜籽蛋白的机理及动力学. 农业工程学报,2004,20(1):201-204.

[2]   Volkert M A,Klein B P. Protein dispersibility and emulsion characteristics of flour soy products. Food Science,1979,44:93-96.

细沟的剥蚀率模型

1 背景

WEPP 水蚀预报模型是一个迄今为止最为复杂的描述与土壤水蚀相关物理过程的计算机模型。侵蚀计算以单位沟宽或单位坡面宽为基础。基于物理过程基础上的 WEPP 土壤水蚀预报模型将坡面侵蚀分为细沟侵蚀和细沟间侵蚀,建立了独立的细沟间模型和细沟模型。张晴雯等[1]试图从理论上对 WEPP 细沟侵蚀产沙方程进行分析,并将其分析结果与实验直接计算结果比较,来验证侵蚀产沙方程的正误。

2 公式

2.1 WEPP 中用质量平衡和过程连续微分方程

$$D_r(x) = K_r(\tau - \tau_c)\left(1 - \frac{qc(x)}{T_x(x)}\right) \tag{1}$$

式中,$D_r(x)$ 为细沟剥蚀率,kg/(m² · s);K_r 为细沟可蚀性参数,s/m;τ 为水流剪切应力,Pa;τ_c 为临界剪切应力,Pa;T_c 为水流的输沙能力,kg/(m · s);c 为泥沙含量,kg/m³;q 为单宽径流流量,m²/s;x 为细沟沟长,m。方程代表了细沟剥蚀率的泥沙反馈形式。

该表达式虽然能够反映细沟侵蚀机制及泥沙输移过程,但是否正确既无理论依据又无实验验证,且对于剥蚀率与含沙量之间到底存在什么样的关系仍然存在争议。关于含沙量对于侵蚀过程影响的研究,至今为止多是从物理概念方面进行分析,缺乏合理的实验设计和严密的数学推导来进行验证。

2.2 验证实验的设计及分析

由剥蚀率的物理定义,剥蚀率等于单位时间单位面积净增加的含沙量,可以设计实验来得到不同水动力学条件下的剥蚀率。采用 5°、10°、15°、20° 和 25° 5 个坡度,2 L/min,4 L/min 和 8 L/min 3 种细沟入口流量以及 0.5 m、1 m、2 m、3 m、4 m、5 m、6 m、7 m 和 8 m 9 个坡长进行了室内细沟侵蚀模拟实验,得到了不同流量和坡度下的净剥蚀率与水流含沙量的关系:

$$D_r = a' + b'c \tag{2}$$

以及细沟净剥蚀率与沟长的关系:

$$D_r = A_0 g^{-B_0 x} \tag{3}$$

式中,D_r 为细沟净剥蚀率,kg/(m²·s);c 为水流的含沙量,kg/m³;x 为沟长,m;a'、b',A_0、B_0 为回归系数。用式(2)和式(3)回归得到的 a' 与 b' 值以及 A_0 与 B_0 值如表1所示。室内细沟侵蚀模拟实验结果:一定水动力条件下产沙量随着沟长的增加而增加,但增加的幅度越来越小,且渐近一个稳定值。

水流泥沙含量与细沟沟长的关系可用下式拟合:

$$c' = A'(1 - g^{-\beta x}) \tag{4}$$

式中,c' 为水流的含沙量,kg/m³;x 为沟长,m;拟合系数 A' 与 β' 如表2。

实验结果表明:不同水动力条件下的侵蚀产沙量随沟长的增加呈指数增加。在稳定的水流作用下,细沟上端水流入口处,泥沙含量为零,水流具有最大的剥蚀能力,径流迅速剥蚀土壤颗粒,使得径流中的含沙量随着细沟的增长迅速增加,而水流的(净)剥蚀能力随细沟内含沙量的增加逐渐下降。随着细沟的延长,水流的(净)剥蚀能力将趋近于零,而水流中的泥沙含量将趋近于一个饱和稳定值,此时细沟侵蚀出现动态平衡。

表1 由实验数据得到的回归系数值

坡度	流量 L(min)	a'	b'	R^2	A_0	B_0	R^2
5°	4	0.04	−0.04	0.11	0.03	0.06	0.13
	8	0.06	−0.08	0.10	0.08	0.03	0.06
10°	4	0.09	−0.09	0.70	0.08	0.10	0.75
	8	0.19	−0.19	0.70	0.20	0.13	0.74
15°	2	0.06	−0.05	0.69	0.07	0.22	0.61
	4	0.10	−0.06	0.66	0.11	0.13	0.62
	8	0.31	−0.28	0.96	0.30	0.18	0.96
20°	2	0.10	−0.10	0.88	0.11	0.32	0.90
	4	0.24	−0.25	0.86	0.29	0.48	0.95
	8	0.50	−0.51	0.99	0.49	0.33	0.96
25°	2	0.17	−0.20	0.91	0.16	0.48	0.90
	4	0.33	−0.38	0.97	0.36	0.51	0.93
	8	0.49	−0.53	0.86	0.67	0.46	0.88

表2 由实验数据计算得到的 A' 与 β'

坡度	5°		10°		15°			20°			25°		
流量 L(min)	4	8	4	8	2	4	8	2	4	8	2	4	8
A'	0.5	0.5	0.61	0.61	0.78	0.76	0.76	0.85	0.80	0.85	0.82	0.85	0.87
β'	0.2	0.26	0.34	0.34	0.4	0.37	0.45	0.52	0.51	0.51	0.5	0.51	0.55

2.3 解析验证

由细沟净剥蚀率物理定义,土壤净剥蚀率(细沟中)为单位宽度水流所含泥沙沿距离的变化率,即土壤净剥蚀率(细沟中)为水流含沙量对距离的变化率与单宽流量之积,得到计算细沟净剥蚀率的解析表达式[2]为:

$$D_r = \frac{\mathrm{d}c(x)}{\mathrm{d}x}q \tag{5}$$

式(5)与式(2)结合有:

$$D_r = \frac{\mathrm{d}c(x)}{\mathrm{d}x}q = a' - b'c \tag{6}$$

边界条件 $c(x)\mid_{x-0} = 0$。

积分式(6)并整理得:

$$c = \frac{a'}{b'} - \mathrm{e}^{\frac{8}{g}x + C_0} = \frac{a'}{b'}\left(1 - \frac{b'C}{a'}\mathrm{e}^{\frac{8}{g}x}\right) \tag{7}$$

C_0 和 C 为微分常数项。由边界条件及式(7)得:

$$c = \frac{a'}{b'}(1 - \mathrm{e}^{\frac{8}{g}x}) \tag{8}$$

同时由式(5)及式(3)结合有:

$$D_r = \frac{\mathrm{d}c(x)}{\mathrm{d}x}q = A_0\mathrm{e}^{-B_0 x} \tag{9}$$

式(9)即为由沟长与净剥蚀率关系求细沟产沙量的微分表达式。其求解的边界条件与式(6)相同。积分式(9)得:

$$c = -\frac{A_0}{B_0 q}\mathrm{e}^{-B_0 x} + C$$

将上述边界条件代入上式得 $C = \frac{A_0}{B_0 q}$ 即有:

$$c = \frac{A_0}{B_0 q}(1 - \mathrm{e}^{-B_0 x}) \tag{10}$$

由式(10)及式(8)给出的 c 为描述同一现象的参数,它们应该相等,因此有:

$$\frac{a'}{b'}(1 - \mathrm{e}^{\frac{8}{g}x}) = \frac{A_0}{B_0 q}(1 - \mathrm{e}^{-B_0 l}) \tag{11}$$

由式(11)得到:

$$\begin{cases} a' = A_0 \\ b' = B_0 q \end{cases}$$

由解析推导结果,计算了系数 a' 和 A_0 以及 b' 和 $B_0 q$ 的值,并分析了它们间的相关性,结果见图1和图2所示。

计算结果得到的系数 a' 和 A_0 之间以及 b' 和 $B_0 q$ 之间良好的相关性表明,由细沟净剥蚀

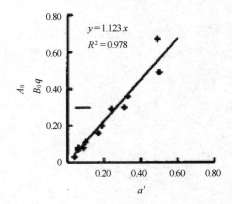

图 1　系数 a' 和系数 A_0 的相关性

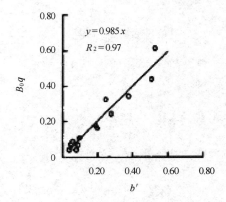

图 2　系数 b' 和系数 B_0q 的相关性

率的解析式推导间接地证明了净剥蚀率与含沙量的关系即式(2)及净剥蚀率和沟长间的关系式(3)是一致的。即黄土高原的轻质粉壤土,含沙量对净剥蚀率的确有影响,且净剥蚀率随含沙量的增加呈线性递减。

2.4　理论分析及实验验证

对于一定的坡度和给定的恒定水流条件,水流剪切应力、单位宽度径流流量均可以被看成为常数,即:

$$\begin{cases} \tau = 常数 \\ q = 常数 \end{cases} \tag{12}$$

当给定土壤(质地与结构)、地形地貌(坡度)及其他条件(如植物根系、水分状况等)后,土壤可蚀性参数、临界剪切应力也可以被看成为常数:

$$\begin{cases} K_r = 常数 \\ \tau_c = 常数 \end{cases} \tag{13}$$

将式(12)、式(13)与 WEPP 侵蚀产沙方程[式(1)]结合,得到化简的、描述细沟土壤侵蚀的产沙方程为:

$$D_r(x) = a + bc \tag{14}$$

式中,a,b 为系数;c 为水流含沙量,kg/m^3。细沟剥蚀率 D_r 随水流含沙量 c 的增加呈线性变化。式(14)中,

$$a = K_r(\tau - \tau_c) \tag{15}$$

$$b = -K_r(\tau - \tau_c)\frac{q}{T_c} = -a\frac{q}{T_c} \tag{16}$$

所用的水流剪切力直接由力平衡关系计算,理论公式为:

$$\tau = g\rho sh \tag{17}$$

式中,ρ 为水流密度,kg/m^3;g 为重力加速度,m/s^2;h 为径流深,m;s 为床面坡度。水流的输沙能力由文献[3]给出:

$$T_c = Aq \tag{18}$$

式中,A 为含沙水流达到其输沙能力时所能携带的最大含沙量。将式(18)代入式(16)得到:

$$b = -K_r(\tau - \tau_c)\frac{1}{A} = -\frac{a}{A} \tag{19}$$

K_r 和 τ_c 由文献[4]给出,A 亦由文献给出,从而可以得到式(14)中的 a、b 值,计算结果列入表3。由表3可以看出,系数 b 为负值,也就是说细沟剥蚀率随含沙量的增加呈线性减小。

表3 理论分析得到的不同坡度、流量下的 a、b 值

坡度	5°		10°		15°			20°			25°		
流量 $L(min)$	4	8	4	8	2	4	8	2	4	8	2	4	8
a	0.07	0.04	0.02	0.04	0.21	0.11	0.21	0.08	0.25	0.36	0.22	0.32	0.31
b	-0.14	-0.08	-0.12	-0.10	-0.27	-0.15	-0.27	-0.10	-0.31	-0.43	-0.33	-0.38	-0.36

式(14)与式(2)是由理论分析和实验得到的同一物理现象的两种不同表达。由式(14)得到的 a、b 值和由实验数据估计得到式(2)中的 a'、b' 值的对比结果见图3和图4,图中实线斜率为1,数据点越靠近此直线两者相关性越好。图中可以看出数据点比较集中且均在斜线附近,系数 a 的拟合曲线(图中虚线)为 $y = 0.778x$;系数 b 的拟合曲线为 $y = 0.912x$。对系数 a,回归分析得到的残差平方和为 0.069,R^2 为 0.88;对系数 b,回归分析得

到的残差平方和为 0.118,R^2 为 0.86,说明由理论分析计算得到的值与直接由实验数据估算得出的值有很好的——对应关系。说明 WEPP 的侵蚀产沙模型正确的。

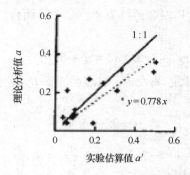

图3　理论分析 a 和实验估算 a' 值的比较

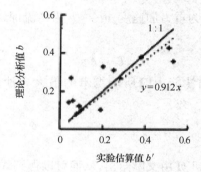

图4　理论分析 b 和实验估算 b' 值的比较

2.5　侵蚀产沙模型理论分析

由式(5)细沟土壤剥蚀率解析式 $D_r(x) = \dfrac{dc(x)}{dx}q$ 与理论分析得到的产沙方程简化式(14)结合有:

$$\frac{dc(x)}{dx}q = a + bc \tag{20}$$

求解式(20)的边界条件为 $c(x)\,|_{x-0} = 0$。

对式(20)积分,采用上述确定的边界条件得:

$$c(x) = \frac{a}{b}(1 - e^{\frac{b}{q}x})$$

$$令 A = -\frac{a}{b}, \beta = -\frac{b}{q}, 则\ c(x) = A(1 - e^{-\beta x}) \tag{21}$$

方程式(21)即为含沙量随细沟沟长变化的函数关系。式中 β 为衰减系数,方程的物理

含义为产沙量 c 随着沟长 x 的增加逐渐增加,但增加的幅度越来越小,且渐近一个极限值 A。实验得到的函数系数与 A、β 值相等或至少相关性很好时,即可证明理论分析结果是正确的。由 a,b,q 计算得到的 A 与 β 列入表4。

表4 由理论分析即式(21)计算得到的 A 与 β

坡度	5°		10°		15°			20°			25°		
流量 L(min)	4	8	4	8	2	4	8	2	4	8	2	4	8
A	0.5	0.5	0.58	0.4	0.78	0.73	0.78	0.8	0.81	0.84	0.82	0.84	0.86
β	0.21	0.06	0.18	0.08	0.82	0.22	0.21	0.29	0.46	0.32	0.99	0.57	0.27

与上述验证相同,式(21)与式(4)是由理论分析和实验得到的同一物理现象的两种不同表达。系数相关性分析见图5和图6,系数 A 的相关性拟合曲线为 $y=0.97x$,对于系数 β 的相关性拟合曲线为 $y=0.88x$。对于系数 A,回归分析得到的残差平方和为 0.042,R^2 为 0.99;对于系数 β,回归分析得到的残差平方和为 0.764,R^2 为 0.71。说明由理论分析计算得到的值与直接由实验数据估算得出的值有很好的一一对应关系。说明 WEPP 的侵蚀产沙模型正确的。

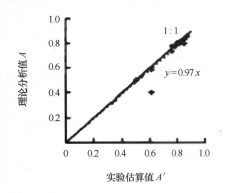

图5 理论分析值 A 和实验估算值 A' 的比较

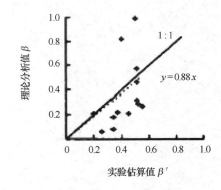

图6 理论分析值 β 和实验估算值 β' 的比较

3 意义

根据细沟的剥蚀率模型,可知 WEPP 模型中的剥蚀率是水流含沙量的线性函数,并由给定的试验条件计算得到了函数中的参数。将理论分析结果和已有的实验结果进行了比较,验证了 WEPP 中的侵蚀产沙模型。同时将已得到的确定细沟剥蚀率的微分方程代入细沟侵蚀产沙方程并求解,从理论上得到了含沙量随沟长变化的函数关系。将理论分析结果和由实验所得的结果进行了对比,进一步验证了 WEPP 中的侵蚀产沙模型。该文从细沟剥蚀率和产沙量两方面对 WEPP 模型中细沟侵蚀产沙模型进行了验证。

参考文献

[1] 张晴雯,雷廷武,姚春梅,等. WEPP 细沟剥蚀率模型正确性的理论分析与实验验证. 农业工程学 报. 2004,20(1):35-39.

[2] 雷廷武,张晴雯,赵军,等. 确定侵蚀细沟集中水流剥离速率的解析方法. 土壤学报,2002,39(6): 788-793.

[3] Merten GH, Nearing MA, Borges ALO. Effect of sed-iment load on soil detachment and deposition in rills. SSSA J,2001,65:861-868.

[4] Lei Tingwu, Zhang Qingwen, Pan Yinghua, et al. AnAnalytic Method of Determining Soil Erodibility Parame-ter and Critical Shear Stress. 2002 ASAE Annual In-ternational Meeting, Chicago, Illinois, July 28-August 1,2002.

温室内的温湿度预测模型

1 背景

长江中下游地区夏季气候炎热,温度高,湿度低,光照强;冬季低温、高湿,对大多数蔬菜花卉的生长极为不利,温室气候环境的调控尤其必要。温度和湿度是影响温室控制效果最主要的因子。邓玲黎等[1]通过在 SR5.2 型连栋塑料温室内进行的实验,建立室内温湿度预测模型。室内温湿度预测模型主要是指一定时间内,室内外环境对室内温度和相对湿度的影响模型,该模型是实现前馈控制的基础。

2 公式

2.1 室内温度的动态模型

据文献[2],室外气候对温室内气候的影响程度按下面的递减次序排列:① 室外气温;② 土壤深层温度;③ 天空辐射温度;④ 太阳总辐射;⑤ 风速;⑥ 散射辐射;⑦ 相对湿度。因散射辐射和相对湿度对室内温度的影响很小,用前面的五个因素构建的动态平衡关系式[3]便可较精确地表述温室内的温度特征:

$$\rho C_p V \frac{\partial T_i}{\partial} = bA_s S_i - h_c A_c (T_i - T_0) - h_w A_w (T_i - T_0) -$$

$$h_s A_s (T_i - T_s) - \rho C_p V_R (T_i - T_0) + H \tag{1}$$

式中,ρ 为温室内空气密度,kg/m^3;C_p 为空气热容,$1.005\ J/(kg \cdot ℃)$;V 为温室的体积,m^3;T_i 为温室内空气温度,$℃$;T_o 为温室外空气温度,$℃$;t 为时间,s;b 为太阳热效率,$b = 0.28$;A_s 为地面面积,m^2;T_s 为土壤表面温度,$℃$;S_i 为温室内的太阳总辐射,W/m^2;H 为加热器的加热功率,W;h_c 为覆盖层的传热系数,$W/(m^2 \cdot ℃)$;A_c 为覆盖层的面积,m^2;h_w 为围护层的传热系数,$W/(m^2 \cdot ℃)$;A_w 为围护层的面积,m^2;h_s 为土壤与空气间的湍流换热系数,$W/(m^2 \cdot ℃)$;V_R 为温室内换风率,m^3/s。

2.2 室内湿度的动态模型

温室内湿度的变化,由室内的水分平衡决定。为突出研究的主要对象,这里假设温室内湿度分布均匀;由于温室采用滴灌技术,地面蒸发很少,忽略考虑。由文献[4],温室内绝对湿度的变化可以下述方程表示:

$$\frac{\mathrm{d}k_i}{\mathrm{d}t} = \frac{1}{\rho V}\big[\,(M_{etp} + M_{vp}) - (M_{cd} + M_i + M_v)\,\big] \tag{2}$$

式中，M_{etp} 为温室内作物栽培床的蒸散率，kg/s；M_{vp} 为喷淋系统的蒸发速率，kg/s；M_{cd} 为室内水蒸气在覆盖物内侧的凝结率，kg/s；M_i 为由于温室渗漏而影响室内水蒸气变化率，kg/s；M_v 为通风换气影响室内水蒸气的变化率，kg/s；k_i 为室内实际含湿量，kg/kg。

根据 Jolliet 和 Bailey 的研究，蒸散率（M_{etp}）与太阳总辐射（S_i）和温室内饱和水蒸气与实际水蒸气的压力之差（$e_{sa} - e_a$），气象学中称为饱和差有关。如（$e_{sa} - e_a$）用室内饱和水蒸气含湿量与实际含湿量之差（$k_{sa} - k_i$）来表示，则式（2）由如下方程式表示：

$$M_{etp} = A_s\big[\,\omega S_i + \zeta\Psi(k_{sa} - k_i)\,\big] \tag{3}$$

式中，ω 为太阳辐射影响蒸散的特征系数，kg/J；ζ 为室内饱和差影响蒸散的特征系数，kg/（m² · kPa · s）；Ψ 为水汽压与含湿量之间的转换系数，(kPa · kg)/kg；k_{sa} 为室内饱和水蒸气含湿量，在标准大气压下与室内温度有关，可查表得到，kg/kg。

喷淋系统的蒸发速率 M_{vp} 在不考虑风速影响的情况下，与室内饱和水蒸气含湿量与实际含湿量之差（$k_{sa} - k_i$）有关，其表达式为：

$$M_{vp} = A_s \cdot m_{vp} \cdot \sigma \cdot \Psi(k_{sa} - k_i) \tag{4}$$

式中，m_{vp} 为喷淋系统单位面积和单位时间的喷水量，kg/（m² · s）；σ 为室内饱和差影响蒸发的特征系数，1/kPa。

对室内水蒸气在覆盖物内侧凝结的水蒸气变化率 M_{cd} 在国外也有较多的研究，它与温室内的（$e_a - e_{sc}$）成比例关系。覆盖层温度可简化看成是室外温度，同样用室内实际含湿量与室外饱和水蒸气含湿量之差（$k_a - k_{so}$）来表示，方程式为：

$$M_{cd} = A_s\frac{h_{cv}\Psi}{\lambda\gamma}(k_i - k_{so}) \tag{5}$$

式中，h_{cv} 为温室内的对流换热系数，W/（m² · ℃）；λ 为水分的蒸发潜热，在20℃为2 450 kJ/kg；γ 为干湿表常数，66×10⁻³kPa/℃；k_{so} 为室外饱和水蒸气含湿量，在标准大气压下与室外温度有关，可查表得到，kg/kg。

水蒸气的渗漏率 M_i 与通风换气影响室内水蒸气的变化率 M_v 类似，与室内外湿度差、通风率和温室体积有关，其表达式为：

$$M_i = \rho(k_i - k_0)V_i \tag{6}$$

$$M_i = \rho(k_i - k_0)V_R \tag{7}$$

式中，k_o 为室外空气含湿量，kg/kg；V_i 为温室漏气率，m³/s；V_R 为温室换气率，m³/s。

2.3　室内温度预测模型

式（1）指出室内温度变化与室内外温差、光照度和温室换气率的关系。这是一个瞬时的动态方程，在实际的温室环境控制中需要对时间进行积分，否则不能发挥前馈控制的作用。

对式(1)两边积分,在不加热、不考虑水分相变热交换、作物生理过程热效应等情况下,可建立 20 min 内室外气候环境对室内温度影响的理论预测模型:

$$\Delta T_{t+\Delta t} = \left[\frac{bA_s S_i}{\rho C_p V} - (T_i - T_0)c - (T_i - T_0)\frac{v \cdot B}{V} \right] \Delta t$$

$$c = \frac{1}{\rho C_p V}(h_c A_c + h_w A_w + h_s A_s) \tag{8}$$

式中,$\Delta T_{t+\Delta t}$ 为 ΔT 后室内的温度变化值,℃;t_0 为当前室外温度,℃;T_i 为当前室内温度,℃;S_i 为温室内的太阳净辐射,W/m^2;c 为室内温度变化系数,与温室的覆盖材料特性和覆盖的表面积有关,$1/s$;Δt 为时间,s;v 为温室的通风风速,m/s;B 为温室通风截面积,m^2。

2.4 室内湿度预测模型

用相对湿度来表示的夏季室内湿度的预测模型,由式(2)~式(7)可简化推导出如下方程:

$$\frac{dH}{dt} = \frac{A_s}{\rho V}\left[\frac{\omega S_i}{k_{sa}} + \zeta \Psi(1 - H_i) \right] + \frac{(H_0 - H_i)V_I}{V}$$

同温度模型类似,20 min 内,对方程两边进行时间积分,得出 20 min 内室内相对湿度的理论预测模型为:

$$\Delta H_{i+\Delta t} = \left[a\frac{S_i}{k_{sa}} + b(1 - H_i) + \frac{(H_0 - H_i)v \cdot B}{V} \right] \Delta t \tag{9}$$

式中,$\Delta H_{i+\Delta t}$ 为 Δt 后室内的相对湿度,%;H_i 为室内相对湿度,%;H_0 为室外相对湿度,%。

$$a = \frac{A_s \omega}{\rho V}, b = \frac{A_a \zeta \Psi}{\rho V}$$

对于冬季,除了必要的通风换气外,温室的卷帘和天窗在通常情况下是关闭的。作物的蒸散率、室内水蒸气在薄膜内侧的凝结率和换气影响水蒸气的变化率是影响室内湿度的主要因素,其 20 min 内室内相对湿度的理论预测模型可用以下方程表示:

$$\Delta H_{i+\Delta t} = \left[a\frac{S_i}{k_{sa}} + b(1 - H_i) - c\left(H_i\frac{S_i}{k_{sa}} \right) - (H_i - H_0) \cdot n \right] \Delta t \tag{10}$$

式中,$c = \frac{A_s h_{cw} \Psi}{\rho V \lambda \gamma}$;$n$ 为温室的换气率,$1/s$。

2.5 室内温湿度预测模型实验

室内温湿度预测模型的实验是在东间温室中进行的,夏季自然通风,冬季封闭。夏冬季都选择晴天、多云、阴天 3 种天气各进行 3 d 实验。实验时间是从上午 8:00 开始,到下午 4:00 结束,每天做 8 组数据。实验时,每整点时刻测一次,过 20 min 后再测一次。测定的环境因子是室内的 5 个点的干湿球温度、光照度和室外的干湿球温度、光照度和风速。室内温湿度均是 5 点的平均值。将测得的室内光照度、5 个干湿球温度和室外的干湿球温度、光照度和风速值,通过计算得出室内温度、相对湿度和光照度以及室外的温度、相对湿度、光照度和风速值,代入式(8)、式(9),通过自编的回归软件进行回归计算后,得出夏季室内温度(20 min 内)的预测模型[4],如 Δt 取 20 min 即可计算 20 min 后室内温度的预测值,其方程如下:

$$\Delta T_{t+\Delta t} = [1.374 \times 10^{-2} \times L_s - 7.02 \times 10^{-2} \times (T_i - T_0) - 3.82 \times 10^{-2} \times (T_i - T_0) \times v] \times \Delta t \tag{11}$$

式中,L_i 为温室室内光照度,klx

夏季室内湿度的预测模型为:

$$\Delta H_{t+\Delta t} = \left[\frac{6.724 \times 10^{-5}}{k_{sa}} \times L_i - 2.6 \times 10^{-3} \times (100 - H_i) - 0.119\,1(H_i - H_0) \times v \right] \times \Delta t \tag{12}$$

冬季室内温度预测模型为:

$$\Delta T_{t+\Delta t} = [2.763 \times 10^{-2} \times L_i - 4.836 \times 10^{-2} \times (T_i - T_0)] \times \Delta t \tag{13}$$

冬季室内湿度的预测模型为:

$$\Delta H_{t+\Delta t} =$$

$$\left[\frac{1.586 \times 10^{-3}}{k_{sa}} \times L_i - 9.38 \times 10^{-2} \times (100 - H_i) - 0.135 \left(H_i - \frac{k_{sa}}{k_{sa}} \right) - 0.117\,8(H_i - H_0) \right] \times \Delta t \tag{14}$$

3 意义

利用传热学理论,分析了温室的热平衡,建立温室内的温湿度预测模型,并在 SR5.2 型连栋塑料温室内进行实验,得出该温室内温湿度的预测的数学模型,为实现智能温室前馈控制奠定基础,同时也为这一领域的进一步研究提供参考。还可利用该模型结合温室环境调控设施的调控效果模型、植物生长模型和成本模型及综合环境控制模型,研制智能化温室综合环境控制系统。

参考文献

[1] 邓玲黎,李百军,毛罕平. 长江中下游地区温室内温湿度预测模型的研究. 农业工程学报. 2004, 20(1):263-266.

[2] Nijskend J,et al. Rapport d' activites de centre d' etued delaregulation climatique des serres. 1990.

[3] Chao K. Design of switch control systems for ventilatedgreenhouse. Transactions of the ASAE, 1996, 39 (4):1513-1523.

[4] de Halleux D, Gauthier L. Energy consumption due dehu-midification of greenhouse under northern latitudes. Jagric Engng Res,1998,69:35-42.

作物蒸散量的变化特征模型

1 背景

参考作物蒸散量是一个完全覆盖土地、不缺水、苗壮生长、高 8~15 cm 的植被扩大面积上的蒸散率。在干旱地区计算结果较好的方法分别是 FAO-24Blaney-Criddle（温度法）、FAO-24 Radiation（辐射法）、FAO PPP-17 Penman（综合法）及 FAO Penman-Monteith（综合法）。封志明等[1]选取上述 4 种方法逐月计算了甘肃省 33 个气象站点、1981—2000 年的参考作物蒸散量，并对各种模型的精度与灵敏度进行了检验，最后选取最优模型对甘肃省参考作物蒸散量的时间及空间变化特征进行了分析。

2 公式

2.1 FAO-24 Blaney-Criddle 模型

在土壤水分供应充足的条件下，参考作物蒸发蒸腾量随着月平均气温和每月白昼小时数占全年白昼小时数的百分数而变化[2]，其计算公式为：

$$E_{TP} = a + b \cdot p(0.46T + 1.83)$$

$$a = 0.004\ 3RH_{\min} - n/N - 1.41$$

$$b = 0.819\ 17 - 0.004\ 092\ 3RH_{\min} + 1.070\ 5n/N + 0.065\ 649U_d -$$

$$0.005\ 968\ 4RH_{\min}n/N - 0.000\ 596\ 7rh_{\min}U_d$$

式中，E_{TP} 为参考作物蒸散量，mm/d；T 为月平均气温，℃；p 为月内日平均昼长时数与全年昼长时数的比值；n/N 为实测日照时数和可能最大日照时数的比值；U_d 为昼间平均风速，m/s；$RH_{\min}$ 为最小相对湿度，%。

2.2 FAO-24 Radiation 模型

该方法源于 Makkink 公式，主要根据太阳辐射资料来估算参考蒸散量。其计算公式为：

$$E_{TP} = a + b\left(\frac{\Delta}{\Delta + r}R_s\right)$$

$$a = -0.3$$

$$b = 1.066 - 0.001\ 3RH_{\min} + 0.045U_a - 0.000\ 2RH_{\text{mea}}U_d - 0.000\ 031\ 5RH_{\text{mea}}^2 - 0.001\ 1U_d^2$$

式中，R_s 为太阳辐射量，MJ·m·d；U_d 为昼间平均风速，m/s；RH_{mea} 为平均相对湿度，%；

Δ 为饱和水汽压—温度曲线斜率,kPa/℃;r 为干湿计常数,kPa/℃。

2.3 FAO PPP-17 Penman 模型

Penman 公式在能量平衡法的基础上,引用干燥力的概念,经过简捷的推导,得到了一个用普通气象资料就可计算参考作物蒸散量的公式。目前应用较广的是 FAO PPP-17Penman 修正式,其计算公式为:

$$E_{TP} = \frac{\frac{p_0}{p}\frac{\Delta}{r}Rn + 0.26(es - ea)(1 + 0.54U_2)}{\frac{p_0}{p}\frac{\Delta}{r} + 1}$$

式中,E_{TP} 为参考作物蒸散量,mm/d;R_n 为净辐射,mm/d;es 为饱和水汽压,hPa;ea 为实际水汽压,hPa;Δ 为饱和水汽压—温度曲线斜率,hPa/℃;r 为干湿计常数,hPa/℃;p_0、p 分别为海平面气压和站点地面气压,hPa。

2.4 FAO Penman-Monteith(98)模型

Penman-Monteith 模型是以能量平衡和水汽扩散理论为基础的,它将整个作物看成一个整体,假定作物冠层为一片大叶,潜热交换发生在叶面上,从而得出计算植被状况下参考蒸散量的值,其具体计算公式为:

$$E_{TP} = \frac{0.408\Delta(R_n - G) + r\frac{900}{T + 273}U_2(es - ea)}{\Delta + r(1 + 0.34U_2)}$$

式中,E_{TP} 为参考作物蒸散量,mm/d;R_n 为净辐射,MJ/(m² · d);G 为土壤热通量,MJ/(m² · d);es 为饱和水汽压,kPa;ea 为实际水汽压,kPa;Δ 为饱和水汽压—温度曲线斜率,kPa/℃;r 为干湿计常数,kPa/℃。

2.5 4种计算模型对比分析

将上述4种模型的估算结果与各个站点20 cm 蒸发皿实测值进行了相关性分析。各个模型的计算结果与实测蒸发皿值显示了较强的相关性,如1998年(图1)。

灵敏度是模型中某一参数在其取值发生微小变化时,使模型的输出结果发生数值变化的大小程度。依据这一指标,可以对各个模型的稳健程度进行分析。模型对参数的灵敏度由下式求得:

$$S_x = \frac{E_{TP}(1.1X_i) - E_{TP}(0.9X_i)}{E_{TP}(X_i)}$$

式中,S_x 为模型的蒸散量;X_i 为模型中的某一参数。

FAO-24 Blaney-Criddle 方法对温度最为敏感(表1),灵敏度为0.58;其次是最小相对湿度、日照时数及昼间风速。FAO-24 Radiation 方法对太阳辐射量最为敏感,其值为0.23,因此太阳辐射量的测量或计算方法是该模型精度的关键。FAO PPP-17 Penman 对各种参数的灵敏度均较小,其中影响最大的为净辐射量和饱和水汽压值,均为0.13。FAO

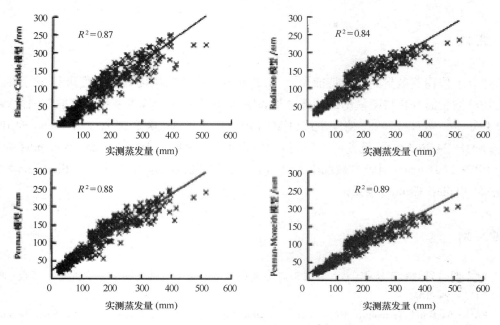

图 1   各种模型估算的蒸散量与实测值相关性

Penman-Monteith(98)模型的稳定性较好,饱和水压对其精度影响最大,值为 0.15,其次是净辐射量;对其影响最小的是土壤热通量,其值仅为 0.01。总之,FAO Penman-Monteith (98)和 FAO PPP-17 Penman 显示了较强的稳定性,FAO-24 Radiation 次之、FAO-24 Blaney-Criddle 最差。

表 1   各模型的灵敏度分析

参数	Blaney-Criddle	Badiation	Penman	Penman-Monteith
T	0.58			
RH	0.40	0.07		
n	0.30			
U	0.09	0.01	0.03	0.05
R_s		0.23		
Δ		0.10	0.02	0.02
r		0.10	0.02	0.02
R_n			0.13	0.11
G				0.01
es			0.13	0.15
cu			0.04	0.05
p			0.03	

3 意义

建立了作物蒸散量的变化特征模型[1],并对各个模型的精度和灵敏度进行了分析。通过作物蒸散量的变化特征模型的计算结果表明:验证的4种计算参考作物蒸散量的模型中,FAO Penman-Monteith(98)精度最高,FAO PPP-17 Penman次之,FAO-24 Blaney-Criddle较差,FAO-24 Radiation最差。并且对灵敏度的分析表明:FAO Penman-Monteith(98)和FAO PPP-17 Penman对各参数都不太灵敏,显示了较强的稳定性,FAO-24 Radiation次之、FAO-24 Blaney-Criddle最差。

参考文献

[1] 封志明,杨艳昭,丁晓强,等. 甘肃地区参考作物蒸散量时空变化研究. 农业工程学报.2004,20(1):99-103.

[2] FAO-Food and Agriculture Organization. Relationship between Crop Production with Water Resources. Rome:FAO-Food and Agriculture Organization Press,1979.

渠道纵横断面的设计模型

1 背景

对原灌区骨干渠道系统的梯形土渠进行节水改造,断面形式选用弧形坡脚梯形断面,其断面形式接近最佳水力断面,有水流条件好、流速快、输沙能力强、防渗效果好、抗冻性能较高等优点。建立渠道纵横断面设计的系统动态规划模型,对灌区改造渠道进行纵横断面优化设计。余长洪等[1]结合我国南方平原地区的大型灌区续建配套节水改造工程项目,对上述有关理论及技术问题进行了初步探讨。

2 公式

2.1 水力计算基本公式

生产实际中求解均匀流渠道设计参数普遍应用曼宁公式[2]。

流速:
$$v = c\sqrt{Ri}$$

流量:
$$Q = Av = Ac\sqrt{Ri} = A\,\frac{1}{n}R^{2/3}i^{1/2}$$

谢才系数:
$$C = \frac{1}{n}R^{1/6}$$

式中,v 为流速,m/s;Q 为渠道设计流量,m³/s;R 为水力半径,m;i 为渠道纵比降;A 为渠道过水断面面积,m²;n 为渠道糙率系数。

2.2 弧形坡脚梯形断面设计

由曼宁公式推导得主要水力参数之间关系如下:

$$h = \left(\frac{nQ}{\sqrt{i}}\frac{\xi_2^{2/3}}{\xi_1^{5/3}}\right)^{3/8}; b = k_s \cdot h_2^-\, m = \mathrm{ctg}\theta_2^-$$

$$t = k_1 \cdot h_2^-\, A = \xi_1 \cdot h_2^{2-}\, x = \xi_2 \cdot h_2^-$$

$$b_2 = r \cdot tg\,\frac{\theta}{2}; b = b_1 + 2b_2; v = \frac{Q}{\xi_1 h^2}$$

式中,h 为设计水深,m;χ 为渠道湿周,m;m 为边坡系数;ξ_1、ξ_2 为系数:

$$\xi_1 = (K_b + \mathrm{ctg}\theta) - \left(2\mathrm{tg}\,\frac{\theta}{2} - \frac{\theta\pi}{180}\right)K_r^2$$

$$\xi_2 = (K_b + \csc\theta) - \left(4\mathrm{tg}\frac{\theta}{2} - \frac{\theta\pi}{90}\right)K_r$$

其值 K_b、K_r 可以根据文献[3]结合工程实际情况查得,各符号参见图1a。

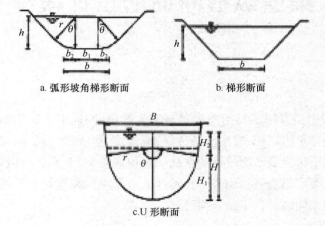

a. 弧形坡角梯形断面　　　　　　b. 梯形断面

c.U 形断面

图1　防渗渠道的横断面形式

2.3　梯形断面设计

主要水力参数之间关系如下:

$$h = \frac{(a + 2\sqrt{1 + m^2})^{1/4}}{(a + m)^{5/8}}\left(\frac{n \cdot Q}{\sqrt{i}}\right)^{3/8}; b = \alpha \cdot h$$

$$A = \frac{(\alpha + 2\sqrt{1 + m^2})^{1/4}}{(\alpha + m)^{1/4}}\left(\frac{n \cdot Q}{\sqrt{i}}\right)^{3/4}$$

$$x = \frac{(\alpha + 2\sqrt{1 + m^2})^{5/4}}{(\alpha + m)^{5/8}}\left(\frac{n \cdot Q}{\sqrt{i}}\right)^{3/8}$$

$$v = \frac{Q(\alpha + m^2)^{1/4}}{(\alpha + 2\sqrt{1 + m^2})^{1/2}}\left(\frac{n \cdot Q}{\sqrt{i}}\right)^{-3/4}$$

式中,h 为设计水深,m;χ 为渠道湿周,m。宽深比 α,边坡系数 m 以及糙率 n 可由当地的具体情况结合文献[4]查得,各符号参见图1b。

2.4　U 形断面设计

U 形渠的最佳水力断面计算如下[2]。

过水断面面积:

$$A = K_A \cdot H^2$$

系数:

$$K_A = \left(\frac{\theta}{2} + 2m - 2m' \right) K_r^2 + 2(m' - m)K_r + m$$

湿周:

$$x = K_x \cdot H$$

系数:

$$K_x = 2\left(m + \frac{\theta}{2}m' \right) K_r + 2m'$$

式中,H 为水深,m;θ 为圆心角,°;m 为上部直线段的边坡系数;$m' = 1+m^2$;$K_r = r/H$;r 为圆弧半径,m。其中,K_r 可以根据文献[3]结合工程实际情况查得,各符号参见图 1c。

由以上公式推导出的最佳水力断面半径与水深之比 $K_r = 1$,即水面线刚好通过圆心。

2.5 动态规划模型

整条渠道长 l,根据流量、地形、沿渠土壤地质条件,或渠道配套建筑物位置分为 N 段。续灌渠道各渠段的设计、最大和最小流量分别为 Q_i、Q_{max}、Q_{min},地面坡降 J_i,渠末水位所需高程为 $H_末$,各渠段渠末地面高程为 Δdi,$i = 1, 2, \cdots, N$。进行系统优化规划设计,确定各渠段最优纵横断面设计参数,使投资最小。

两节点间的正向渠段作为一个阶段,以节点编号为阶段变量,可表示为 $N(n = 1, 2, \cdots, N)$。n 为节点编号,N 为节点总数。

以渠首水位高程为状态,其状态变量可表示为:

$$H_n(H_n = H_1, H_2, \cdots, H_N)$$

式中,H_N 为第 N 阶段的状态。

以渠底坡降为决策,其决策变量可表示为:

$$i_n(H_n)i_n[(H_n) = i_1(H_1), i_2(H_2), \cdots, i_N(H_N)]$$

以投资最小为目标,目标函数为:

$$\min \quad F = \sum_{n-1}^{N} F(H_n, i_n)$$

$$= \sum_{n-1}^{N} \left[F_{cn}(H_n, i_n) + F_{wn}(H_n, i_n) + F_{wn}(h_n, i_n) \right]$$

$$= \sum_{n-1}^{N} \left[C_{cn}V_{cn}(H_n, i_n) + C_{tn}V_{tn}(H_n, i_n) + C_{wn}V_{WN}(H_n, i_n) \right]$$

式中,$F_{cn}(H_n, i_n)$、$Ft_n(H_n, i_n)$、$F_{wn}(H_n, i_n)$ 为第 n 渠段衬砌工程费,填方工程费和挖方工程费;$V_{cn}(H_n, i_n)$、$V_{tn}(H_n, i_n)$、$V_{wn}(H_n, i_n)$ 为第 n 渠段衬砌工程量,填方工程量和挖方工程量;C_{cn}、C_{tn}、C_{wn} 为第 n 渠段衬砌工程单价,填方工程单价和挖方工程单价。

弧形坡脚梯形渠道,其工程量计算采用积分法。计算图形及各种符号均在图 2 中标出,单位为长度(m)、面积(m²)、体积(m³)。

(1)全填时,判别式为 $F_{G1} \geqslant h_d$,$F_{G2} \geqslant h_d$,有 $F_{G1} = F_{G1}$,$F_{G1} = F_{G2}$。

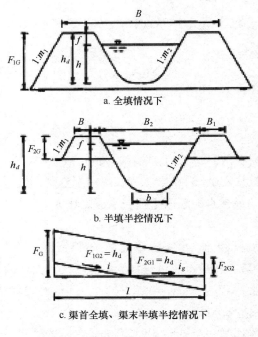

a. 全填情况下

b. 半填半控情况下

c. 渠首全填、渠末半挖情况下

图 2 弧形坡脚梯形渠道体积计算图

当挖方,$V_e = 0$, $i \neq i_g$ 时,填方有:

$$V_f = V_{fla} = \int_0^1 A_f dl = \frac{1}{i_g - i} \int_{F_{G2}}^{F_{G1}} A_f dF_G$$

$$= \frac{1}{i_g - i} \left[\frac{1}{2} B F_{1G}^2 + \frac{1}{3} m_1 F_{1G}^3 - A F_{1G} \right] \Big|_{F_{G3}}^{F_{G2}}$$

$$= \frac{1}{i_g - i} \left[\frac{1}{2} B (F_{G2}^2 - F_{G1}^2) + \frac{1}{3} m_1 (F_{G2}^3 - F_{G1}^3) - A (F_{G2} - F_{G1}) \right]$$

当 $i = i_g$ 时,有:

$$V_f = V_{flb} = A_f l = \left[(B + m F_{1G}) F_{1G} - A \right] l$$

各符号参见图 2a。

(2)半填半挖时,判别式为 $0 < F_{G1} < h_d$,$0 < F_{G2} < h_d$,有:

$$F_{2G1} = F_{G1}, \quad F_{2G2} = F_{G2}$$

$$A_f = (2B_1 + m_1 F_{2G} + m_2 F_{2G}) F_{2G}$$

$$A_s = A - (B_2 - m_2 F_{2G}) F_{2G}$$

当 $i \neq i_g$ 时,有:

$$V_f = V_{f2a} = \frac{1}{i_g - i} \left[A (F_{2G2} - F_{2G1}) - \frac{1}{2} B_2 (F_{2G2}^2 - F_{2G1}^2) + \frac{1}{3} m_2 (F_{2G2}^3 - F_{2G1}^3) \right]$$

$$V_f = V_{f2a} = \frac{1}{i_g - i}\left[A(F_{2G2} - F_{2G1}) - \frac{1}{2}B_2(F_{2G2}^2 - F_{2G1}^2) + \frac{1}{3}m_2(F_{2G2}^3 - F_{2G1}^3)\right]$$

当 $i = i_g$ 时,有:
$$F_{2G1} = F_{2G2} = F_{G1}$$

$$V_f = V_{f2b} = A_f l = (2B_1 + m_1 F_{2G} + m_2 F_{2G})F_{2G}l$$

$$V_s = V_{s2b} = A_s l = [A - (B_2 - m_2 F_{2G})F_{2G}]l$$

各符号参见图2b。

(3)渠首全填,渠末半填半挖时,判别式为 $F_{G1} > h_d, 0 < F_{G2} < h_d$,有:

$$F_{1G1} = F_{G1}, F_{1G2} = h_d, F_{2G1} = h_d, F_{2G2} = F_{G2}$$

$$V_s = V_{s2a}(F_{2G1} = h_d, F_{2G2} = F_{G2})$$

$$V_f = V_{f1a}(F_{1G1} = F_{G1}, F_{1G2} = h_d) + V_{f2a}(F_{2G1} = h_d, F_{2G2} = F_{G2})$$

各符号参见图2c。

2.6 状态转移方程

由水位衔接写出状态转移方程:

$$H_{a+1} = T_a(H_a, i_a) = H_a - l_a i_a$$

2.7 逆推方程

目标函数写出逆序递推方程:

$$F_a^*(H_a) = \min\{F_a[H_a, i_a + F_{a+1}^*(H_{a+1})]\}$$

3 意义

根据渠道纵横断面的设计模型,给出了灌区改造中大、中、小型渠道的推荐形式,即弧形坡脚梯形断面、梯形断面、U形断面。弧形坡脚梯形断面形式水力条件好、流速较快、输沙能力强、抗冻胀性能高且投资小,是一种新型的渠道断面形式,因而规范其设计和施工方法具有重要的现实意义,可在灌区改造中大力推广应用。动态规划模型和逆推方法采用渠道纵横断面的设计模型,设计快速准确,节省投资,效益显著。优化时,结合模型对方案进行粗选,可以节省优化工作量。

参考文献

[1] 余长洪,周明耀,姜健俊,等. 灌区节水改造中防渗渠道断面的优化设计. 农业工程学报. 2004,20(1):91-94.

[2] 华东水利学院. 水力学. 北京:科学出版社,1979.

[3] 中华人民共和国水利部. SL18-91,渠道防渗工程技术规范.1991.

[4] 中华人民共和国水利电力部. SDJ217-84,灌溉排水渠系设计规范.1984.

家畜粪便肥料的成分含量模型

1 背景

畜禽粪便作为肥料资源是畜禽粪便无害化处理、资源化利用,防止和消除集约化养殖场畜禽粪便污染的重要利用途径。预知其肥料成分含量是正确、合理利用家畜粪便的前提。预测家畜粪便肥料成分含量方面方法主要有两种:一种是基于检测技术手段的快速测定法,另一种是数学模型法。杨增玲等[1]研究了摄入粗蛋白(CP)、磷(P)、钾(K)的量对猪粪、尿及粪尿混合物中的氮(TN)、铵态氮(NH_4^+-N)、P、K含量的影响,并建立了相应的数学模型。

2 公式

2.1 TN 含量和摄入粗蛋白量的回归方程

用摄入粗蛋白的量($CP_{(i)}$)来预测粪中、尿中和粪尿混合物中的 TN。

粪中 TN 含量($TN_{(f)}$)和摄入粗蛋白量($CP_{(i)}$)的回归方程为:

$$TN_{(f)} = 1.804E(-02)CP_{(i)} + 3.968E(-02)$$
$$(R^2 = 0.429, SE(b) = 0.004, P < 0.01)$$

其中,设一无线性回归方程的形式为 $y = bx + a$,则 $S.E(b)$ 为非标准回归系数 b 的标准差。

尿中 TN 含量($TN_{(u)}$)和摄入粗蛋白量($CP_{(i)}$)的回归方程为:

$$TN_{(m)} = 5.427E(-02)CP_{(i)} - 1.772$$
$$(R^2 = 0.657, SE(b) = 0.008, P < 0.01)$$

粪尿混合物中 TN 含量($TN_{(m)}$)和摄入粗蛋白量($CP_{(i)}$)的回归方程为:

$$TN_{(m)} = 7.230E(-02)CP_{(i)} - 1.733$$
$$(R^2 = 0.764, SE(b) = 0.008, P < 0.01)$$

2.2 K 含量和摄入 K 的回归方程

尿中 K 含量($K_{(u)}$)和摄入 K($K_{(i)}$)的回归方程:

$$K_{(m)} = 0.567K_{(i)} - 0.219$$
$$(R^2 = 0.610, SE(b) = 0.089, P < 0.01)$$

粪尿混合物中 K 含量($K_{(m)}$)和摄入 K($K_{(i)}$)的回归方程为：

$$K_{(m)} = 0.735K_{(i)} - 0.167$$

$$(R^2 = 0.721, S\,E(b) = 0.090, P < 0.01)$$

2.3 P 的百分含量($P_{(f)}$%)和摄入 P($P_{(i)}$)的回归方程

$$P_{(f)}(\%) = 5.261E(-02)P_{(i)} + 0.383$$

$$(R^2 = 0.614, S\,E(b) = 0.008, P < 0.01)$$

3 意义

利用饲养试验得到摄入养分含量和猪粪便中肥料成分含量的实测数据,通过家畜粪便肥料的成分含量模型,计算得出：不同的日粮水平对粪中、尿中和粪尿混合物中总氮(NT)含量影响显著,对尿中和粪尿混合物中钾(K)含量影响显著,对磷和铵态氮的含量影响均不显著；不同日粮水平对粪中磷(P)的百分含量的影响显著。由回归分析得到：利用摄入粗蛋白的量可预测粪、尿和粪尿混合物中总氮的含量；利用摄入钾的量可预测尿中和粪尿混合物中钾的含量；利用摄入磷的量可预测粪中磷的百分含量。

参考文献

[1] 杨增玲,韩鲁佳,刘依,等. 基于摄入养分含量预测猪新鲜粪便肥料成分含量的试验研究. 农业工程学报. 2004,20(1):278-281.

地埋式喷头组合的喷洒模型

1 背景

国内园林喷灌系统中常用的喷头主要有地埋摇臂式喷头和地埋伸缩喷头。国内园林喷灌系统中典型代表是 Hunter 公司的 PGP 型和 Rainbird 公司的 R-50 型等中射程喷头。严海军和郑耀泉[1]的项目研究选择这两种喷头，试验其喷洒性能。根据 Hunter 和 Rainbird 公司分别提供的 PGP 型和 R50 型园林地埋式喷头的径向水量分布曲线资料，在正方形和正三角形两种布置形式下，分别进行了不同组合系数的喷洒性能模拟试验。

2 公式

2.1 零漏喷最大组合几何参数的概念及公式

零漏喷最大组合几何参数是指在喷洒受水面积内都能获得喷洒水量的最大喷头间距和支管间距。由图 1 可推出计算最大零漏喷组合几何参数的公式如下。

正方形组合：

$$a_{max} = 1.414R \tag{1}$$

$$b_{max} = 1.414R \tag{2}$$

正三角形组合：

$$a_{max} = 1.732R \tag{3}$$

$$b_{max} = 1.5R \tag{4}$$

式中，a_{max} 为零漏喷最大喷头间距，m；b_{max} 为零漏喷最大支管间距，m；R 为喷头有效射程，m。

2.2 组合几何参数的确定

喷头组合几何参数的通式为：

$$a = K_a R \tag{5}$$

$$b = K_b R \tag{6}$$

式中，a 为喷头间距，m；b 为支管间距，m；K_a 为组合系数，又称喷头间距比；K_b 为组合系数，又称支管间距比。

组合系数 K_a 与 K_b 之间的关系又可表示为：

$$K_b = \beta \cdot K_a \tag{7}$$

190

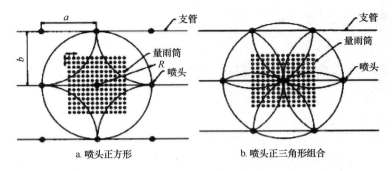

图 1 喷头正方形及正三角形组合测点布置图

式中正方形组合 $\beta = 1$,正三角形组合 $\beta = 0.866$。组合模拟时的组合系数 K_a 值取为正方形组合 K_a 为 0.9,1.0,1.1,1.2,1.3,1.4;正三角形组合 K_a 为 0.9,1.0,1.1,1.2,1.3,1.4,1.5,1.6,1.7。

2.3 主要喷灌质量技术指标计算公式

2.3.1 组合平均喷灌强度 ρ(mm/h)[2]

其计算公式为:

$$\bar{\rho} = \frac{\sum_{i=1}^{m} \rho_i}{n} \tag{8}$$

式中,ρ_i 为组合模拟时控制面积内的测点喷灌强度,mm/h;n 为测量点数。

2.3.2 喷灌均匀系数 Cu[2]

其计算公式为:

$$Cu = 1 - \frac{\overline{\Delta\rho}}{\bar{\rho}} \tag{9}$$

$$\overline{\Delta\rho} = \frac{\sum_{i=1}^{n} |\rho_i - \bar{\rho}|}{n} \tag{10}$$

式中,$\Delta\rho$ 为组合模拟时控制面积内的每一测点喷灌强度的平均偏差值,mm/h。

2.3.3 分布均匀系数 Du[2]

其计算公式为:

$$Du = \frac{\bar{\rho}_{\min}}{\bar{\rho}} \tag{11}$$

式中,$\bar{\rho}_{\min}$ 为组合模拟时控制面积内的最小 1/4 个测点喷灌强度的平均值,mm/h。

2.3.4 喷灌草坪水利用系数 η_l

喷灌草坪水利用系数 η_l,即草坪喷灌时实际获得水量(喷水量扣除蒸发和飘移损失水量)的水利用系数,来近似估计喷灌草坪的水利用系数。计算公式为:

$$\eta_1 = 1 - \frac{\overline{\Delta\rho_u}}{\rho} \tag{12}$$

$$\overline{\Delta\rho_u} = \frac{\sum_{j=1}^{n} (\rho'_i - \bar{\rho})}{n'} \tag{13}$$

式中,$\overline{\Delta\rho_u}$ 为组合模拟时,控制面积内大于组合平均喷灌强度的测点喷灌强度的平均偏差值, mm/h;ρ'_i 为大于组合平均喷灌强度的测点喷灌强度;n' 为大于组合平均喷灌强度的测点数。

2.4 线性回归公式

严海军给出了在正三角形和正方形两种组合形式下的线性回归公式,见式(14)~式(17)。其中,Cu 是最基本的计算参数,只要确定 Cu 值,则 Du 值和 η_l 值可由给出的统计回归公式近似求得。

正方形组合:

$$Du = 1.363\ 9Cu - 0.395\ 3 \qquad (R = 0.741\ 5) \tag{14}$$

$$\eta_l = 0.524\ 4Cu + 0.479\ 2 \qquad (R = 0.940\ 1) \tag{15}$$

正三角形组合:

$$Du = 1.379\ 3Cu - 0.398\ 5 \qquad (R = 0.844\ 7) \tag{16}$$

$$\eta_l = 0.567\ 3Cu + 0.443\ 3 \qquad (R = 0.950\ 9) \tag{17}$$

3 意义

根据地埋式喷头组合的喷洒模型,利用 Hunter 和 Rainbird 公司分别提供的 PGP 型和 R50 型园林地埋式喷头的径向水量分布曲线资料,在正方形和正三角形两种布置形式下,进行了不同组合系数的喷洒性能的模拟计算,从而可知,在最大零漏喷范围内,喷灌均匀系数的大小与组合形式关系不大,主要取决于喷头结构及径向水量分布曲线的特点;当组合系数为 0.9~1.4 时,喷灌均匀系数为 77.5%~95.1%。一般情况下,喷灌均匀系数越大,分布均匀系数和喷灌草坪水利用系数呈增大趋势。

参考文献

[1] 严海军,郑耀泉. 两种园林地埋式喷头组合喷洒性能的模拟试验. 农业工程学报. 2004,20(1):84-86.

[2] Jack Keller,Ron D Bliesner. Sprinkle and Trickle Irrigation. Van Nostrand Reinhold. 1990:87~97.

耕地的地力评价模型

1 背景

耕地地力是指由土壤本身特性、自然背景条件和耕作管理水平等要素综合构成的耕地生产能力。王瑞燕等[1]以农业部在山东省的试点县青州市为实验区,在全面野外调查和室内化验分析以获取大量耕地地力相关信息的基础上,以遥感(RS)、地理信息系统(GIS)和统计软件 SPSS 等技术方法及有关数学模型为依托,充分利用采样点数据,探索自动、快速、准确、定量地进行耕地地力评价的途径。

2 公式

利用 SPSS 等统计软件,得到的各权数值及一致性检验的结果见表 1。可以看出,各判别矩阵的 CR 都小于 0.1,具有很好的一致性,通过一致性检验。经层次总排序,并进行一致性检验,计算结果为 $CI = 0.000\ 009\ 3$,$CR = -0.000\ 001\ 46$,具有满意的一致性,最后计算 A 层对 G 层的组合权数值,得到各因子的权重见表 2。

表 1　各判别矩阵权重值及 *CI*、*CR* 值

矩阵	特征向量					*CI*	*CR*
矩阵 G		0.449 6	0.300 2	0.250 1		0.000 015	$2.586×10^{-5}<0.1$
矩阵 G_1		0.5	0.278 5	0.221 5		−0.000 3	−0.033 3<0.1
矩阵 G_2	0.263 2	0.210 5	0.368 4	0.157 9		0	0.000 1<0.1
矩阵 C_3	0.333 3	0.277 8	0.222 2	0.111 1	0.055 6	0	0.000 5<0.1

表 2　青州市耕地地力评价中参评因素的权重

因素	灌溉保证率	坡度	地形地貌	质地	土体构型	土层厚度	障碍层	有机质	有效磷	速效钾	有效锌	有效硼
权重	0.225	0.125	0.100	0.079	0.063	0.111	0.047	0.083	0.069	0.056	0.028	0.014

以有机质为例,根据建模原始数据 $x \sim y$ 的散点分布图,结合专业知识,确定有机质的隶

属函数类型为戒上型,得到拟和模型:

$$y = \begin{cases} 0 & x \leq 0.43 \\ 1/[1 + A \cdot (x - C)^2] & x_i < x < C \\ 1 & C \leq x \end{cases} \tag{1}$$

式中,y 为有机质隶属度值;x 为有机质实测值;$A = 0.542986462$,$C = 1.821973978$。对拟和效果进行检验发现,观察值数据点和拟和曲线高度吻合,拟和优度($R_2 = 0.992$)较大,统计检验达极显著水平($P < 0.001$)。证明该数学模型拟合有机质隶属度效果比较理想。

将参评因子的隶属度值进行加权组合得到每个评价单元的综合评价分值,以其大小表示耕地地力的优劣,耕地地力综合评价数学模型为:

$$IFI = \sum F_i \cdot C_i \tag{2}$$

式中,IFI 代表耕地地力综合指数;F_i 为第 i 个因素评语;C_i 为第 i 个因素的组合权重。

3 意义

根据耕地的地力评价模型,应用农业部有关耕地地力的等级评价,在借助遥感、野外采样和室内化验分析等手段获取大量耕地地力相关信息的基础上,在 GIS 的支持下,利用系统聚类方法、层次分析法、模糊评价等数学方法和数学模型成功地实现了耕地地力自动化、定量化评价。评价获取了青州市各耕地地力等级面积及其分布信息,经实地调查分析符合当地实际,表明运用该技术方法对耕地地力等级评价的可行性和科学性。这对耕地资源的科学管理和可持续利用有积极意义。

参考文献

[1]　王瑞燕,赵庚星,李涛,等. GIS 支持下的耕地地力等级评价. 农业工程学报. 2004,20(1):307-310.

土壤颗粒的空间变异性模型

1 背景

土壤颗粒组成的空间变异性是影响农户确定水肥用量及其时期的重要依据,但在区域研究中常因成土母质的影响呈明显的局部异向性特征。区域土壤性质的方向性影响包括全局趋势和各向异性两种。由于区域土壤性质呈现出某种程度的方向性影响,难于满足准二阶平稳或准本征假设,造成地统计学直接建模困难。张世熔等[1]试图利用基于 ArcGIS 的地统计学组件探索趋势效应以及异向性对变异函数建模和克里格预测结果的影响。

2 公式

设测定点的实测值为 $Z(x_i)$,预测值为 $Z'(x_i)$,二者的标准化值分别为 $Z_1(x_i)$ 和 $Z_2(x_i)$,则它们的平均误差 ME(Mean Error)、标准化平均误差 MSE(MeanStandardized Error)、平均标准误差 ASE(AverageStandard Error)、均方根误差 $RMSE$(Root-Mean-Square Error)和标准化均方根误差 $RMSSE$(Root-Mean-Square Standardized Error)可分别表示为:

$$ME = \frac{1}{N} \sum_{i=1}^{N} \left[Z(x_i) - Z'(x_i) \right] \tag{1}$$

$$MSE = \frac{1}{N} \sum_{i=1}^{N} \left[Z_1(x_i) - Z_2(x_i) \right] \tag{2}$$

$$ASE = \sqrt{\frac{1}{N} \sum_{i=1}^{N} \left[2'(x_i) - \left(\sum_{i=1}^{N} Z'(x_i) \right) / N \right]^2} \tag{3}$$

$$RMSE = \sqrt{\frac{1}{N} \sum_{i=1}^{N} \left[Z(x_i) - Z'(x_i) \right]^2} \tag{4}$$

$$RMSSE = \sqrt{\frac{1}{N} \sum_{i=1}^{N} \left[Z_1(x_i) - Z_2(x_i) \right]^2} \tag{5}$$

依次假设每一个实测数据点未被测定,由所选定的变异模型,根据 $N-1$ 个其他测定点数据用特定的克里格方法估算这个点的值。

表 1 是美国制分类的耕层土壤砂粒、粉粒和黏粒含量基本统计特征。

表1　土壤颗粒组成的统计特征

颗粒	样本数	分布类型	最小值（g/kg）	最大值（g/kg）	均值（g/kg）	变异系数	偏度	峰度
砂粒	124	对数正态	30.0	664.0	175.9	0.64	2.44	10.67
粉粒	124	非正态	270.0	860.0	685.6	0.15	−1.53	6.86
黏粒	124	非正态	16.0	390.0	138.5	0.56	1.29	4.73

下面仅以砂粒含量为例观察异向性对变异函数建模和预测结果的影响（表2和图1）。

表2　土壤砂粒含量的变异函数模型

方法	变异函数模型	趋势阶数	变程（km） 长轴	变程（km） 短轴	长轴方位角（°）	C	C_0	$C_0/(C_0+C)$
m_1	球状	0	38.07	17.83	356	8 450.1	6 696.1	0.44
m_2	球状	1阶	38.08	16.12	356	7 250.7	6 897.2	0.49
m_3	球状	2阶	38.19	21.16	345	4 451.0	7 489.5	0.63
m_4	球状	1阶	13.04			6 471.7	6 531.5	0.50

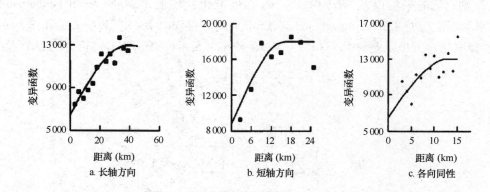

图1　去除1阶趋势后砂粒含量不同方向的变异函数结构图

3　意义

运用土壤颗粒的空间变异性模型，基于ArcGIS的地统计学组件分析了河北省曲周县124个耕层土壤颗粒组成的空间特征，计算可知，区域土壤性质常因各种成土因素的影响呈现出明显趋势效应和异向性，在变异函数建模和克里格内插分析时均应考虑其影响程度，并进行相应的分析处理,才能较好地反映土壤性质的区域特征。ArcGIS 的地统计学组件在变异函数建模前,根据趋势分析结果,去掉趋势后再建模;在克里格内插时,应自动把趋势复合进去。该组件在异向性分析过程中,自动搜索最佳的长轴方向,能较好地反映土壤性质的异向性,它是目前同类软件中功能最为完善的一种地统计学分析工具,特别适用于区域土壤性质的空间变异特征分析。

参考文献

[1] 张世熔,黄元仿,李保国. 冲积平原区土壤颗粒组成的趋势效应与异向性特征. 农业工程学报. 2004,20(1):56-60.

耕地整理的潜力公式

1 背景

耕地整理潜力是指通过综合整治耕地及其间的田间道路、生产路、沟渠、田坎等线状地物，可增加的有效耕地面积。区域耕地整理潜力的测算是根据土地利用现状图上线状地物的占地情况，按照设定的耕地整理后线状地物的占地标准，计算可增加的有效耕地面积。闫东浩等[1]以延庆县为例在 GIS 的支持下，采用样区法对县内耕地整理潜力进行测算，旨在揭示本县不同耕地类型的沟路渠田坎系数及一定耕地整理水平的耕地整理潜力，为延庆县及其他同类地区的土地整理规划以及项目可行性研究中测算耕地整理潜力提供科学依据。

2 公式

2.1 沟路渠田坎系数计算

沟路渠田坎系数是反映测算耕地区域内沟渠、田间道路、生产路、田坎等的面积占所在耕地区域内总面积比例的大小，它实际上是耕地区域内的无效耕地系数，从直观考虑，在此仍称其为沟路渠田坎系数，计算公式是：

$$A = (S_g + S_d + S_t)/S \tag{1}$$

式中，A 为耕地区域当前现实的沟路渠田坎系数，%；S_g 为耕地区域内正在使用及已经废弃的沟渠面积，hm^2；S_d 为耕地区域内田间道路面积，hm^2；S_t 为耕地区域内田坎面积 hm^2；S 为耕地的测算区域面积，hm^2。

2.2 耕地整理潜力计算

2.2.1 沟路渠田坎系数

依据灌溉耕地沟路渠田坎的平面布局规划图（图 1），建立测算沟路渠田坎系数标准函数 $r(\%)$。

平耕地沟路渠田坎系数标准函数为：

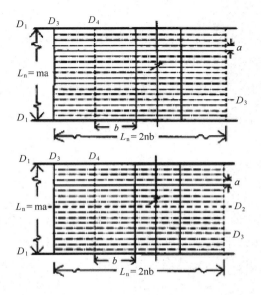

图 1 灌溉耕地的沟路渠田坎布局规划图

D_1 为斗渠宽度与紧邻田间道路宽度之积; D_2 为斗沟宽度; D_3 为渠宽度与紧邻生产路宽度之和; D_4 农沟宽度; D_5 为田坎; a 为耕作田块宽度; b 为耕作田块长度; l_m 为两斗渠间距离; l_n 为斗渠长度; m 为耕地整理区宽向耕作田块数量; n 为农渠条数

$$\begin{cases} r = S_r/S \\ S_r = L_a(D_1 + D_2) + nL_mD_3 + nL_mD_4 + (m-1)L_aD_5 \\ L_m = 2nb \\ L_m = ma \\ S = L_m \cdot L_a \end{cases} \quad (2)$$

其中, S_r 为测算区域中沟渠、田间道路、生产路和田坎占地面积。

平耕地 r 的计算公式为:

$$r = (D_1 + D_2 - D_5)/L_m + 1/2 \cdot (D_3 + D_4)/b + D_5/a \quad (3)$$

坡耕地沟路渠田坎系数标准函数为:

$$\begin{cases} r = S_t/S \\ S_t = 1/2 \times L_a(D_1 + D_2) + nL_mD_3 + nL_mD_4 + (m-1)L_aD_5 \\ L_n = 2nb \\ L_m = ma \\ S = L_m \cdot L_m \end{cases} \quad (4)$$

坡耕地 r 的计算公式为:

$$r = (D_1 + D_5)/L_m + 1/2 \times (D_3 + D_4)/b + D_5/a \tag{5}$$

2.2.2　计算耕地整理潜力

耕地整理潜力系数 $B(\%)$ 和耕地整理潜力 $\Delta S(\mathrm{hm}^2)$ 的计算公式分别为:

$$B = A - r \tag{6}$$

$$\Delta S = S \cdot B \tag{7}$$

3　意义

在 GIS 支持下,采用耕地整理的潜力公式,测算了延庆县的耕地整理潜力。计算得到,县内平耕地的无效耕地系数平均为 6.14%,低、中、高 3 种整理水平的耕地整理潜力系数是 0.68%、2.10%、2.81%,相应的耕地整理潜力为 109.29 hm²、337.53 hm²、451.64 hm²;坡耕地的无效耕地系数平均为 9.95%。采用的测算耕地无效耕地系数样区法、所取得的平耕地与坡耕地的无效耕地系数、不同耕地整理水平的耕地整理潜力系数可作为同类地区的耕地整理潜力测算参考,依据这两个系数测算,延庆县耕地整理潜力可作为延庆县耕地整理规划及土地整理项目可行性研究的科学依据。

参考文献

[1]　闫东浩,侯森兴,朱德举,等．耕地整理潜力测算．农业工程学报．2004,20(1):267-260.

双向犁的换向机构运动模型

1 背景

水平换向双向犁是在我国兴起的一种新型双向犁,与普通单向犁相比可避免犁地时形成沟垄;与翻转双向犁相比具有只使用一套犁体、节约钢材、摆动平稳基本无冲击等特点。水平换向双向犁的换向是通过油缸液压驱动实现的。进行换向时,基础犁梁从左摆到右和从右摆到左交替进行,在犁体停放时基础犁梁摆回到中间位置,在启动时基础犁梁从中间摆到左边或右边。陈发等[1]对换向机构进行运动及受力分析并建立数学模型,对双向犁进行优化设计,确定换向机构的最佳参数。

2 公式

2.1 运动模型

如图 1 所示,主动件为油缸,其做匀速或变速运动。A、C、E 为固定铰接点,B 点为油缸与摆动杆之间的铰接点,D 点为摆动杆末端滑块与基础犁梁滑槽的铰接点。令 A 点与 C 点的垂直距离为 h,水平距离为 a,BC 为油缸某瞬时长度。

令 $BC=S$,$AE=K$,$AB=R$,$AD=L$,DE 的某瞬时值 DE 为 M。$\theta_1 \sim \theta_4$ 各角度的定义如图 1 所示。

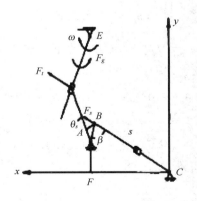

图 1　基础犁梁受力图

2.2 运动方程

2.2.1 油缸速度分析

如图 1 所示建立直角坐标系,将各分量向 x 轴和 y 轴投影得:

$$S \times \cos\theta_1 = \alpha - R\cos\theta_2 \tag{1}$$

$$S \times \sin\theta_1 = h + R\sin\theta_2 \tag{2}$$

将式(1)和式(2)分别平方后相加再开方,得:

$$S = \sqrt{a^2 + h^2 + R^2 + 2aR\cos\theta_2 + 2h\sin_2} \tag{3}$$

对式(3)各变量对时间求导数。

v_s 可由进入油缸的油的流量来确定,规定缩短时取负值,伸长时正值,则:

$$\frac{\mathrm{d}s}{\mathrm{d}t} = v_5 \tag{4}$$

$$\frac{\mathrm{d}\theta_2}{\mathrm{d}t} = \omega_2 = \frac{v_5 \times S}{R(a\sin\theta_2 + h\cos\theta_2)} \tag{5}$$

$$v_s = \begin{cases} v_{s1} = -\dfrac{4Q}{R(D^2 + d^2)} \\ v_{s2} = \dfrac{4Q}{\pi D^2} \end{cases} \tag{6}$$

式中,D 为油缸内径;d 为活塞杆直径;Q 为进入油缸的流量。

$$v_D = L\omega_3 = L\omega_2 \tag{7}$$

$$v_D = v_s + v_t \tag{8}$$

由式(5)和式(6)可确定 ω_2。

如图 1 所示 BAD 为一体,所以 $\omega_2 = \omega_3$。在系统 ADE 中,有:

$$v_t = \frac{\mathrm{d}M}{\mathrm{d}t} = v_m \quad (\text{方向垂直于 } DE)$$

$$v_s = M\omega_4 \quad (\text{方向沿 } ED \text{ 方向})$$

在三角形 ADE 中,由余弦定理得:

$$M = K\cos(\theta_4 - 90°) - \sqrt{K^2\cos^2(\theta_4 - 90°) - K^2 + L^2}$$

$$v_m = \frac{Lio\omega_2\sin(\theta_3 - 90°)}{\sqrt{L^2 + K^2 - 2KL\cos(\theta_3 - 90°)}} \tag{9}$$

由式(7)、式(8)、式(9)可确定 ω_4。

2.2.2 加速度的分析

油缸的流量 Q 为定值时,由式(6)可知油缸伸缩的速度 v_s 为定值。

摆杆的角加速度:

$$\varepsilon = \frac{\mathrm{d}\omega_2}{\mathrm{d}t} = \frac{v_3^2(a\sin\theta_2 + h\cos\theta_2) - v_s \times S \times \omega_2(a\cos\theta_2 - h\sin\theta_2)}{R(a\sin\theta_2 + h\cos\theta_2)^2} \quad (10)$$

在系统 $ABCD$ 中, D 点的加速度:

$$a_D^\tau = L\varepsilon_2 \qquad a_D^n = L\omega_2^2 \qquad a_D = \sqrt{a_D^{\tau 2} + a_D^{n 2}} = L\sqrt{\varepsilon_2^2 + \omega_4^2} \quad (11)$$

在系统 ADE 中, D 点的加速度:

$$a_D = + a_s + a_t + a_c$$

$$a_s^\tau = M\varepsilon_4 \qquad a_s^n = M\omega_4^2 \qquad a\tau_c = 2v_m\omega_4 \quad (12)$$

$$a_t = \frac{\mathrm{d}v_m}{\mathrm{d}t} = \frac{MLK\cos(\theta_3 - 90°)\omega_2^2 + MLK\varepsilon_2\sin(\theta_3 - 90°) - v_m LK\omega_2\sin(\theta_3 - 90°)}{M^2} \quad (13)$$

其中, a_e^n 垂直于 DE 方向, a_e^n 沿 DE 方向, a_c 垂直于 DE 方向, a_r 沿 DE 方向。由式(11)、式(12)和式(13)可确定 ε_4。

2.2.3 油缸做变速运动时

油缸做变速运动的目的是实现基础犁梁转动平稳,惯性力最小,冲击最小。令基础犁梁在规定的时间内以匀加速匀减速的形式运动,即基础犁梁在转动的前一半匀加速达到最大角速度,后一半匀减速到达规定位置角时速度为零,基础犁梁的角加速度为定值:

$$\varepsilon_4 = \frac{\theta_4}{\Delta t^2} \quad (14)$$

基础犁梁转动的角速度为:

$$\omega_4 = \begin{cases} \varepsilon_4 t & 0 \leqslant t \leqslant \dfrac{t_b}{2} \\ \dfrac{\varepsilon_4 t_b}{2} - \varepsilon_4\left(t - \dfrac{t_b}{2}\right) & \dfrac{t_b}{2} \leqslant t \leqslant t_b \end{cases} \quad (15)$$

基础犁梁转过的角度为:

$$\theta_4 = \begin{cases} \theta_4 + \dfrac{1}{2}\varepsilon_4 t^2 & 0 \leqslant t \leqslant \dfrac{t_b}{2} \\ \dfrac{\theta_4}{2} + \varepsilon_4 \dfrac{t_b}{2}\left(t - \dfrac{t_b}{2}\right) - \dfrac{1}{2}\varepsilon_4\left(t - \dfrac{t_b}{2}\right)^2 & \dfrac{t_b}{2} \leqslant t \leqslant t_b \end{cases} \quad (16)$$

式中, t_b 为给定的基础犁梁转动时间; $\theta_{\min}$ 为基础犁梁的最小角度; $\theta_{\max}$ 为基础犁梁的最大角度; t 为基础犁梁的转动时间。

在三角形 ADE 中 $M = DE$,由余弦定理得:

$$M = K\cos(|90° - \theta_4|) - \sqrt{K^2\cos^2(|90° - \theta_4|) - K^2 + L^2} \quad (17)$$

将 M, L 向 x 轴投影得:

$$M\cos\theta_4 = L\cos\theta_3 \qquad \theta_3 = ar\cos\left(\frac{M\cos\theta_4}{L}\right) \quad (18)$$

对式(18)两端求导得：

$$\omega_3 = \frac{M\,\overline{\omega_4}\sin\theta_4}{L\,\sin\theta_3} \tag{19}$$

由前面知 $\omega_2 = \omega_3$，$\theta_2 = 180° - \theta_3 - \angle DAB$。

由(5)式得：

$$v_s = \frac{\omega_2 R(a+h)\sin^2 2\theta_2}{S} \tag{20}$$

由式(20)和式(6)可确定油缸油的流量 Q。

2.3 受力分析

2.3.1 油缸匀速运动

基础犁梁的转动过程中，基础犁梁受到的力主要有：油缸推力产生的力矩，转动过程中基础犁梁的转动惯性力产生的转动惯性矩[2]，基础犁梁绕转动销转动过程中基础犁梁与转动销的摩擦力所产生的摩擦力矩。在基础犁梁的转动过程中，基础犁梁与转动销之间的润滑较好，二者的摩擦力较小，由此产生的摩擦力矩较小，因此忽略不计，图2所示为基础犁梁受力图。基础犁梁在油缸推力和惯性力的作用下处于平衡状态，则有：

$$F_g + M_t = 0 \tag{21}$$

式中，F_g 为基础犁梁的转动惯性矩；M_t 为摆动杆的推力距。

$$F_g = J\varepsilon_4 \qquad J = mr^2 \tag{22}$$

式中，J 为基础犁梁的转动惯量；m 为基础犁梁的质量；r 为基础犁梁质心到转动销的距离。

$$M_t = F_t b \tag{23}$$

式中，F_t 为摆动杆对基础犁梁的推力；b 为 E 点到 F_t 力作用线的垂直距离。

前面分析得出 ε_4 后，由式(22)可得出基础犁梁的最大惯性矩 F_g，从而可对基础犁梁进行强度校核。由式(21)和式(23)可得出最大的 F_t 从而可对摆动杆进行强度校核和设计计算。

如图2所示，油缸活塞杆承受的压力 F_s 为：

$$F_s \times \sin\beta = F_g$$

可得：

$$F_s = \frac{F_g}{R\sin\beta} \tag{24}$$

在三角形 ABC 中：

$$\beta = \arccos\frac{R^2 + s^2 - \overline{AC}^2}{2RS}$$

2.3.2 油缸作变速运动

基础犁梁做匀加速匀减速运动时油缸做变速运动，基础犁梁的转角 $\Delta\theta$ 为定值，根据实际需要给定基础犁梁的转动时间 Δt 可求得基础犁梁的角加速度 ε_4。由式(22)可求得基础犁梁的转动惯性力,由式(21)、式(22)、式(23)可求得摆动杆的最大推力,可对基础犁梁及摆动杆进行强度校核和设计计算。

3 意义

根据对水平摆动双向犁的换向机构进行了分析,推导出换向机构的结构参数 h、$\angle BAD$ 等以及基础犁梁的角加速度、油缸活塞杆的推力之间的关系,建立了双向犁的换向机构运动模型;所建数学模型可根据使用情况和不同要求,通过计算机对其他参数进行优化设计。优化后的结构参数合理,根据优化结果选用的油缸工作稳定。

参考文献

[1] 陈发,孙学军,史建新,等. 水平换向双向犁换向机构的优化设计. 农业工程学报,2004,20(1):117-120.

[2] 刘瑾瑜,潘胜美,胡小安. 翻转机构的优化设计. 农业机械学报,1995(3):36-41.

旋流泵的流动模型

1 背景

旋流泵属于无堵塞自由流泵,其发展历史远比离心泵要短,但国外已将它作为污水浆液输送泵的主要品种[1],其结构特点是叶轮退缩至无叶腔后面。近年来,国内外学者对旋流泵进行了一系列研究,但在理论上尚无突出,内部流动和设计过程仍无法用精确的数学方程表达出来。沙毅等[1]通过试验、分析和统计相结合的方法揭示旋流泵流动中的一些规律,建立了旋流泵的流动模型,提出旋流泵统计系数设计方法。

2 公式

2.1 叶轮外径 D_2

旋流泵以无叶腔中旋涡而得名,无叶腔中贯通流和回流的旋涡运动是产生扬程的主体,叶片泵基本方程式在旋流泵中的环量表达式为:

$$H_t = \frac{\omega}{2\pi g}(\Gamma_{2涡} - \Gamma_{1涡}) \tag{1}$$

式中,H_t 为理论扬程,m;ω 为旋转角速度,rad/s;$\Gamma_{1涡}$,$\Gamma_{2涡}$ 为无叶腔涡室进出口速度环量。由于 $\Gamma_{1涡}$ 较小,可忽略不计,则式(1)可变为:

$$H_t = \frac{\omega}{2\pi g}\Gamma_{2涡} = \frac{n_{涡}\Gamma_{2涡}}{60g} \tag{2}$$

式中,$n_{涡}$ 为蜗室流体转速,可近似取为叶轮转速 n,r/min。

旋涡理论指出:沿封闭围线的速度环量等于穿过其面上的旋涡强度。分别在叶轮外圆和涡室出口取两封闭曲线,计算各自速度环量:

$$\Gamma_{2叶} = \frac{1}{2}\pi\omega_0 D_{叶}^2 = \frac{\pi^2}{60}nD_2 \tag{3}$$

由(3)式得:

$$\Gamma_{2涡} = \frac{\pi^2}{60}n_{涡}\,d_{2涡} = \frac{60\,gH_T}{n} \tag{4}$$

从叶轮外圆到涡室出口取一条流线,其能量关系为:

206

$$\Gamma_{2\text{涡}} = (1 - k)\Gamma_{\text{叶}} \tag{5}$$

将式(3)、式(4)代入式(5)整理得：

$$D_2 = \frac{60}{\pi}\sqrt{\frac{gH_t}{1-K}} \tag{6}$$

将 $H = uHT$ 代入式(6)，并令 $\varphi = (1-K)u$，则式(6)为：

$$D_2 = \frac{60}{\pi}\sqrt{\frac{gH}{\Phi}} \tag{7}$$

式中，H 为旋流泵扬程，m；D_2 为叶轮外径，m；n 为泵转速，r/min；u 为滑移系数；K 为旋涡强度损失系数；φ 为扬程系数，由泵的比转数 n_s 从图1中查取。沙毅等[1]对15种旋流泵样机水力模型进行统计分析，剔除个别奇点，归纳出 φ 与 ζ 曲线，如图1所示。

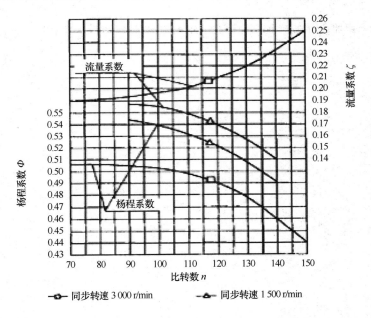

图1　设计系数曲线

2.2　叶轮叶片宽度 b_2

由试验结果可知，旋流泵叶轮叶片宽度是影响泵流量的主要几何参数，其值可按下式计算：

$$b_2 = \xi D_2 \tag{8}$$

式中，b_2 为叶轮叶片宽度，m；ξ 为流量系数，根据比转数 n_s 可从相关文献中查取。

3 意义

根据旋流泵的流动模型,在旋流泵流场计算及测试基础上,通过试验分析研究了旋流泵的水力结构参数对其性能的影响;对 15 种优秀的水力模型进行归纳总结,推导出旋流泵统计系数设计方法。设计实例表明了该设计方法的实用性与优越性。同时,针对旋流泵的性能曲线和汽蚀问题与同比转数普通离心泵进行了对比分析。旋流泵内部流场目前还只能定性描述,进一步的研究应借助先进的 PIV(粒子图像速度仪)进行测试和计算分析。

参考文献

[1] 沙毅,杨敏官,康灿,等. 旋流泵的特性分析与设计方法探讨. 农业工程学报,2004,20(1):124-127.

防波堤的波浪力公式

1 背景

日本被恶劣的海况所包围着,因此防波堤在发展港口设施方面显得尤为重要。而作用于防波堤的波浪力和结构物本身性能的研究已在进行中。相较于整个世界上最流行的抛石防波堤,日本使用的却是混合式防波堤。Katsutoshi 和 Shiego[1] 回顾了日本防波堤设计和建造的历史,还根据波浪力和防波堤的整体稳定性讨论了混合式防波堤目前的设计方法。

2 公式

Goda 的公式是静水位上下沿直墙分布着梯形波压力,直墙底部受有向上的三角形波压力,图 1 为直墙上波压力分布图。由静水位以下的直墙体积来计算浮力。

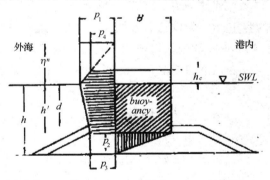

图 1   直墙上波压力分布图

h 表示防波堤前水深,d 表示护面层静水位的高度,h' 表示直墙底到静水位的距离,h_c 表示静水位以上直墙的高度,η^n 为静水位以上波浪力的高度。p_1,p_2,p_3 和 p_4 代表波压强,一般形式如下:

$$\eta^n = 0.75(1 + \cos\beta)\lambda_1 H_D$$
$$p_1 = 0.5(1 + \cos\beta)(\lambda_1\alpha_1 + \lambda_2\alpha_2\cos^2\beta)\omega_0 H_D$$
$$p_3 = \alpha_3 p_1$$
$$p_4 = \alpha_4 p_1$$

$$p_u = 0.5(1 + \cos\beta)\lambda_3\alpha_1\alpha_3\omega_a H_D$$

上式中,

$$\alpha_1 = 0.6 + 0.5[(4\pi h/L_D)/\sinh(4\pi h/L_D)]^2$$

$$\alpha_2 = \min\{(1 - d/h_d)(H_D/d)^2/3, 2d/H_D\}$$

$$\alpha_3 = 1 - (h'/h)[1 - 1/\cosh(2\pi h/L_D)]$$

$$\alpha_4 = 1 - h_c^n/\eta^n$$

$$h_c^n = \min\{\eta^n, h_c\}$$

式中,β 为波向与防波堤法向的夹角;$\lambda_1, \lambda_2, \lambda_3$ 为依赖于防波堤结构形式的修正因子;H_D,L_D 分别为设计波高和波长;ω_0 为海水容重;h_D 为堤前 5 倍有效波高距离处的水深;$\mathrm{Min}\{a, b\}$ 为 a, b 之小者。

在波浪作用下,抗滑的安全系数取为以下形式:

$$SF_s = \mu(W_0 - U)/p$$

式中,μ 为直墙与抛石棱体之间的摩擦系数;W_0 表示在静水中直墙每延米的重量;U 表示每延米的总浮托力;p 表示每延米总的波浪水平力。

在波浪作用下,对抛石基床上的护面块体的稳定性必须进行研究。护面块体的稳定重量 W 可用以下关系式表达:

$$W = \omega_r H_{1/3}^3 [N_s(\omega_r/\omega_0 - 1)]^2$$

式中,ω_r 表示护面块体的容重;$H_{1/3}$ 为设计有效波高;N_s 为稳定系数。

Takahashi 等修改了 Tanimoto 的公式以适用于斜向入射波浪:

$$N_s = \max\{1.8, 1.3\alpha + 1.8\exp[-1.5\alpha(1 - k)]\}$$

式中,

$$\alpha = \{(1 - k)/k^{1/3}\}(h'/H_{1/3})$$

$$k = k_1(k_2)_B$$

$$k_1 = (4\pi h'/L')/\sin(4\pi h'/L')$$

$$(k_2)_B = \max\{\alpha_s \sin^2\beta\cos^2[(2\pi x/L')\cos\beta], \cos^2\beta\sin^2[2\pi B_M/L']\cos\beta\}$$

式中,$\mathrm{Max}\{a, b\}$ 表示 a 和 b 之最大者;L' 为在水深 h' 时有效波周期对应的波长;x 为离直墙的距离$(x \leqslant B_M')$;B_M 为护肩的宽度;α_s 为从造波水槽实验中获得的修正系数。

根据不同大小的抛石基床进行上部直墙滑移试验获得 $\overline{p}$ 的资料,采用下列关系式表达:

$$\overline{p}l = \mu W_\infty /(1 + \mu U_G/p_G)$$

式中,l 为直墙的总高度$(l = h_c + h)$;W_∞ 为给定波浪条件下,由实验确定的抵住滑移的水中最小重量;U_G 和 p_G 分别为用 Goda 公式算得的总的浮托力和总的水平波浪力。

用 $\lambda_1 = \lambda_2 = \lambda_3 = 1$ 把一个新的冲击压力系数 α_1 引进 Goda 压力公式中,压力 p_1 被下式替代:

$$p_1 = 0.5(1 + \cos\beta)(\alpha_1 + \alpha^n \cos^2\beta) W_0 H_0$$

$$\alpha^n = \max\{\alpha_2, \alpha_1\}$$

上式中的压力系数 α_1 表达成:

$$\alpha_1 = \alpha_{l0}\alpha_{l1}$$

其中,

$$\begin{cases} \alpha_{l0} = \dfrac{H}{d} & (H \leqslant 2d) \\ \alpha_{l0} = 2 & (H > 2d) \end{cases}$$

$$\begin{cases} \alpha_{l1} = \cos\delta_2/\cosh\delta_1 & (\delta_2 \leqslant 0) \\ \alpha_{l1} = 1/\{\cosh\delta_1(\cosh\delta_2)\}^{1/2} & (\delta_2 \leqslant 0) \end{cases}$$

$$\begin{cases} \delta_1 = 20\delta_{11} & (\delta_{11} \leqslant 0) \\ \delta_1 = 15\delta_{11} & (\delta_{11} > 0) \end{cases}$$

$$\begin{cases} \delta_1 = 4.9\delta_{22} & (\delta_{22} \leqslant 0) \\ \delta_1 = 3\delta_{11} & (\delta_{22} > 0) \end{cases}$$

$$\delta_{11} = 0.93\left(\dfrac{B_M}{L} - 0.12\right) + 0.36\left\{\dfrac{h - d}{h} - 0.6\right\}$$

$$\delta_{22} = -0.36\left(\dfrac{B_M}{L} - 0.12\right) + 0.93\left\{\dfrac{h - d}{h} - 0.6\right\}$$

用以下修正的 Goda 公式计算其前放有消波块体的直墙上的波浪力:

$$\begin{cases} \lambda_1 = \lambda_3 = 1.0, & H/h < 0.3 \\ \lambda_1 = 1.2 - 2/3(H/h), & 0.3 < H/h < 0.6 \\ \lambda_1 = 0.8, & H/h > 0.6 \end{cases}$$

$$\lambda_2 = 0$$

假定依广义的 Goda 公式计算的波压分布总是沿着直墙,则波压强用下标 G 如 p_{G1} 表示。用修正系数 λ_p 修改波压力分布。

$$\eta' = \eta_G$$

$$p'_1 = \eta_{G1}$$

$$p'_2 = \lambda_p \eta_{G2}$$

$$\lambda_p = \cos^4(2\pi\Delta l/L)$$

式中, Δl 为作用点 p_1 与堤脚的水平距离; $p'(Z)$ 代表波压力,其中 Z 为垂直高度。

以下列方程利用 $p'(Z)$ 给出作用于圆形墙上波压力 $p(\theta)$,其中 Z 为垂直高度。

$$p(\theta) = p'(Z)\cos\theta$$

浮托力 p_u 按下式给出:

$$\begin{cases} p_u = p'_s & (\varepsilon_b = 0) \\ p_u = 0 & (\varepsilon_b > 0) \end{cases}$$

式中,ε_b 为底板的开孔率。

3　意义

根据防波堤的波浪力公式,计算波浪力和防波堤的稳定性,可知当今混合式防波堤的设计方法。对于混合式防波堤的绝大部分情况,能够精确地计算出设计波浪力的 Goda 公式成了防波堤设计的极好工具。要采用能够消散波浪力的混凝土块体覆盖在混合式防波堤上,或者采用能够吸收波能的沉箱防波堤,以使这一问题得到很好解决。还对抛石墓床的承受能力和护面块体的稳定性进行了讨论。

参考文献

[1]　Katsutoshi Tanimoto,Shiego Takahashi. 日本混合式防波堤的经验. 海岸工程,1997,16(1):71-82.

航道产生的异常波方程

1 背景

Boussinesq 方程中关于变水深问题研究早已由 Peregrine 所推导。其形式表现为质量守恒的连续方程,不可压无黏流体的动量方程,沿水深积分,使三维波浪传播问题转化成二维问题进行处理。波浪在传播过程中所发生的折射—绕射及反射现象,主要是水深的变化所造成的。张永刚和李玉成[1]对航道影响产生的异常波况进行讨论,指出此异常现象是由于航道与入射波夹角过小,使波动在航道两侧产生反射堆积叠加所造成的。

2 公式

控制方程选用改进后的 Bousinesq 方程。此方程线性频散关系可通过对其参数的设置来调整。新形式的 Boussinesq 方程为:

$$
\left.
\begin{aligned}
& \eta_1 + \frac{1}{2} \nabla \left[(h + \eta)(\bar{u}_\alpha + \bar{u}_\beta) \right] + \mu^2 \frac{1}{2} \nabla \left\{ \left(\frac{z_\alpha^2}{2} - \frac{h^2}{6} \right) h \nabla (\nabla \bar{u}_\alpha) + \right. \\
& \left(z_\alpha + \frac{h}{2} \right) h \nabla \left[\nabla (h\bar{u}_a) \right] \right\} + \mu^2 \frac{1}{2} \nabla \left\{ \left(\frac{z_\beta^2}{2} - \frac{h^2}{6} \right) h \nabla (\nabla \bar{u}_\beta) + \\
& \frac{h^2}{2} \nabla \left[\nabla (h\bar{u}_a - h\bar{u}_b) \right] \right\} = 0 \\
& \bar{u}_{\alpha t} + \nabla \eta + \varepsilon (\bar{u}_\alpha \nabla \bar{u}_\alpha) + \mu^2 \left\{ \frac{z_\alpha^2}{2} \nabla \left[(\nabla \bar{u}_{\alpha t}) + z_\alpha \nabla (\nabla \bar{u}_{\alpha t}) \right] \right\} = 0 \\
& \bar{u}_{\beta t} + \nabla \eta + \varepsilon (\bar{u}_\beta \nabla \bar{u}_\beta) + \mu^2 \left\{ \frac{z_\beta^2}{2} \nabla \left[(\nabla \bar{u}_{\beta t}) + z_\alpha \nabla (\nabla \bar{u}_{\beta t}) \right] \right\} = 0
\end{aligned}
\right\}
$$

式中,$h(x,y)$ 为水深;g 为重力加速度;$\nabla = (\partial/\partial x, \partial/\partial y)$;$z_\alpha, z_\beta$ 和 b 为水深参数;α, β 代表不同的两个水深层。

差分格式空间采用 Shuman 格式叠加在交错网格上。其作用一方面是 Shuman 格式来抑制高频计算波,另一方面是采用交错网格来处理数值频散向精确解逼近。时间层采用 DAI 交错方向隐式迭代求解。

Shuman 格式差分算符可写成:

$$\left.\begin{array}{l}
\alpha_x \equiv (\alpha_{i+\frac{1}{2},j} - \alpha_{i-\frac{1}{2},j})/\Delta x \\[4pt]
\alpha_y \equiv (\alpha_{i,j+\frac{1}{2}} - \alpha_{i,j-\frac{1}{2}})/\Delta y \\[4pt]
\overline{\alpha}^x \equiv (\alpha_{i+\frac{2}{z},j} + \alpha_{i-\frac{1}{2},j})/2 \\[4pt]
\overline{\alpha}^v \equiv (\alpha_{i,j+\frac{1}{2}} + \alpha_{i,j-\frac{1}{2}})/2 \\[4pt]
\overline{\overline{\alpha}}^x \equiv (\alpha_{i+1,j} + 2\alpha_{i,j} + \alpha_{i+1,j})/4 \\[4pt]
\overline{\overline{\alpha}}^v \equiv (\alpha_{i,j+1} + 2\alpha_{i,j} + \alpha_{i,j-1})/4
\end{array}\right\}$$

对 x 方向而言 ADI 格式可写成：

$$\left.\begin{array}{l}
\nabla \overline{u}^n = \dfrac{1}{2}[(\overline{u}^y_{i-1,j})^{n+1}_x + (\overline{u}^y_{i-1,j})^n_x] + \dfrac{1}{2}[(\overline{v}^x_{i,j-1})^{n+1/2}_y + (\overline{v}^x_{i,j-1})^{n-1/2}_x] \\[10pt]
\nabla[\overrightarrow{hu^n}] = \dfrac{1}{2}[(\overline{h^{xy}u^y_{i-1,j}})^{n+1}_x + (\overline{h^{xy}u^y_{i-1,j}})^n_x] + \\[10pt]
\dfrac{1}{2}[(\overline{h^{xy}v^x_{i,j-1}})^{n+1/2}_y + (\overline{h^{xy}v^x_{i,j-1}})^{n-1/2}_y] \\[10pt]
\left(\dfrac{\eta^{n+\frac{1}{2}}_{i,j}}{\frac{1}{2}\Delta t}\right) + \nabla[\overline{h}^{xy} + (\overline{\eta}^{xy}_{i,j})^n(\overrightarrow{u^n_\alpha} + \overrightarrow{u^n_\beta})/2] + \\[10pt]
\dfrac{1}{2}\nabla\left\{\left(\dfrac{(\overline{z}^{xy}_\alpha)^2}{2} - \dfrac{(\overline{h}^{xy})^2}{6}\right)\overline{h}^{xy}\nabla(\overrightarrow{\nabla u^n_\alpha}) + \left(\overline{z}^{xy}_\alpha + \dfrac{\overline{h}^{xy}}{2}\right)\overline{h}^{xy}\nabla[\nabla(\overrightarrow{hu^n_\alpha})]\right\} + \\[10pt]
\dfrac{1}{2}\nabla\left\{\left(\dfrac{(\overline{z}^{xy}_\beta)^2}{2} - \dfrac{(\overline{h}^{xy})^2}{6}\right)\overline{h}^{xy}\nabla(\overrightarrow{\nabla u^n_\beta}) + \left(\overline{z}^{xy}_\alpha + \dfrac{\overline{h}^{xy}}{2}\right)\overline{h}^{xy}\nabla[\nabla(\overrightarrow{hu^n_\beta})]\right\} + \\[10pt]
\dfrac{3}{2}b\nabla\left\{-\dfrac{(\overline{h}^{xy})^3}{6}\nabla[\nabla(\overrightarrow{u^n_\alpha} - \overrightarrow{u^n_\beta})] + \dfrac{(\overline{h}^{xy})^2}{2}\nabla[\nabla(\overrightarrow{hu^n_\alpha} - \overrightarrow{hu^n_\beta})]\right\} = 0
\end{array}\right\}$$

$$\left(\frac{u_{\alpha i,j}^{n+2} - u_{\alpha i,j}^{n}}{\Delta t}\right) + (\overline{\eta}_{i+1,y}^{y})_{x}^{n+\frac{1}{2}} + \left[(\overline{u}_{\alpha}^{y})^{2}\right]_{x}^{n+\frac{1}{2}} + \left[\overline{u}_{\alpha}\overline{v}_{\alpha}^{x}\right]_{y}^{n+\frac{1}{2}} +$$

$$\frac{(\overline{z}_{\alpha}^{xy})^{2}}{2}\left(\left[(\overline{u}_{\alpha}^{y})_{xx}^{n+1} - (\overline{u}_{\alpha}^{y})_{xx}^{n}\right]/\Delta t + \left\{\left[(\overline{u}_{\alpha}^{x})_{y}\right]_{x}^{n+1} - \left[(\overline{v}_{\alpha}^{x})_{y}\right]_{x}^{n}\right\}/\Delta t\right) +$$

$$\overline{z}_{\alpha}^{xy}\left\{\frac{\left[(\overline{h}^{xy}\overline{u}_{\alpha}^{y})_{xx}^{n+1} - (\overline{h}^{xy}\overline{u}_{\alpha}^{y})_{xx}^{n}\right]}{\Delta t} + \left[(\overline{h v}_{\alpha}^{x})_{y}\right]_{x}^{n+1} - \left[(\overline{h v}_{\alpha}^{x})_{y}\right]_{x}^{n}/\Delta t\right\} = 0$$

$$\left(\frac{u_{\beta i,j}^{n+1} - u_{\beta i,j}^{n}}{\Delta t}\right) + (\overline{\eta}_{i+1,j}^{y})_{x}^{n+\frac{1}{2}} + \left[(\overline{u}_{\beta}^{y})^{2}\right]_{x}^{n+\frac{1}{2}} + \left[\overline{u}_{\beta}\overline{v}_{\beta}^{x}\right]_{y}^{n+\frac{1}{2}} +$$

$$\frac{(\overline{z}_{\beta}^{xy})^{2}}{2}\left(\left[(\overline{u}_{\beta}^{y})_{xx}^{n+1} - (\overline{u}_{\beta}^{y})_{xx}^{n}\right]/\Delta t + \left\{\left[(\overline{v}_{\beta}^{x})_{y}\right]_{x}^{n+1} - \left[(\overline{v}_{\beta}^{x})_{y}\right]_{x}^{n}\right\}/\Delta t\right) +$$

$$\overline{z}_{\beta}^{xy}\left\{\frac{(\overline{h}^{xy}\overline{u}_{\beta}^{y})_{xx}^{n+1} - (\overline{h}^{xy}\overline{u}_{\beta}^{y})_{xx}^{n}}{\Delta t} + \frac{\left[(\overline{h v}_{\beta}^{x})_{y}\right]_{x}^{n+1} - \left[(\overline{h v}_{\beta}^{x})_{y}\right]_{x}^{n}}{\Delta t}\right\} = 0$$

对 y 方向而言 ADI 格式可写成：

$$\nabla \overline{u}^{n} = \frac{1}{2}\left[(\overline{u}_{i-1,j}^{y})_{x}^{n+1} + (\overline{u}_{i-1,j}^{y})_{x}^{n}\right] + \frac{1}{2}\left[(\overline{v}_{i,j-1}^{x})_{y}^{n+2/2} + (\overline{v}_{i,j-1}^{x})_{y}^{a+1/2}\right]$$

$$\nabla\left[\overrightarrow{hu^{n}}\right] = \frac{1}{2}\left[(\overline{h^{xy}u_{i-1,j}^{y}})_{x}^{n+1} + (\overline{h^{xy}u_{i-1,j}^{y}})_{x}^{n}\right] +$$

$$\frac{1}{2}\left[(\overline{h^{xy}v_{i,j-1}^{x}})_{x}^{n+3/2} + (\overline{h^{xy}v_{i,j-1}^{x}})_{x}^{n+1/2}\right]$$

$$\left(\frac{\eta_{i,j}^{n+1} - \eta_{i,j}^{n+\frac{1}{2}}}{\frac{1}{2}\Delta t}\right) + \nabla\left[\overline{h}^{xy} + (\overline{\eta}_{i,j}^{xy})^{n}(\overrightarrow{u}_{\alpha}^{n} + \overrightarrow{u}_{\alpha}^{n})/2\right] +$$

$$\frac{1}{2}\nabla\left\{\left(\frac{(\overline{z}_{\alpha}^{xy})^{2}}{2} - \frac{(\overline{h}^{xy})^{2}}{6}\right)\overline{h}^{xy}\nabla(\nabla\overrightarrow{u}_{\alpha}^{n}) + \left(\overline{z}_{\alpha}^{xy} + \frac{\overline{h}^{xy}}{2}\right)\overline{h}^{xy}\nabla\left[\nabla(\overrightarrow{hu}_{\beta}^{n})\right]\right\} +$$

$$\frac{1}{2}\nabla\left\{\left(\frac{(\overline{z}_{\beta}^{xy})^{2}}{2} - \frac{(\overline{h}^{xy})^{2}}{6}\right)\overline{h}^{xy}\nabla(\nabla\overrightarrow{u}_{\beta}^{n}) + \left(\overline{z}_{\alpha}^{xy} + \frac{\overline{h}^{xy}}{2}\right)\overline{h}^{xy}\nabla\left[\nabla(\overrightarrow{hu}_{\beta}^{n})\right]\right\} +$$

$$\frac{3}{2}b\nabla\left\{-\frac{(\overline{h}^{xy})^{3}}{6}\nabla\left[\nabla(\overrightarrow{u}_{\alpha}^{n} - \overrightarrow{u}_{\beta}^{n})\right] + \frac{(\overline{h}^{xy})^{2}}{2}\nabla\left[\nabla(\overrightarrow{hu}_{\alpha}^{n} - \overrightarrow{hu}_{\beta}^{n})\right]\right\} = 0$$

$$\left(\frac{V_{\alpha i,j}^{n+\frac{3}{2}} - V_{\alpha i,j}^{n+\frac{1}{2}}}{\Delta t}\right) + (\overline{\eta}_{i,j+1}^{x})_x^{n+1} + \left[(\overline{v_\alpha^y})^2\right]_y^{n+1} + \left[\overline{u}_\beta \overline{v_\alpha^y}\right]_x^{n+1} +$$

$$\frac{(\overline{z_\alpha^{xy}})^2}{2}\left(\frac{\{\left[(\overline{u_\alpha^y})_x\right]_y^{n+1} - \left[(\overline{u_\alpha^y})_x\right]_y^n\}}{\Delta t} + \{\left[(\overline{v_\alpha^x})_{yy}\right]^{n+1} - \left[(\overline{v_\alpha^x})_{yy}\right]^n\}/\Delta t\right) +$$

$$\overline{z_\alpha^{xy}}\left(\frac{\{\left[(\overline{h^{xy}u_\alpha^y})_x\right]_y^{n+1} - \left[(\overline{h^{xy}u_\alpha^y})_x\right]_y^n\}}{\Delta t} + \frac{\{\left[(\overline{hv_a^y})_{yy}\right]^{n+1} - \left[(\overline{hy_\alpha^y})_{yy}\right]^n\}}{\Delta t} = 0\right)$$

$$\left(\frac{v_{\beta i}^{n+\frac{3}{2}} - v_{\beta i}^{n+\frac{1}{2}}}{\Delta t}\right) + (\overline{\eta}_{i,j+1}^y)_x^{n+1} + \left[(\overline{v_\beta^x})^2\right]_x^{n+1} + \left[\overline{u}_\beta \overline{v_\beta^y}\right]_x^{n+1} +$$

$$\frac{(\overline{z_\beta^{xy}})^2}{2}\left(\frac{\{\left[(\overline{u_\beta^y})_x\right]_y^{n+1} - \left[(\overline{u_\beta^y})_x\right]_y^n\}}{\Delta t} + \{\left[(\overline{v_\beta^x})_{yy}\right]^{n+1} - \left[(\overline{v_\beta^x})_{yy}\right]^n\}/\Delta t\right) +$$

$$\overline{z_\beta^{xy}}\left(\frac{\{\left[(\overline{h^{xy}u_\beta^y})_x\right]_y^{n+1} - \left[(\overline{h^{xy}u_\beta^y})_x\right]_y^n\}}{\Delta t} + (\{\left[(\overline{hv_\beta^x})_{yy}\right]^{n+1} - \left[(\overline{hv_\beta^x})_{yy}\right]^n\}/\Delta t\right) = 0$$

其中没有标注下标 i,j 符号的为 (ij) 点。有差别变量点都进行了标注。

对入射波边界,当波面 $\eta(x_0,t)$ 给定后,则:

$$u_\alpha(x_0,t) = \frac{\omega}{kh_0\left[1 - \left(\alpha + \frac{1}{3}\right)(kh_0)^2\right]}\eta(x_0,t)$$

Sommerfeld 辐射条件为:

$$\eta_1 + c_y\eta_y = 0 \quad 在 y = 0, y_b 处$$
$$\eta_1 + c_x\eta_x = 0 \quad 在 y = y_b 处$$

采用线性公式来吸收非线性波,其中关键问题是,假设在有限很短的距离内,可把非线性进行线性近似处理。即 c_x 和 c_y 求法为:

$$c_x(x,y,t) = -\frac{\eta_t}{\eta_x}\Big|_{(x-\Delta x, yt-\Delta t)}$$

$$c_y(x,y,t) = -\frac{\eta_t}{\eta_y}\Big|_{(x,y+\Delta y,t-\Delta t)}$$

在无岛堤无防波堤及无潜堤条件下,物模所测规则波数据达到 1.13 波高比,为了验算数模方法的合理性及可靠性,根据物模试验所得波高比最大的状况(无岛堤,无防波堤及无潜堤时)进行计算。其中测点布置见图 1 所示。

由 Senll 定律,$\frac{c}{c_D} = \frac{\sin\alpha}{\sin\alpha_0}$($c_0$,$\alpha_0$ 为入射波波速和入射角);$\alpha_0 = \arcsin\left[\frac{c_0}{c}\sin\alpha\right]$ 所谓临界角即折射角 90° 时,即 $\sin\alpha = 1$ 时的入射角:

$$\alpha_t = \arcsin\left[\frac{c_0}{c}\right]$$

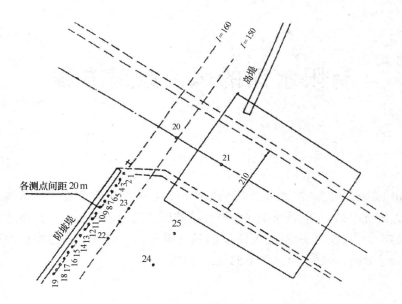

图1 有航道开挖时计算地形及测点布置分布图

其中,

$$c = \frac{\omega}{k} = \sqrt{\frac{g}{k}\tanh(kh)} \cdot \omega = gk\tanh(kh), k = \frac{2\pi}{L}$$

$$\frac{c_0}{c} = \sqrt{\frac{L_0\tanh(2\pi h_0/L_0)}{L\tanh(2\pi h/L)}}$$

3 意义

根据 Boussinesq 方程采用有限差分法,建立了航道产生的异常波方程。这是非线性数值波浪模式,并应用该模式对由航道开挖所造成水深变化对波浪传播产生的异常现象进行了数值模拟研究。这种异常波浪局部增大现象是由于入射波与航道夹角过小,使波浪无法折射入航道,而在航道两侧反射叠加所造成的结果。因此说水深的变化对波浪产生的反射现象也是不可忽视的。

参考文献

[1] 张永刚,李玉成. 应用 Boussinesq 方程对由航道开挖所造成水深变化对波浪传播所产生的异常波况的数值研究. 海岸工程,1997,16(1):7-17.

有限水深的风浪频谱方程

1 背景

  风浪频谱的理论研究是波浪理论中解决许多问题的关键,对于深水风浪频谱已提出了许多相当令人满意的结果,但是对于浅水风浪频谱研究的论著甚少,而且,浅水风浪对海岸工程的影响越来越大,如码头、航道等沿岸的基础设施。王涛等[1]通过实验对有限水深的风浪频谱进行了分析,建立了浅水风浪的频谱方程。

2 公式

  在三参量风浪频谱基础上引进水深的影响,从而使 Neumawn 提出的包含 4 个参量(K, F, p, q)的传统谱型具备了完备的形式。

  引进谱宽度 B 后,三参量风浪频谱的理论表达式为:

$$\tilde{S}(\tilde{\omega};B) = \frac{1}{B} + f(\tilde{\omega};B)$$

$$\tilde{S}(\tilde{\omega})\frac{\omega_0 S(\omega)}{m_0};\tilde{\omega} = \frac{\omega}{\omega_0}$$

$$B = \frac{m_0}{\omega_0 S(\omega_0)}$$

$$\int_0^\infty f(\tilde{\omega};B)\mathrm{d}\tilde{\omega} \equiv 1, \frac{\mathrm{d}f}{\mathrm{d}\tilde{\omega}}\big|_{\tilde{\omega}=1} = 0$$

$$\tilde{S}(\tilde{\omega};B)_{B\to 0} \to \delta(\tilde{\omega}-1)$$

式中,m_0 为谱的零阶矩,表示波浪总能量;ω_0 为谱锋值频率波浪能量集中之处;δ 表示 δ 函数。

  现定义无因次水深:

$$\tilde{h} = \frac{h\omega_0^2}{g}$$

式中,h 为水深。

  由色散关系$(\omega_0^2 = k_0 g th k_0 h)$,可知当 $k_0 h \to 0$ 时 $\omega_0^2 \to h_0^2 gh$(因为 $th k_0 h \to k_0 h$),故:

$$\tilde{h} \to \frac{h^2 k_0^2 g}{g} = k_0^2 h^2 \sim \left(\frac{h}{\lambda_0}\right)^2 = \mu$$

式中，λ_0 为波长；k_0 为波数。于是可将 μ 作为有限水深风浪频谱的控制参量。亦即浅水风浪频谱的 4 个参量，分别为 m_0, ω_0, B 和 μ，求浅水风浪谱的问题即转化为找到传统谱型 $S(\omega) = \frac{K}{\omega p} \exp[-F\omega^{-2}]$ 中的 $K, F, p, q^{-1}, j, m_0, \omega_0, B, \mu$ 之间的关系。

首先由传统谱型：

$$S(\omega) = \frac{K}{\omega p} \exp[-F\omega^{-q}]$$

可得：

$$m_0 = KF^{\frac{1-p}{q}} \frac{1}{q} \Gamma\left(\frac{1-p}{q}\right)$$

$$\omega_0 = \left(F\frac{q}{p}\right)^{\frac{1}{q}}$$

$$f(\tilde{\omega}; B) = \tilde{\omega}^{-p} \exp\left[-\frac{p}{q}(\tilde{\omega} - 1)\right]$$

$$B = \frac{1}{q}\left(\frac{p}{q}\right)^{\frac{p-2}{q}} \Gamma\left(\frac{p-1}{q}\right) e^{p/q}$$

做 λ 替换，令：

$$\begin{cases} p = \dfrac{\lambda}{\lambda - 1} \\ q = \dfrac{\lambda}{\lambda - 1} \end{cases}$$

得：

$$B = \frac{\lambda - 1}{\lambda} e^{\lambda}$$

将 p, q 展开，可有：

$$\begin{cases} p = \dfrac{\lambda}{\lambda - 1}[p_0 + p_1\mu + 0(u)^2] \\ q = \dfrac{\lambda}{\lambda - 1}[q_0 + q_1\mu + 0(u)^2] \end{cases}$$

取深处的极限情况为 $P\text{-}M$，即当 $\mu = \left(\dfrac{1}{2}\right)^2$，$\lambda = 1.25$ 时，$p = 5$，$q = 4$，于是略去高阶小量有：

$$\begin{cases} 5 = 5\left[p_0 + p_2\left(\dfrac{1}{2}\right)^2\right] \\ 4 = 4\left[q_0 + q_2\left(\dfrac{1}{2}\right)^2\right] \end{cases}$$

对于极浅水情况,一般认为 $\tilde{S}(\tilde{\omega}) \sim \omega^{-3}$,即 $p = 3$,从而 $q = 2$。作为极限情况,则有:

$$\begin{cases} 3 = 5p_0 \\ 2 = 4q_0 \end{cases}$$

联立即解得:

$$p_0 = \frac{3}{5}, q_0 = \frac{1}{2}, p_1 = \frac{8}{5}, q_1 = 2$$

$$\begin{cases} p = \dfrac{\lambda(3 + 8\lambda)}{[5(\lambda - 1)]} \\ q = \dfrac{(1 + 4\mu)}{[2(\lambda - 1)]} \end{cases}$$

此即 p, q, λ, μ 的关系,可得 B_0 与 λ, μ 的关系:

$$B_0 = \frac{2(\lambda - 1)}{1 + 4\mu}\left(\frac{5(1 + 4\mu)}{2\lambda(3 + 8\mu)}\right)^{\frac{10 - 4\lambda + 16\lambda\mu}{5(1 + 4\mu)}} \times \Gamma\left[\frac{10 - 4\lambda + 16\lambda\mu}{5(1 + 4\mu)}\right]\exp\left[\frac{2\lambda(3 + 8\mu)}{5(1 + 4\mu)}\right]$$

至此,我们就得到了有限水深风浪频谱的形式为:

$$S(\omega) = \frac{m_0}{\omega_0 B_0}\left(\frac{\omega}{\omega_0}\right)^{-p}\exp\left\{-\frac{p}{q}\left[\left(\frac{\omega}{\omega_0}\right)^{-q} - 1\right]\right\}$$

对有限深度风浪频谱平衡域进行订正,把频谱以 ω_p 分成两个频段,其无因次谱的形式分别为:

$$\tilde{S}(\tilde{\omega}, B, \mu) = \begin{cases} \dfrac{1}{B}\tilde{\omega}^{-p}\exp\left[-\dfrac{p}{q}(\tilde{\omega}^{-q} - 1)\right], \tilde{\omega} \leqslant \tilde{\omega}_p \\ \dfrac{\varphi}{B}\tilde{\omega}^{-5(\alpha_1 + \alpha_2\mu)}\exp\left[-\Psi\tilde{\omega}^{-q}\right], \tilde{\omega} \geqslant \tilde{\omega}_p \end{cases}$$

式中, $\tilde{\omega} = \dfrac{\omega_p}{\omega_0}$; $\alpha_1, \alpha_2, \varphi, \psi$ 为待定常数。上式要求在 $\tilde{\omega}_p$ 处连续,对于深水极限情况:

$$-5(\alpha_1 + \alpha_2\mu) = -5, \quad \mu = \left(\frac{1}{2}\right)^2$$

对于极浅水情况:

$$-5(\alpha_1 + \alpha_2\mu) \longrightarrow -3, \quad \mu = 0$$

由以上二式可得:

$$\begin{cases} \alpha_1 + \left(\dfrac{1}{4}\right)\alpha_2 = 1 \\ \alpha_1 = \dfrac{3}{5} \end{cases}$$

因而可知 $\alpha_1 = \dfrac{3}{5}$，$\alpha_2 = \dfrac{8}{5}$，可得：

$$\begin{cases} \varphi = \tilde{\omega}_p^{(\varepsilon+\varepsilon\mu)-p}\,\mathrm{e}^{\varepsilon+\varepsilon\mu} \\ \Psi = \dfrac{\left\{\left[(3+8\mu)-p\right]\tilde{\omega}_p^q + p\right\}}{q} \end{cases}$$

令：

$$B = B_0 + F(\lambda,\mu)$$

得：

$$F(\lambda,\mu) = \int_{\tilde{\omega}p}^{\infty}\left\{\varphi\tilde{\omega}^{-(3+8\mu)}\exp\left[-\Psi\tilde{\omega}^{-q}\right] - \tilde{\omega}^{-p}\exp\left[-\left(\dfrac{p}{q}\right)(\tilde{\omega}^{-q}-1)\right]\right\}\mathrm{d}\tilde{\omega}$$

其中，取 $\tilde{\omega}_p = 1.30$，这样得到了一个完整的风浪频谱形式：

$$\begin{cases} S(\omega) = \dfrac{m_0}{\omega_0 B_0}\left(\dfrac{\omega}{\omega_0}\right)^{-p}\exp-\left\{\dfrac{p}{q}\left[\left(\dfrac{\omega}{\omega_0}\right)^{-q}-1\right]\right\}, \omega \leqslant \omega_p \\ S(\omega) = \dfrac{m_0\varphi}{\omega_0 B}\left(\dfrac{\omega}{\omega_0}\right)^{-5(\alpha_1+\alpha_2\mu)}\exp-\left[-\Psi\left(\dfrac{\omega}{\omega_0}\right)^{-q}\right], \omega \leqslant \omega_p \end{cases}$$

已知波高及周期，可得：

$$\begin{cases} m_0 = \left(\dfrac{1}{16}\right)H^2 \\ \omega = \dfrac{5.72}{T_s} \\ B = \dfrac{1}{p} = \dfrac{\left(\dfrac{1}{96}\right)T_s^{2.7}}{H_s^{2.35}} \end{cases}$$

用东营港附近的实测谱（水深一般在 $2\sim9$ m），与有限深度理论风浪谱的修正式做了比较，如图 1 所示的曲线。

3 意义

海岸工程建设的越来越多，如码头、航道等沿岸的基础设施，这就要求加深研究有限水

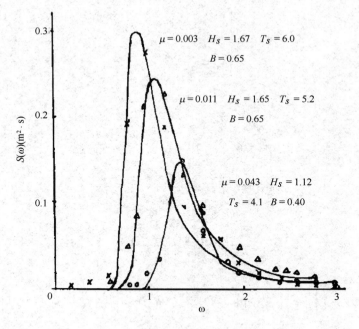

图 1　有限水深风浪谱

深的风浪频谱和浅水风浪频谱。王涛等[1]建立了有限水深的风浪频谱方程。这是基于三参量(B, m_0, ω_0)风浪频谱,经变换引进了深度参量,通过解出传统谱中的 K, F, P, q 与 B, m_0, ω_0, μ 间的关系,得到了有限水深海浪频谱,从而使传统谱型具有了完备的形式。由谱的深度参数 $\mu = 0.003 \sim 0.17$,谱宽度 $B = 0.37 \sim 0.65$,从图上看两者符合程度是好的,尤其是峰频附近两者很符合,在高频和低频处两者有一些差别,但其值很少,对整个谱能量的贡献甚少。而且,通过有限水深的风浪频谱方程,得到一种由深水海浪谱构造浅水海浪谱的方法。

参考文献

[1]　王涛,侯一筠,王以谋. 有限水深的风浪频谱. 海岸工程,1997,16(1):1-6.

水下岸坡变形的预报方程

1 背景

风暴浪对由松散的沙质沉积堆积而成的海岸作用明显,能引起水下斜坡的形变。预报近岸水深在风暴过程中的变化是一个十分复杂的,且暂时还没有令人可以接受的解决方法。均衡剖面系指在波浪对海岸无限长时间作用下所造成的极端稳定剖面。现实的剖面离均衡剖面愈远,则其变形就愈强烈。И. О. Леонтьев[1] 通过实验数据分析,建立了水下岸坡变形的预报方程,探讨预报水下岸坡剖面风暴变形的可能性。

2 公式

定量分析底形变化的基础,是液体流动搬运泥沙质量守恒的方程:

$$(1 - \varepsilon) \frac{\partial h}{\partial t} = \frac{\partial t}{\partial x} + \frac{\partial q}{\partial y}$$

当浪向与平均海岸垂直时,则不存在泥沙沿着海岸的输运($q = 0$),可以表示为:

$$\alpha \frac{\partial h}{\partial t} = \frac{\partial}{\partial x} (T_B + T_S) , \alpha = (1 - \varepsilon) \left(\frac{\rho_s}{\rho - 1} \right) \rho g$$

式中,T_B 和 T_S 表示垂直流向单位宽度在一个波浪周期内平均的拖曳和悬浮冲积物的重量;ρ 为海水密度;ρ_s 为固体质点密度;g 为重力加速度。

至于冲积物的横向输送,则由下列关系式确定:

$$T_B = \frac{9\pi}{16} \frac{\varepsilon_B}{\text{tg}\emptyset} \frac{u_{2m}}{u_m} D_j , T_S = - \frac{\varepsilon_S D_j}{\frac{W_S}{U} - s}$$

$$D_j = C_j \rho \mid \overline{u^3} \mid = \frac{4}{3} C_j \rho u_m^2 , u_m \frac{Y}{2} \sqrt{gh} , U = \frac{Y^2}{8} \sqrt{gh}$$

式中,D_j 为能量耗散速度或者考虑底摩擦时波流消耗的强度;u_m 和 u_{2m} 为对应于第一和第二谐波的贴底流速振幅值;U 为反向补偿流速;$\gamma = H/h$,为波高 H 与水深 h 之比;W_S 为固体质点的水压强度;$S = -\partial h / \partial x$ 为海底的倾斜度;$\text{tg}\emptyset$ 为固体质点间的摩擦系量;ε_B 和 ε_S 为泥沙输运的有效系数;C_j 为水力摩擦系数。

对 x 取微商得:

$$\frac{\partial T_B}{\partial x} = \frac{9\pi}{16} \frac{\varepsilon_B}{\text{tg}\emptyset} \frac{u_{2m}}{u_m} D_j \frac{\partial h}{\partial x}$$

$$\frac{\partial T_s}{\partial x} = -\frac{\varepsilon_s D_j}{1 - \frac{U}{W_s}S} \frac{U}{W_s} \frac{\partial h}{\partial x} + \frac{\varepsilon_s D_j}{\left(1 - \frac{U}{W_s}S\right)^2} \left(\frac{U}{W_s}\right)^2 \left[\left(\frac{U}{W_s}\right)' \frac{\partial h}{\partial x} + \frac{\partial^2 h}{\partial x^2}\right]$$

式中,撇号表示对 h 求微商。

由此可得:

$$\alpha \frac{\partial h}{\partial t} = \varepsilon_s \left(\frac{U}{W_s}\right)^2 D_j \left\{\left(\frac{1}{A} \frac{W_s^2}{U^2} - \frac{U}{W_s}\right) \frac{D_f'}{D_f} + \left(\frac{W_s}{U}\right)' \frac{\partial h}{\partial x} + \frac{\partial^2 h}{\partial x^2}\right\}$$

其中,

$$A = \frac{9\pi\varepsilon_s}{16\varepsilon_B} \text{tg}\emptyset \frac{u_m}{u_{2m}}$$

通过无维深度 $\tilde{h} = h/h_0 (0 \leqslant \tilde{h} \leqslant 1)$ 关系式,可以由下式确定:

$$< \gamma^n > = \frac{< \gamma_0 >^n}{a^{n/b}} h^{5n/4} \int_0^{\tilde{\eta}} \eta^{n/b} e^{-\eta} + \tilde{\gamma}^n e^{-\tilde{\eta}}, \tilde{\eta} = a \left(\frac{\tilde{\gamma}}{< \gamma_a >}\right) b_\eta - 5n/4$$

式中, $\tilde{\gamma}$ 为 γ 的极值。

经化简可得:

$$\frac{\partial \tilde{h}}{\partial t} = \alpha' \left(\frac{C_0}{W_s}\right)^2 C_0 h_0 f_1 \left\{\frac{8}{h_0} \frac{W_s}{C_o} \left[\left(\frac{8}{A} \frac{W_s}{C_0} f_4 - f_3\right) + f_2\right] \frac{\partial h}{\partial x} + \frac{\partial^2 h}{\partial x^2}\right\}$$

其中,

$$\alpha' = \frac{\varepsilon_s C_f}{384\pi(1 - \varepsilon)\left(\frac{\rho_s}{\rho} - 1\right)}, C_0 = \sqrt{g h_0}$$

$$f_1 = < \gamma^2 >^2 < \gamma^3 > \tilde{h}^{5/2},$$

$$f_2 = \frac{\partial}{\partial h} \left[\left(< \gamma^2 > \tilde{h}^{\frac{1}{2}}\right)^{-1}\right],$$

$$f_3 = \frac{1}{< \gamma^2 > < \gamma^3 > \tilde{h}^{\frac{3}{2}}} \frac{\partial}{\partial h}\left(< \gamma^3 > \tilde{h}^{\frac{3}{2}}\right)$$

$$f_4 = \frac{1}{f_1} \frac{\partial}{\partial h}\left(< \gamma^3 > \tilde{h}^{\frac{3}{2}}\right)$$

此时,引入无维变量:

$$\tilde{h} = \frac{h}{h_0}, \tilde{x} = \frac{x}{h_0}, \tilde{t} = \frac{t}{T}$$

式中,T 为波浪周期,则有:

$$\frac{\partial \tilde{h}}{\partial t} = \alpha_1 f_1 \left(\frac{\partial^2 \tilde{h}}{\partial \tilde{x}^2} + \alpha_2 f_2 \frac{\partial \tilde{h}}{\partial \tilde{x}} \right)$$

$$\alpha_1 = \alpha' \left(\frac{C_0}{W_s} \right)^2 T \sqrt{\frac{g}{h_0}},$$

$$\alpha_2 = 8 \frac{W_s}{C_0}$$

该方程属于非线性热传导方程类型。

应该指出,当到 $\partial h / \partial t = 0$ 的均衡条件,会有:

$$\frac{\partial^2 \tilde{h}}{\partial \tilde{x}^2} + \alpha_2 f_2 \frac{\partial \tilde{h}}{\partial \tilde{x}} = 0$$

可与得到的均衡剖面方程相对照:

$$\frac{\partial \tilde{h}}{\partial \tilde{x}} + \alpha_2 f_5 - A = 0, f_5 = (\,<\gamma^2> \tilde{h}^{1/2}\,)^{-1}$$

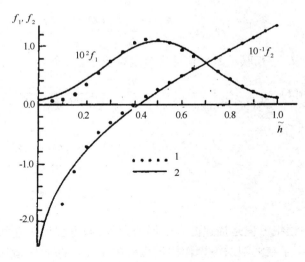

图 1 函数 f_1 和 f_2 图示

函数 f_1 和 f_2 的形式绘在图 1 中,为了简化计算,利用下面近似式:

$$f_1 = 0.005[\,1.2 + \cos 2\pi(\tilde{h} - 0.5)\,]$$

$$f_2 = 38.5\sqrt{\tilde{h}} - 25.0$$

依据被研究的斜坡区边缘水深变化的趋势应该取决于实际剖面符合其均衡状态的程

度。剖面相符合的程度可以取它们平均坡度之比 $\bar{S}(t)/\bar{S}^n$,其中 $\bar{S}(t)$ 为 t 时刻海底的实际平均坡度,$\bar{S}^n$ 为均衡剖面的平均坡度,且:

$$\bar{S}(t) = h_0/L(t), \bar{S}^n = h_0/L^n$$

式中,L 为从水边线到 h_0 深处间的距离。

综上所述,则边界条件可表为:

$$\left(\frac{\partial \tilde{h}}{\partial t}\right)_{M,N} = -\alpha'' \alpha_1 \alpha_2 (f_1)_{M,N} (f_2)_{M,N} S_{M,N}(t)$$

$$\begin{cases} |\bar{S}(t)/\bar{S}^n - 1|^m, \bar{S}(t_0)/\bar{S}^n \geq 1 \\ |\bar{S}(t)/\bar{S}^n - 1|^m, \bar{S}(t_0)/\bar{S}^n \leq 1 \end{cases}$$

式中,α'' 为常数因子;t_0 为初始时刻。

正像计算结果所表明的,该函数可以十分精确地近似为:

$$\bar{S}^n = 4.9/(C_0/W_s)$$

上面所采用的剖面在边界处具有小曲率的假定,允许将海底的坡度 $S_{M,N}(t)$ 确定为:

$$S_M(t) = \frac{h_{M'}(t) - h_M(t)}{\Delta x}$$

$$S_N(t) = \frac{h_N(t) - h_{N'}(t)}{\Delta x}$$

与剖面现场长度 $L(t)$ 相联系的平均坡度分别取决于:

$$\bar{S}(t) = \frac{h_0}{L(t_0) + (h_0 - h_M)(t)/S_M(t) + h_N(t)/S_N(t)}$$

$$\bar{S}(t) = \frac{h_0}{L^n + (h_0 - h_M)(t)/S_M(t) + h_N(t)/S_N(t)}$$

3 意义

水下岸坡变形的预报方程是描述海底变形的方程,该方程属于非线性热传导方程的一类。通过该方程,提出了在海浪对海岸作用过程中由于泥沙冲淤所造成的水下斜坡剖面演化过程。在确定边界条件时,考虑了对于给定的海浪状况下实际剖面对其均衡状态适应的程度。在波浪原始参数和水下斜坡特征不同时,海底由最初线性剖面演变,指出理论预测的底形变化趋势与实测的底形变化趋势相类似。

参考文献

[1] И. О. Леонтьев. 预报水下岸坡剖面风暴变形的可能性. 海岸工程,1997,16(1):81-89.

纳潮量的变化公式

1 背景

纳潮量是指一个海湾可以接纳的潮水的体积。一个港湾纳潮量的大小直接反映了该港湾海水的交换能力或抗污染能力的大小。因此,纳潮量及其变化规律的研究对港湾的规划、开发和治理是很有意义的。以前人们多利用船只对港湾进行测量得出纳潮量,20 世纪 80 年代末港湾环境遥感测量渐渐兴起,吴隆业等[1]通过实际分析对海口港纳潮量及其变化进行了遥感研究。

2 公式

纳潮量的计算,通常采用以下算式:

$$Q = \frac{1}{2}(\bar{S}_1 + \bar{S}_2)(\bar{h}_1 - \bar{h}_2)$$

式中,Q 为纳潮量;$\bar{S}_1$ 为年平均高潮水域面积;$\bar{S}_2$ 为年平均低潮水域面积;$\bar{h}_1$ 为年平均高潮高;$\bar{h}_2$ 为年平均低潮高。

根据上述原理,利用卫星重复成像的特点,我们从 1990 年海口港不同潮时的影像中得到以下潮高(h)—水域面积(S)数据对:

$$(1.15, 26.270), (1.56, 28.510), (2.21, 30.900), (2.49, 32.010)$$
$$(0.65, 24.215), (2.11, 30.800), (0.00, 21.669), (0.20, 22.310)$$
$$(0.33, 22.790)$$

对以上数据对进行统计得到 $\sigma_{hs}^2 = 3.406, \sigma_h = 0.891, \sigma_s = 3.832$。故 h 与 S 的相关系数为:

$$r = \frac{\sigma_{hs}^2}{\sigma_h \sigma_s} = 99.8\%$$

式中,σ_{hs}^2 为 h 和 S 的协方差;σ_h 为 h 的标准差;σ_s 为 S 的标准差。

将潮高—水域面积数据对绘在坐标纸上,制成潮高与水域面积散点图,可以看出潮高与水域面积呈正相关,散点图与二次曲线极为相似,可以用二次曲线方程:

$$\sqrt{S} = a + bh$$

式中，h 为潮高；S 是潮高为 h 时的水域面积。

令 $y=\sqrt{S}$，$x=h$，则变为：

$$y = a + bx$$

令最小平方曲线为上式，则 a，b 可由下面的方程组解得：

$$\left. \begin{array}{l} na + b\sum_{i=1}^{n} x_i = \sum_{i=1}^{n} y_i \\ a\sum_{i=1}^{n} x_i + b\sum_{i=1}^{n} x_i^2 = \sum_{i=1}^{n} x_i y_i \end{array} \right\}$$

式中，$n=9$；$\sum x_i = 10.70$；$\sum x_i^2 = 19.864$；$\sum y_i = 46.304$；$\sum x_i y_1 = 58.026$。解之得：

$$a = 4.649, b = 0.417$$

将 a、b 值代入，得：$y = 4.649 + 0.417x$，即：

$$\sqrt{S} = 4.649 + 0.417h$$

根据纳潮量算式，算得海口港 3 个年份的纳潮量如表 1 所示。

表 1　纳潮 t 计算结果

时间 （年份）	$\bar{h}_1$ （m）	$\bar{h}_2$ （m）	$\bar{S}_1$ （km²）	$\bar{S}_2$ （km²）	Q （m³）
1990	1.79	0.84	29.11	24.99	2.57×10^7
1984	1.81	0.72	29.64	24.27	2.94×10^7
1965	1.74	0.83	30.40	27.27	2.62×10^7

3　意义

通过从遥感影像中提取的水域面积，结合潮汐资料建立纳潮量算式的方法，得到海口港 1990 年的纳潮量为 2.57×10^7 m³，1984 年为 2.94×10^7 m³，1965 年为 2.62×10^7 m³。决定纳潮量大小的因子有两个：形态因子（$\bar{S}_1+\bar{S}_2$）和潮差因子（$\bar{h}_1-\bar{h}_2$），再综合分析了决定纳潮量的形态因子和潮差因子后，得出因海口港 1990 年、1984 年、1965 年的纳潮量分别为 2.45×10^7 m³，2.38×10^7 m³，2.62×10^7 m³，纳潮量变化的趋势为：1965—1984 年呈减小趋势；1984—1990 年呈增加趋势。1984 年前呈减小趋势的主要原因是海港泥沙自然淤积所致；1984 年后对海口港进行疏浚，扩充港池，使平均低潮水域面积增加，是引起纳潮量增加的主导因素。

参考文献

［1］　吴隆业，孙玉星，王振先．海口港纳潮量及其变化遥感研究．海岸工程，1997，16（2）：1-5.

污水排海的质点运动轨迹模型

1 背景

随着秦皇岛市工业及旅游业的迅速发展,城市污水量不断增加,造成了城市环境及沿海海洋环境的污染。为保护秦皇岛市的旅游资源,秦皇岛市政府决定建设北戴河污水处理工程。沿海城市污水处理基本上有两种方式,一种是深海排放,另一种是近岸排放。尹毅等[1]参与了秦皇岛市北戴河区污水排海方案的研究,对北戴河区污水排海方案进行了跟进研究。

2 公式

采用二维潮流数值模型和 ADI 方法计算了该海域的流场。

二维潮流数学模型的微分方程如下:

$$\frac{\partial u}{\partial t} + u\frac{\partial u}{\partial x} + v\frac{\partial u}{\partial y} - fv + g\frac{\partial \xi}{\partial x} + \frac{gu\sqrt{u^2+v^2}}{C^2(H+\xi)} = 0$$

$$\frac{\partial u}{\partial t} + u\frac{\partial v}{\partial x} + v\frac{\partial v}{\partial y} - fu + g\frac{\partial \xi}{\partial y} + \frac{gv\sqrt{u^2+v^2}}{C^2(H+\xi)} = 0$$

$$\frac{\partial \xi}{\partial t} + \frac{\partial}{\partial x}\big[(H+\xi)u\big] + \frac{\partial}{\partial y}\big[(H+\xi)v\big] = 0$$

式中,u,v 为流速 x,y 方向的分量;H 为海平面起算的水深;ξ 为从海平面起算的水位;C 为谢才系数;f 为柯氏系数;g 为重力加速度。

图 1 为潮位验证曲线,图 2 为潮流验证曲线。

在潮流数值模拟的基础上,采用污染物扩散的数学模型和有限差分方法预测各排污口 COD 的浓度,扩散方程及定解条件如下:

$$\frac{\partial(HP)}{\partial x} + \frac{\partial(H_uP)}{\partial x} + \frac{\partial(H_vP)}{\partial y} - \frac{\partial}{\partial x}\Big(HD_x\frac{\partial P}{\partial x}\Big) - \frac{\partial}{\partial y}\Big(HD_y\frac{\partial P}{\partial y}\Big) = HS$$

式中,u,v 为流速 x,y 方向的分量;P 为污染物浓度;S 为污染源单位体积排放速率;D_x,D_y 为 x,y 方向上的扩散系数,一般采用下式:

$$(D_x,D_y) = 5.93Hg^{\frac{1}{2}}C^1(u,v)$$

229

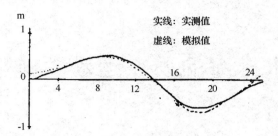

图 1　潮位验证

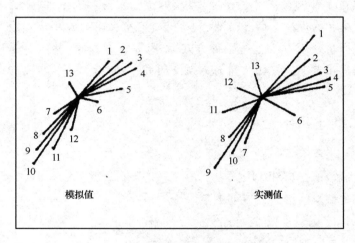

图 2　潮流验证图

边界条件:陆地边界与潮流 $v_\alpha = 0$ 相应,$\partial P/\partial n = 0$,开边界涨潮时 $P = 0$;落潮时 $\partial P/\partial t + vn\partial P/\partial n = 0$;初始条件:$t = 0$ 时,$P = 0$;其他条件与潮流计算中的相同。

3　意义

根据采用二维的质点运动轨迹数学模型,在流场模型中跟踪污水质点的运动求得排污口污水的运动轨迹,结合排污口的污水运动轨迹,选择1号排污管线更有利于几个重要环境保护目标的保护。对北戴河区污水各种排海方案的海洋环境影响进行了预测和评价,通过对各方案海洋环境效益及工程经济性的综合分析对比,一级处理深海排放的模型方案已被采纳。

参考文献

[1]　尹毅,仲维妮,常乃环,等．秦皇岛市北戴河区污水排海方案的研究．海岸工程,1997,16(2):6-12.

表层水温的分类模型

1 背景

海洋水文和气象情报资料库的建立将开拓研究水文气象场广阔时、空尺度变异的颇大可能性。在进行分析时,为了能划分出时—空特征结构,最有效的方法是按照主分量函数或者经验正交函数进行场的分解。在气象学中,曾用其他方法来分析大气过程的低频变化,例如,按偶极子系统分解或者划分出准定常状况。Ефимов 等[1]通过数值分析对世界大洋表层水温年际距平进行了分类。

2 公式

引入系数 A 并与样本相乘,以使现实 $T_i(t)$ 与其中心 $Z_p(t)$ 的均方差达最小值。于是,最小剩余 Δ 为:

$$\Delta = \min\left\{\frac{1}{m}\sum_{t=1}^{m}\left[T_i(t) - AZ_p(t)^2\right]\right\} = \min\{\sigma_T^2 + A\sigma_Z^2 - 2AR(T,Z)\}$$

式中,σ_T^2,σ_Z^2 为选定的方差;$R(T,Z)$ 为序列 $T_i(t)$ 与 $Z_p(t)$ 的协方差。

世界大洋 SST 年际距平的偶极子关系如图 1 所示。

时间序列 $T_i(t)$ 与 $T_j(t)$ "相似性"的度量,可用它们之间的欧几里得距离,或者用序列 $T_i(t)$ 与 $T_j(t)$ 之间的相关系数 $r(i,j)$ 得到,即

$$\sum_{t=1}^{m}\left[T_i(t) - T_j(t)\right]^2 = 2 - 2\sum_{t=1}^{m}T_i(t)T_j(t) = 2[1 - r(i,j)]$$

当选择这种特征空间、长度和子集 k 数时,分类的任务可归结为在该空间中确定 k 个点 $z_p(k)(p=1,\cdots,k)$ 或者 Z_p(称为子集中心或者样本),以使从每一点到离它最近的子集中心所有 $i=1,2,\cdots,n$ 距离平方之和曾是最小的,即需要建立中心 Z_p,它是极小泛函数:

$$L_1(Z_1,\cdots,Z_k) = \sum_{t=1}^{m}\min\sum_{t=1}^{m}\left[Z_p(t) - T_s(t)\right]^2$$

为了解决这个十分复杂的问题,曾利用附加泛函数:

$$L_2(Z_p) = \sum_{i_p=1}^{n_p}\sum_{t=1}^{m}\left[Z_p(t) - T_{i_p}(t)\right]^2$$

式中,n 为带有标号 p 的子集点数,它可把求解极小值 L 的问题归结为多次地按程序推算。

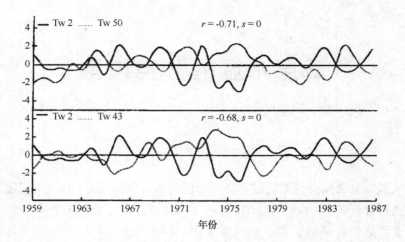

图 1　世界大洋 SST 年际距平的偶极子关系

根据 Z_p,泛函的极小值 L_z 是标号为 p 的子集所有点的平均值:

$$Z_p(t) = \sum_{i_p=1}^{n_p} T_{i_p}(t)$$

分类的算法是按 k 递归进行的。对于 $k=2$,可以选择位于单位球上的任意两点 $Z_1^0(t)$ 和 $Z_1^0(t)$ 作为初始中心。我们取正相反的点:

$$Z_1^0(t) = \overline{T}(t) + \sigma(t)$$
$$Z_2^0(t) = \overline{T}(t) - \sigma(t)$$

3　意义

根据表层水温的分类模型,将世界大洋表层水温(SST)多年观测资料(COADS)采用时间、空间状况进行了分类,得到了世界大洋 SST 距平时间、空间变化的样本。划分并描述了太平洋和大西洋中出现的同步和准同步偶极子遥相关的几种类型;划分出了世界大洋 SST 距平的全球模态。该模态在世界大洋的整个近赤道带有其独特的形式,而且与近海面大气压全球模态的时间相关性极好,并能描述厄尔尼诺现象。

参考文献

[1]　Ефимов В В,Прусов А В,Шокуров М В. 世界大洋表层水温年际距平的分类. 海岸工程,1997,16(2):84−92.

砂中^{134}Cs 的浓度公式

1 背景

含有^{134}Cs 的环境样品呈现出各种不同的浓度。与^{137}Cs 的裂变产物相比，^{134}Cs 完全被β先驱物衰变所屏蔽。应用常规的单独γ-射线能谱测定法来鉴定环境样品中^{134}Cs 的活度，不仅遇到来自其他人工放射性核素的干扰，而且也遇到天然放射性核素的干扰。最近，一种符合γ-射线能谱仪已被开发出来，该仪器可测定在样品环境中存在的来自人工和天然放射性核素的强烈干扰下^{134}Cs 的微小能级。Chien 等[1]应用符合能谱仪对海滩砂中的^{134}Cs 进行环境监控。

2 公式

在符合谱中增强^{134}Cs 并抑制其他放射性核素的好处，是抵消符合操作中由^{134}Cs 发射的峰值计数不可避免的损失。为此使用单独和符合型能谱仪测定了海滩砂中各种不同^{134}Cs 浓度时的 605keV 峰的计数效率，结果列于表 1 中。

表 1　在单独型和符合型 HPGe — BGO 符合能谱仪中的绝对探测效率

在参考的海滩砂中的 ^{134}Cs 浓度 （Bq/kg，干重）	605 keV 光子深测效率			
	单独型		符合型	
	计数速度 （个数/s）	效率 （个数/光子）	计数速度 （个数/s）	效率 （个数/光子）
1.134	12.2±0.2	0.054 2±0.000 07	0.63±0.03	0.002 78±0.000 15
569	6.3±0.1	0.055 3±0.001 0	0.30±0.02	0.002 59±0.000 19
56.9	0.57±0.04	0.050 1±0.003 6	0.001 76±0.000 25	0.002 00±0.000 28
0.569	0.004 7±0.003 4	0.041 0±0.030 0	0.000 21±0.000 05	0.001 84±0.000 44
平均效率 （个数/光子）		0.054 4±0.000 6		0.002 11±0.000 09

最低可探测出的浓度取决于几个因子，可以用下式计算：

$$MDC = \frac{4.65 \sqrt{\mu_b} + 2.71}{T_C \cdot W \cdot \varepsilon_r(E_r) \cdot I_r(E_r)} Bq/kg$$

式中:μ_b 为在所关心的区域中的谱背景数,个数;T_C 为计数时间,s;W 为样品干重,kg; $\varepsilon_r(E_r)$ 为在光子能量 E_r 处的探测效率,个数/光子;$I_r(E_r)$ 为 r 分支比,光子/衰变。

3 意义

根据砂中[134]Cs 的浓度公式,应用 γ -射线能谱仪对台湾北部的海滩砂环境样品进行了监测,与此同时用具有各种浓度的[134]Cs 的参考沙源对绝对探测效率进行标定。可得[134]Cs 的浓度较低时,在来自天然和其他人工放射性抗素的强烈干扰下其值为 0.2 Bq/kg(干重)。 且[134]Cs 少量的累积来源于附近核电厂的排放物。因此,符合能谱测量提供了一种在样品环境中低至 0.2 Bq/kg(干重)的[134]Cs 的没有干扰的鉴定。

参考文献

[1] Chien Chung ,Shen Ming liu ,Cheng Changchan. 应用符合能谱仪对海滩砂中的[134]Cs 进行环境监控. 海岸工程,1997,16(2):57-64.

油浓度的水中荧光公式

1 背景

光学测量是对光学性能、光学参数和光度量的测量,光学测量是光电技术与机械测量结合的高科技。荧光技术是光学测量的方法之一,荧光技术在测量水中油浓度的油污染研究中日益被广泛应用,特别是在确定油膜特征和估算油溢有效分散中是有益的。Hundanhl和 Hjerslev[1] 描述了一台在海洋中现场测量油浓度的水中荧光计的研制,为了解释所得到的结果,还重点描述了测量本底荧光污染含量的重要性。

2 公式

吸收系数定义为垂直于光束的无限薄的海水介质膜层内的吸收率除以该膜层的厚度 Δr。因为吸收率 A 定义为被吸收的光束辐射损耗的通量和入射的总通量的比率。因此,吸收系数 a 定义为:

$$a = -\frac{\Delta A}{\Delta r} = -\frac{\Delta \varphi}{\varphi \Delta r}$$

总散射系数定义为海水介质中垂直于光束的无限小薄层内的散射率与该层厚度 Δr 之比。因为散射率 B 定义为入射光束因散射而损失的辐射通量和入射通量之比值。因此,总散射系数 b 定义为:

$$b = -\frac{\Delta B}{\Delta r} = -\frac{\Delta \varphi}{\varphi \Delta r}$$

光束总衰减系数定义为海水介质中垂直于光束的无限小薄层内的衰减率与该薄层厚度 Δr 之比。因为衰减率 C 定义为来自以一入射光束因吸收和散射而损耗的辐射通量与入射通量之比值。因此,光束总衰减系数 c 定义为:

$$c = -\frac{\Delta C}{\Delta r} = -\frac{\Delta \varphi}{\varphi \Delta r}$$

对于无限小截面的平行单色光束,可用下列关系式表示:

$$a + b = c$$

在一个无限小体积元 dV 上每单位辐照度、每单位体积沿给定方向与入射光线构成的角 α 所发出的辐射强度为:

$$\beta(\alpha) = \frac{dI(\alpha)}{EdV}$$

故下述的方程式是成立的：

$$b = \int_{4\pi} \beta(\alpha) d\omega$$

对上述方程式所有方向上求积分,并引入荧光发射强度 $f(\alpha, \lambda, \lambda_0)$ 的体积散射函数,用下列关系式表示：

$$f(\alpha, \lambda, \lambda_0) d\lambda_0 = \frac{d^2 I(\alpha, \lambda, \lambda_0) d\lambda_0}{E(\lambda) d\lambda dV}$$

式中, $d^2 I(\alpha, \lambda, \lambda_0) d\lambda_0$ 是使用在波长为 λ 上的激发光强度激发并在方位角为 α 的入射光束方向上发射的波长为 λ_0 的荧光发射强度。$E(\lambda) d\lambda$ 是在波长为照射到无限小的体积元 dV 上的辐射通量。

在体积 dV 上,沿着接收立体角方向的强度是在 $I(\lambda, x = r)$ 和 $f(\lambda, \lambda_0)$ 的总效应加上 $I(\lambda_0, y = 0)$ 和 $\beta(\alpha = 90°)$ 的综合效应。因此,测量的强度 $I(\lambda_0, y = r_0)$ 为：

$$I(\lambda_0, y = r_0) = I(\lambda, r = 0) f(\lambda, \lambda_0) e^{-c(\lambda_0) r_0}$$

$$x = e^{-c(\lambda) r} + \beta(90°, \lambda_0) \frac{e^{-c(\lambda_0) r} - e^{-c(\lambda) r}}{c(\lambda) - c(\lambda_0)}$$

上式可以确切地写成：

$$I(\lambda_0, y = r_0) = I(\lambda, x = 0) f(\lambda, \lambda_0) e^{-c(\lambda_0) r_0 - c(\lambda) r}$$

原则上,使用分光法是可能实现 $f(\lambda, \lambda_0)$ 变成 N 个单元数列的荧光函数,则有：

$$f(\lambda, \lambda_0) = \sum_1^N f_n^*(\lambda, \lambda_0) C_n$$

3　意义

根据油浓度的水中荧光公式,结合一台单波段断面现场油荧光计的研制及其在海洋环境中的实验分析,可知公式计算的结果与在实验室检测条件下的测试结果是一致的。为了得到油产生的荧光信号,还描述和讨论了对油和污染物产生的荧光信号的总量所做的修正步骤。因此,获得在海中,特别是在沿岸、海洋峰面和密度跃层附近溢油的准确、定量的空间分布,使用单波段油荧光计测定模型最好与其他光学辅助测量相结合。

参考文献

[1]　Hundanhl H, Hjerslev N K. 在海洋学中的特殊光学测量方法. 海岸工程,1997,16(2):65-74.

防波堤的冲刷模型

1 背景

海岸和港口工程中的疑难问题之一是作用于直立式防波堤和护岸上的波浪力的研究，这种结构形式的防波堤的稳定性至今未得到解决，预测冲刷的困难和冲刷对结构物整体失稳的影响是造成这种情况的原因之一。Hoeine Oumeraei[1]通过实验对直立式防波堤前的冲刷进行了分析，评述和讨论关于直立式防波堤前冲刷机制的可靠性。

2 公式

为了区分"相对于细沙"和"相对于粗沙"两种类型中哪一种是主要的输送方式，Xie 和 Irie 等建议使用以下的准则（最大的轨道底流速 U_{bmax}，沙粒沉降速度 W 和沙子起动的极限速度 U_{crit}）。

（1）比较细的沙（悬移质）

Xie 的准则：
$$\frac{U_{bmax} - U_{crit}}{W} \geqslant 16.5$$

Irie 的准则：
$$\frac{U_{bmax}}{W} \geqslant 10$$

（2）比较粗的沙（推移质）

Xie 的准则：
$$\frac{U_{bmax} - U_{crit}}{W} < 16.5$$

Irie 的准则：
$$\frac{U_{bmax}}{W} < 10$$

在原体条件下，其厚度 δ 与泥沙粒径相比，把底边界就认为是海底。假设波浪周期为 10 s 的数量级，而扰动边界层中涡旋黏性的范围为 $10\sim100$ cm²/s，则可由下式导出边界层 δ 的厚度为 $5\sim10$ cm：

$$\delta = \sqrt{\frac{\gamma \cdot T}{\pi}}$$

近底质量输送速度 U_m 的符号反向，意味着 U_m 的纵剖面一定有一大于零的斜率：

$$\frac{dU_m}{d\zeta(x,0)} > 0(在 \zeta = 0)$$

利用 Longuet—Higgins 导出来的表达式,它是把质量输送速度作为反射系数 R 的函数:

$$U_m = \frac{k\omega A^2}{4\sinh^2 kh}\left[(1 - R^2)(8e^{-\zeta}\cos\zeta - 3e^{-\zeta} - 5) + 2R\sin 2kx(8e^{-\zeta}\sin\zeta - 3e^{-2\zeta} - 3)\right]$$

可得:

$$R^2 + R\sin 2kx - 1 > 0$$

式中,k,ζ,h 分别为波数、波频率和水深。

作为反向流开始发生时的 R 值以 x 的函数表示为:

$$R_c = -\sin 2kx + \sqrt{1 + \sin^2 2kx}$$

对悬移质海底冲刷,在图 1 中给出各类型比较的结果。

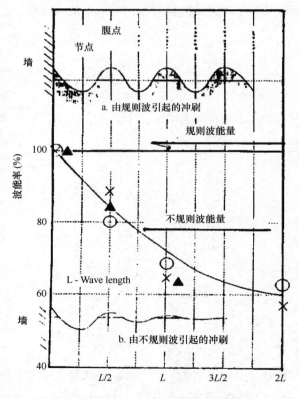

图 1　规则驻波和不规则驻波引起的冲刷类型
及不透水直立式墙前的波能量分布

3 意义

根据动床缩比尺模型,预测垂直结构物前由于波浪引起的海底冲刷演变。应用防波堤的冲刷模型,考虑水动力条件与沉积过程的相互关系,来模拟冲刷的演变过程。在进行缩比尺研究之前,首先详细讨论了沉积过程,最终给出了沙质海底冲刷过程的结论和建议。三维模型研究可采用由二维模型研究中获得的知识去做。这些研究的基本倾向是:建立预测公式或数值模式,并且建立设计指导。

参考文献

[1] Hoeine Oumeraei. 直立式防波堤前的冲刷. 海岸工程,1997,16(2):47-58.

海洋流场的数值计算

1 背景

海洋环流和潮余流的数值计算,在许多理论研究和应用问题中显示了巨大的优越性。但由于数值计算难以进行,迄今为止尚无较好的处理方法,因此对水动力的影响也难以反映。王爱群等[1]依据宽浅流动流量连续、水面线规律及能量守恒定律,通过水力学物理模型实验求得数值计算中应用的必要参数,以此输入到计算当中,表征建筑物的存在及作用。

2 公式

流态判别

已知水深和流速,且取 $Y = 0.01 \text{ cm}^2/\text{s}$,可得如下数据。

雷诺数:

$$R_e = \frac{uh}{\gamma} = 3.75 \times 10^6$$

弗劳德数:

$$F_r = \frac{u}{\sqrt{gh}} = 5.83 \times 10^{-2}$$

流量连续

工程所处区域海底无渗漏,蒸发和降雨相对水量为小量,因此可利用流量连续性原理,即

$$Q_{桥前} = Q_{桥墩} = Q_{桥后}$$

能量守恒原理

能量守恒在水力学中表达为欧拉积分,即:

$$\frac{u^2}{2g} + \frac{p}{\gamma} + Z + h_f = const$$

式中,u 为流速;p 可取为大气压;Z 为水深或高程;h_f 为某种状态下的水头损失。当为局部损失时,则为:

$$h_{f1} = \xi \frac{u^2}{2g}$$

式中,ξ 为阻尼系数,取决于产生阻尼的建筑物特征及性质。当为沿程阻力时,损失表现为:

$$h_{f2} = \lambda \frac{L}{4h} \frac{u^2}{2g} = IL$$

且有:

$$h_{f2} = \frac{\sqrt{J}}{Ch}$$

或

$$C = \frac{u}{\sqrt{JL}}$$

变化可得:

$$J = \frac{\lambda}{4h} \frac{u^2}{2g}$$

上述各式中,λ 为沿程阻力系数;J 为水力坡降;L 为产生损失的沿程距离;C 为谢才系数。由于在阻力平方区,λ 仅与糙率有关,已知 C 亦仅与糙率有关,故可以由测得的局部损失所产生能量损失造成的能坡改变,求得相应的 C,于是亦可得曼宁糙率系数 n。因为通常有:

$$C = \left(\frac{1}{n}\right) h^{1/6}$$

水力学实验水槽长 46 m,宽 2.5 m,深 1.7 m。在水槽首端设置一薄壁水堰作为进水堰,堰后设长为 3 m 的稳水池消能,实验段长度取为 30 m,前面加 1 m 整流区安装导流片,实验段尾部再设置一薄壁堰作为出水堰,以进水堰控制流量,以出水堰控制水深,保证实验段的水流条件。水槽剖面图见图 1。

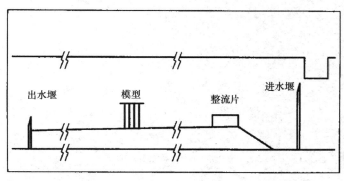

图 1　水槽剖面图

3 意义

根据海洋流场数值的计算,当流场中建筑物尺度相对平面网格步长太小时,计算中难以引进其作用,在所得计算结果中难以反映其影响。此处依据流量连续、能量守恒规律,通过水力学物模实验,求得建筑物存在情况下的谢才系数 C,解决了计算中的难题。相对于应用计算设置一模拟计算区域,使建筑物的影响更易于体现,利用变换断面形式和输入水力学实验结果,验证了流速分布,阻尼及水面线(能坡)的改变。经验证,水力学实验的方法是可行的,结果也适合应用于实践。

参考文献

[1] 王爱群,李春柱,史宏达,等. 海洋环流和潮、余流数值计算中海区内较小尺度建筑物的一种处理方法. 海岸工程,1997,16(3):1-5.

水下控制的爆破公式

1 背景

某方块结构的南翼墙是用来放置浮坞门的,位于已建船坞坞首的南侧,爆区边缘紧贴着坞首廊道南侧的现浇钢筋混凝土构造,属临近重要建筑物的水下控制爆破。由于受上次大爆破的影响,整个爆区石碴覆盖,且裂隙发育,使得钻孔进度缓慢。后采用水泥浆固结法处理覆盖层、确保了成孔。徐清明等[1]通过实际数据计算,来阐述某船坞南翼墙基岩水下控制爆破技术。

2 公式

爆破采用的是塑料筒装乳化炸药,炸药试验的主要内容包括:炸药的起爆、传爆和浸水试验。试验结果见表1。

表1 炸药起爆、传爆和浸水试验

起爆体	传爆方向	被引爆药卷(节)	试验组数	结果
乳化炸药	正向	20	3	全爆
	反向	20	3	全爆

由于爆区距已建船坞很近,须严格控制单段药量,把爆破震动限制在安全允许的范围内。因此采用了塑料导爆管雷管孔间、排间接力式微差起爆网路。

该接力传爆网路为并、串联形式。网路中某一结点的设计可靠度可用下式计算:

$$R_{dn} = [1 - (1 - R_i)^m]^n$$

式中,R_{dn} 为第 n 个结点的准爆率;R_i 为单个传爆雷管的准爆率;m 为传爆雷管的并联数;n 为第 n 个结点。

以往对塑料导爆管雷管准爆率的测试经验,单个雷管的准爆率一般在95%以上。而通过对雷管的质量抽检,准爆率达100%。为安全起见,仍按 $R_i = 95\%$ 计算,则整个网路的设计可靠度 R_{dn} 为:

$$R_{dn} = [1 - (1 - 0.95)^3]^{20}$$

整个起爆网路共分 74 段，实现了孔间、排间单孔微差起爆，总延时 1 010 ms。实际起爆网路各段的延时见图 1。

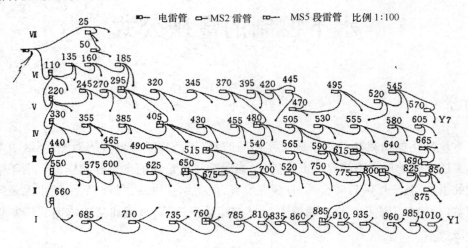

图 1　炮孔布置及起爆网路示意

3　意义

根据水下控制的爆破公式计算,可知当岩石裂隙发育,且岩面有较厚的石碴覆盖层,爆破技术难度大。采取的诸如搭钢平台钻孔,塑料套管护孔以及孔间、排间塑料导爆管雷管接力式微差起爆网路等措施,都是成功之经验,值得今后在类似工程中推广应用。从爆破效果和安全监测成果来看,控制爆破震动使其与建筑物发生共振以及使水击波压力尽量变低,所携带的能量减小,对建筑物不会产生爆破破坏。

参考文献

[1]　徐清明,穆旭,唐汉新. 某船坞南翼墙基岩水下控制爆破技术. 海岸工程,1997,16(3):47-54.

浅水波的要素计算

1 背景

研究波高和周期的联合分布对海洋学家和工程师来说具有很高的理论和实用价值。波浪对建筑物所施的作用力是由压力,速度和加速度产生的,对于足够小的坡度的波,其均与波高成正比,且依赖于波的周期。在浅水区域联合分布的可应用性还未被广泛开发,但其可应用性具有实用意义。John 和 Mark[1]通过实验分析对在浅水波波高和周期的联合分布进行了相关研究。

2 公式

Longuet-Higgins 提出波高和周期的联合分布为:

$$P(H',T') = \frac{2}{v\sqrt{\pi}} \frac{H'^2}{T'^2} L(v) \exp\left\{ -H'^2 \left[1 + \frac{(1 - 1/T')^2}{v^2} \right] \right\}$$

其中,

$$L(v) = \frac{2}{1 + (1/\sqrt{1 + v^2})}$$

$$H' = \frac{H}{2\sqrt{2\mu_0}}, T' = \frac{T}{\overline{T}}$$

式中,H' 和 T' 分别是标准化波高和周期;H 是波高;T 是周期;$\overline{T} = 2\pi(\mu_0/\mu_1)$,为平均值。联合分布由谱宽度参数 v 定义:

$$v = \sqrt{\frac{\mu_0\mu_2}{\mu_1^2} - 1}$$

式中,μ_0, μ_1, μ_2 是方差谱的矩,方差谱的 n 阶矩为:

$$\mu_n = \int_0^\infty f^n S(f)\,\mathrm{d}f$$

式中,f 是频率;而 $S(f)$ 是相应的密度,对 $v^2 \ll 1$ 这一分布是有效的,Longuet-Higgins 假定 $v^2 \ll 0.36$ 也有效。

Ursell 参数作为浅水非线性强度的量度被定义为:

$$U_r = \frac{3}{4}\frac{ak}{(kd)^3}$$

式中,a 是振幅;k 是波数;d 是水深。

WPS 1,WPS 4 和 WPS 7(顶部三个记录)在破碎区外,而 WP 9(底记录)位于破碎波带内,与波破碎有关的能量损失见表 1 中标准偏差 $\sqrt{\mu_0}$。

表 1　运算 G R18–21 和 GR22–2 5 参数一览表

运算	海滩	WP	$d(m)$	d/L	v	$\sqrt{\mu_0}$	S_N	U_r
GR18–21	1∶40	1	0.943	0.24	0.30	0.035 7	0.19	0.009 5
		4	0.628	0.18	0.30	0.034 8	0.32	0.026 8
		7	0.341	0.12	0.36	0.033 4	0.54	0.109 9
		9	0.140	0.07	0.42	0.022 9	1.16	0.466 2
GR18–21	1∶20	1	0.944	0.24	0.30	0.036 5	0.22	0.008 7
		4	0.661	0.19	0.31	0.035 8	0.31	0.022 4
		7	0.357	0.13	0.35	0.035 5	0.57	0.097 8
		9	0.162	0.08	0.42	0.031 5	0.95	0.465 8
GR22–25	1∶20	1	0.944	0.24	0.25	0.057 9	0.27	0.020 5
		4	0.661	0.19	0.28	0.056 4	0.49	0.050 1
		7	0.375	0.13	0.37	0.053 3	0.76	0.196 2
		9	0.162	0.08	0.42	0.034 8	0.84	0.647 5

Miche 给出的有限深度波陡度的限制为:

$$\left(\frac{H}{L}\right)_{max} = 0.142\,\tanh\left(\frac{2\pi d}{L}\right)$$

式中,d 和 L 分别是当地静止水深和波长。

Ursell 参数函数的变化。Ursell 参数在物理上可以看做波陡(ak)与相对深度(kl)^2 的比,充分发展的谱试验和强大的外强迫力试验的相关性是很好的,二阶最小二乘分方程式如下。

充分成长($U_c/c_p = 0.83$):

$$v = 0.28 \qquad Ur \leqslant 0.001\,8$$

$$v = 0.46 + 0.058\ln(Ur) + 0.004\,6[\ln(Ur)]^2 \qquad Ur > 0.001\,8$$

强大的外强迫力($U_c/c_p = 5.00$):

$$v = 0.23 \qquad Ur \leqslant 0.004\,9$$

$$v = 0.51 + 0.11\ln(Ur) + 0.009\,9[\ln(Ur)]^2 \qquad Ur > 0.004\,9$$

式中,波龄(U_c/c_p)为 0.83~5.00。

3   意义

根据浅水波的要素计算,结合实验室资料研究了变浅引起的波高和周期联合分布的变化。实验资料与 Longuet-Higgins 提出的波高和周期的理论分布做了比较,对于非破碎波,观测和预报所得的分布形状吻合相当好。但由 Longuet-Higgin 给出的预报的联合分布与观测的分布有位移,因此,提出了对观测位移的一种参数化法。另外还给出了谱宽度参数随浅水区域变化的一种参数化法。

参考文献

[1]   John C Doering,Mark A Donelan. 浅水波波高和周期的联合分布 . 海岸工程,1997,16(3):63-74.

近岸波浪流的运动方程

1 背景

近岸波浪流是波浪在浅水区变形及破碎所引起的流体的流动,这种流动常是近岸泥沙运移的主要动力因素。这就需对近岸波浪流进行计算,以便在大浪情况下对近岸泥沙的运移做出正确的分析。此外,近岸波浪流也是污染物扩散的一种动力因素之一。李瑞杰等[1]采用辐射应力理论及波数矢量无旋、波能守恒理论建立了一个便于工程应用的近岸流数值模型,并用该模型对麦岛污水处理厂沿岸海域的近岸流进行了计算。

2 公式

由波数矢量无旋的性质可得:

$$\nabla \times \vec{k} = \begin{vmatrix} \vec{1} & \vec{J} & \vec{n} \\ \dfrac{\partial}{\partial x} & \dfrac{\partial}{\partial y} & \dfrac{\partial}{\partial z} \\ k_x & k_y & 0 \end{vmatrix} = \vec{n}\left(\dfrac{\partial k_y}{\partial x} - \dfrac{\partial k_x}{\partial y}\right) = 0$$

而 $k_x = k\cos\theta = \dfrac{1}{CT}\cos\theta$, $k_y = k\sin\theta = \dfrac{1}{CT}\sin\theta$, $k = \sqrt{k_x^2 + k_y^2}$,故有:

$$\frac{\partial}{\partial x}\left(\frac{\sin\theta}{C}\right) = \frac{\partial}{\partial y}\left(\frac{\cos\theta}{C}\right)$$

波能量 E 和波浪群速矢量 $\vec{C}_R$ 有以下关系:

$$\nabla \cdot (\vec{EC_g}) + \frac{\partial E}{\partial t} = D'$$

考虑稳定状态的情况,此时 $\dfrac{\partial}{\partial t} = 0$,而上述方程中 $E = \dfrac{1}{3}\rho g H^2$, $C_{gx} = C_g\cos\theta$, $C_{gy} = C_g\sin\theta$,同时考虑波能耗散可得能量守恒方程如下:

$$\nabla \cdot (\vec{EC_g}) = \frac{\partial}{\partial x}(EC_g\cos\theta) + \frac{\partial}{\partial y}(EC_g\sin\theta) = D'$$

式中,D' 为能量耗散项,它的表达式为:$D = D_{br} + D_{fd}$,其中 D_{br} 为由于波浪破碎而产生的能量耗散率,该项在破波带被认为为零,D_{fd} 为海底摩擦而产生的能量耗散率。

动力学方程及连续方程为:

$$\frac{\partial u}{\partial y} - fv + g\frac{\partial \xi}{\partial x} + \frac{C_{fu}}{h + \xi}\sqrt{u^2 + v^2} + \frac{1}{\rho(h + \xi)}\left(\frac{\partial S_{xx}}{\partial x} + \frac{\partial S_{xy}}{\partial y}\right) = 0$$

$$\frac{\partial v}{\partial y} + fv + g\frac{\partial \xi}{\partial y} + \frac{C_{fv}}{h + \xi}\sqrt{u^2 + v^2} + \frac{1}{\rho(h + \xi)}\left(\frac{\partial S_{xy}}{\partial x} + \frac{\partial S_{yy}}{\partial y}\right) = 0$$

$$\frac{\partial \xi}{\partial t} + \frac{\partial}{\partial x}\left[(h + \xi)u\right] + \frac{\partial}{\partial y}\left[(h + \xi)v\right] = 0$$

式中,S_{xx},S_{xy},S_{yy} 的表示式如下:

$$S_{xx} = \left[n\cos^2\theta + \frac{1}{2}(2n - 1)\right]E$$

$$S_{xy} = \frac{1}{2}(n\sin2\theta)E$$

$$S_{yy} = \left[n\cos^2\theta + \frac{1}{2}(2n - 1)\right]E$$

波浪的波速由下式得出:

$$C = \frac{gT}{2\pi}th\left[k(h + \xi)\right]$$

式中,k 为波数;h 为水深;ξ 为波浪引起的水面升降;θ 为波向角;u,v 是 x,y 方向的垂线平均流速;C_f 是底应力系数;T 为波浪的周期;g 为重力加速度,而波浪引起的辐射应力为 S_{xx},S_{xy},S_{yy},波浪破碎采用下面的判据判定:

$$H = 0.78(h + \xi)$$

波浪场的差分方程为:

$$\sin\theta_{i,j} = \frac{C_{i,j}}{2}\left\{\left(\frac{\sin\theta}{C}\right)_{i+1,j+1} + \left(\frac{\sin\theta}{C}\right)_{i+1,j-1} + \frac{\Delta x}{\Delta y}\left[\left(\frac{\cos\theta}{C}\right)_{i+1,j+1} - \left(\frac{\sin\theta}{C}\right)_{i+1,j-1}\right]\right\}$$

$$H_{i,j}^2 = \frac{1}{2(C_R\cos\theta)_{i,j}}$$

$$\left\{(H^2C_g\cos\theta)_{i+1,j+1} + (H^2C_g\cos\theta)_{i+1,j-1} - \frac{\Delta x}{\Delta y}\left[(H^2C_g\sin\theta)_{i+1,j+1} - (H^2C_g\sin\theta)_{i+1,j-1}\right]\right\} + D_{i,j}$$

动量方程的差分方程为:

$$u_{i+\frac{1}{2},j}^{m-1} = \frac{u_{i+\frac{1}{2},j}^m + \Delta t\left\{fv_{i+\frac{1}{2},j}^m - v_{i+\frac{1}{2},j}^m\left(\frac{\partial u}{\partial x}\right)_{i+\frac{1}{2},j}^m - g\left(\frac{\partial \xi}{\partial x}\right)_{i+\frac{1}{2},j}^m - \frac{1}{h + \xi_{i+\frac{1}{2},j}^m}\left(\frac{\partial S_{xx}}{\partial x} + \frac{\partial S_{xy}}{\partial y}\right)_{i+\frac{1}{2},j}^m\right\}}{1 + \Delta t\left(\frac{\partial u}{\partial x}\right)_{i+\frac{1}{2},j}^m + \frac{\Delta t C_f}{h + \xi_{i+\frac{1}{2},j}^m}(\sqrt{u^2 + v^2})_{i+\frac{1}{2},j}^m}$$

$$v_{i,j+\frac{1}{2}}^{m-\frac{1}{2}} = \frac{u_{i,j+\frac{1}{2}}^{m} - \Delta t\left\{fu_{i,j+\frac{1}{2}}^{m} + u_{i,j+\frac{1}{2}}^{m}\left(\frac{\partial v}{\partial x}\right)_{i,j+\frac{1}{2}}^{m} + g\left(\frac{\partial \xi}{\partial y}\right)_{i,j+\frac{1}{2}}^{m} + \frac{1}{h + \xi_{i,j+\frac{1}{2}}^{m}}\left(\frac{\partial S_{xy}}{\partial x} + \frac{\partial S_{yy}}{\partial y}\right)_{i,j+\frac{1}{2}}^{m}\right\}}{1 + \Delta t\left(\frac{\partial v}{\partial y}\right)_{i,j+\frac{1}{2}}^{m} + \frac{\Delta t C_f}{h + \xi_{i,j+\frac{1}{2}}^{m}}\left(\sqrt{u^2 + v^2}\right)_{i,j+\frac{1}{2}}^{m}}$$

连续方程的差分方程为:

$$\xi_{i,j}^{m+1} = \xi_{i,j}^{m} - \left\{\frac{\partial}{\partial x}\left[(h + \xi)u\right]\right\}_{i,j}^{m} - \left\{\frac{\partial}{\partial y}\left[(h + \xi)v\right]\right\}_{i,j}^{m}$$

由 Brebner 和 Kamphuis 早期提出的计算沿岸速度的经验公式:

$$V = 2.5\left(\frac{g\beta H_0^2}{T}\right)^{\frac{1}{3}}\left[\sin(1.65\alpha_0 + 0.1\sin(3.30\alpha_0)\right]$$

式中,H_0,α_0 分别为深水波高和波向角;β 为岸坡倾斜角;g 为重力加速度;T 为波浪周期。

3   意义

根据动量方程、波数矢量无旋和能量守恒关系对青岛市麦岛污水处理厂工程海区近岸流进行了数值模拟计算,结果可知以上提出的近岸流的计算方法是适合工程应用的。采用该模型对沿岸规则波产生的近岸流流场进行数值模拟是简便可行的。麦岛沿岸流的方向大体上为自东向西的方向,大风浪天气工程海区内泥沙将不会淤积,也不会使污染物在此海区滞留。

参考文献

[1]   李瑞杰,孟祥东,王丽霞. 青岛麦岛污水处理厂工程海区沿岸近岸流的数值模拟. 海岸工程,1997,16(3):32-40.

贮油沉箱的温度场公式

1 背景

在混凝土重力式平台结构中,温度往往对贮油沉箱的设计起控制作用。特别是在冬季,较厚的沉箱壁将因温度的变化而引起很大的温度应力。所以在贮油沉箱的设计中必须对结构的温度分布进行计算分析,并采取适当的工程措施来减小温差,降低温度应力。葛增杰[1]通过贮油沉箱的温度场公式应用,对半潜式贮油沉箱结构温度场进行了计算分析。

2 公式

在稳定状态传热中,在单位时间内通过单位面积进入混凝土内壁的热量 Q_R 等于混凝土壁所传导的热量 Q,也等于混凝土外壁所传出的热量 Q_w,即

$$Q_R = Q = Q_w$$

在热交换时:

$$Q_R = \beta(T_N - T_A)$$
$$Q_w = \beta(T_B - T_C)$$

在热传导时:

$$Q = \lambda_R(T_A - T_B)/h$$

可得:

$$\Delta T = T_A - T_B = h(T_N - T_c)/\lambda_R/(1/\beta_c + 1/\beta + h/\lambda_R)$$

式中,ΔT 为壁板的内、外侧壁面温差;T_c 为周围介质海水或空气的温度;T_N 为油温;h 为壁板的厚度;λ_R 为混凝土的导热系数;β 为壁板外侧与海水或空气的热交换系数;β_c 为壁板内侧与油的热交换系数。

在轴对称分布的热传导问题中,如果结构内部无热源,且温度不随时间而变化,它的热传导方程为:

$$\frac{\partial^2 T}{\partial r^2} + \frac{1}{r}\frac{\partial T}{\partial r} + \frac{\partial^2 T}{\partial z^2} = 0$$

当贮油沉箱外壁表面与空气、海水接触时,表面热流量与沉箱外壁表面温度 T 和海水或空气的温度 T_c 之差成正比,即所称的第三类边界条件。其表达式为:

$$- \lambda \frac{\partial T}{\partial n} = \beta (T - T_C)$$

式中，T 为贮油沉箱结构温度分布；n 为边界法线方向；λ 为热传导系数；β 为表面热交换系数；T_C 为沉箱周围介质温度。

采用有限单元法对沉箱结构温度场进行分析，经计算后给出 723 个节点的温度值。在夹层底和夹层壳壁上给出了相应截面沿厚度方向 9 个节点的温度值，表 1 列出了在标高 0.333 m 处夹层壳壁截面沿厚度方向 9 个节点（节点 491~499 号）在两种工况下的节点温度值。

表 1　节点温度值 单位：℃

节点号	491	492	493	494	495	496	497	498	499
工况 1	60.00	59.98	59.97	39.44	19.08	−1.00	−21.05	−21.07	−21.09
工况 2	60.00	59.99	59.97	42.50	25.17	8.11	−8.85	−8.87	−8.89

3　意义

根据贮油沉箱的温度场，用有限单元法对半潜式圆筒壳贮油沉箱夹层壳壁结构的温度场进行了计算，得到多介质的热传导。贮油沉箱外侧在水上部分温度差别明显，而水下部分差别甚小，这是由于空气温差较大，而海水温差很小的缘故；贮油沉箱在同一钢板单元上沿法线方向上的温度值几乎相等；钢板之间的两层混凝土单元，在法向方向上的温度分布，除角点外，呈自然对数分布。

参考文献

[1]　葛增杰. 半潜式贮油沉箱结构温度场计算分析. 海岸工程，1997，16(4)：25-30.

海底的冲刷模型

1 背景

为保证海洋工程设施安全以及可靠运行,研究和预测未来很长一段时间内该海域海底,岸滩及波浪要素的演化规律具有重要现实意义。对波浪作用引起的海底变形已进行了长期研究,研究的主要方向集中在底摩擦模式、糙度、摩擦系数的估计及泥沙输运等方面。李陆平等[1]利用渤海南部埕岛油田浅水海域 1976 年和 1993 年的测深资料和典型风暴浪资料,采用 HISWA 浅水海浪数值计算模式,探讨海底冲刷对波参数的影响和波浪对海底冲刷的作用。

2 公式

海底沙纹波的形成和被冲走导致海底冲刷,因此,海底沙纹波的形成是造成海底冲刷的先决条件。海底沙纹波的形成与波浪移动介质的能力有关,而这种能力又受 shields 数的支配,即

$$\Psi = \frac{\tau_b}{\rho(s-1)gD}$$

式中,τ_b 为底摩擦;ρ 为海水密度;s 为介质相对密度 ρ_s/ρ;D 是砂粒的代表粒径。

对给定的研究海区,shields 数取决于底摩擦 τ_b:

$$\tau_b = \frac{1}{2}f_\omega u_r^2$$

式中,f_ω 为底摩擦系数;u_r 为海底水质点轨道流速。

Tolman[2] 在海浪数值预报的底摩擦耗散研究中,提出了用波参数来表达 shields 数。其临界 shields 数 ψ_c 和临界波高 H_c 有以下关系:

$$\frac{H_c^2}{dD} = 8(s-1)\frac{1.2\psi_c}{a_u^2 f_\omega} \cdot \frac{\sinh 2k_p h}{k_p d}$$

式中,d 为水深;a_u 为形状因子;k_p 为谱峰波数。

由于临界 shields 数与海底沙质有关,故准确估计 shields 数是困难的。图 1 只能定性说明该海区未来海底的冲刷。

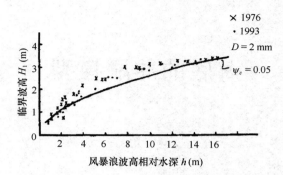

图1　临界波高随深度变化与风暴浪入侵该海区波高随深度变化的比较

3　意义

根据1976年和1993年埕岛油田海域测深资料,应用海底的冲刷模型,即HISWA浅水海浪的数值计算模式,来研究风暴浪入侵该海域导致的波—底相互作用后果。数值计算结果表明,海区固定点海底冲刷导致波场强化;波参数增量与冲刷深度有关;海底水质点轨道流速峰值,底摩擦耗散峰值及临界波高值相对水深分布均表明,该海域深水区海底冲刷将减弱,浅水区海底冲刷将加强。

参考文献

[1]　李陆平,廖启煜,孔祥德.埕岛油田海域波—底相互作用.海岸工程,1997,16(4):9-14.
[2]　Tolman. Wind Waves and Moveable-Bed Bottom Friction. J. phys Oceangr. 1994,24(5):994-1009.

海湾的潮流输沙公式

1 背景

大东港水域为一喇叭状强潮海湾,泥沙主要来自海向,径流影响甚微。潮流输沙是主要的方式,而且是相对稳定的因素。以往水文测验中的原体观测和计算颇为繁杂,且计算结果往往有很大出入。郭志善和李来武[1]拟提出一个以潮位升降快慢(变率)为动力参数的计算模式,从而简化原体观测工作量和提高输沙量计算结果的精度,并通过潮位观测,地形测量和水样连续采集等长系列样本进行相关分析,进而定量解释泥沙活动与海湾自然寿命之间的关系,为海湾水资源的合理使用和维护提供科学依据。

2 公式

设若海湾某断面进出潮量 Q 为已知,如通过观测的潮位变率 h 和各垂线分层含沙量及其对应的过流面积 F,计算出涨潮全断面加权平均含沙量 γ_{pz} 以及落潮全断面加权平均值 γ_{pl},则其差值:

$$\gamma_s = \gamma_{pz} - \gamma_{pl}$$

此值为净输沙强度。

科学合理地求算出净输沙强度 γ_s 是计算模式的关键。如图 1 所示,将函数 $f(\gamma,h,F)$ 与 $f(h,F)$ 按历时增量区间 $\mathrm{d}t$ 进行积分并相除,则:

$$\gamma = \frac{\int_0^t f(\gamma,h,F)\,\mathrm{d}t}{\int_0^t f(h,F)\,\mathrm{d}t}$$

式中,γ 为 $\mathrm{d}t$ 时间内断面平均含沙量;h 为 $\mathrm{d}t$ 时间内的潮位变率;F 为相应过流断面面积;$\mathrm{d}t$ 为历时增量区间。

3 意义

根据海湾的潮流输沙公式,提出了大东港海湾以潮位升降变率为动力参数,计算断面输沙强度。净输沙强度是海湾冲淤的量度。通过淤积速率预测了海湾的自然寿命。潮流

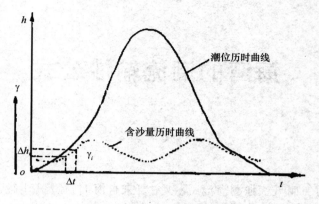

图 1　含沙量与潮位曲线图

输沙虽然是大东港主要的泥沙活动形式,但风浪、冰冻等泥沙载体仍对输沙量有一定的影响,尚待以后研究解决。在计算实例中,限于时间和计算手段,所涉及的资料十分有限,计算结果和结论有待进一步完善。

参考文献

[1]　郭志善,李来武. 大东港海湾的输沙量计算和自然寿命预测. 海岸工程,1997,16(4):31-35.

码头海域的环境评价公式

1 背景

烟台港作为全国的主要枢纽港之一，须建设牟平化工专用码头，俾其成为烟台港的能源和液体化工产品的运输作业区。由于建设新码头会有大量疏浚物外抛或吹填，为了保护海洋环境及资源，防止污染损害，同时兼顾疏浚施工单位的经济利益，必须选划合适的倾倒区。任荣珠等[1]利用1997年3月对拟划的牟平化工专用码头临时倾倒区环境状况的综合调查资料，对该海域的水质、底质现状进行了分析评价。

2 公式

水质评价采用标准指数法[2]，普通单项水质参数（要素）i在第j点的标准指数为：

$$S_{i,j} = C_{i,j}/C_{si}$$

式中，$C_{i,j}$和C_{si}分别为该参数的监测值和标准值。由于DO和pH值是两个特殊参数，其标准指数的计算式分别为：

$$S_{DO,i} = \frac{|DO_f - DO_i|}{|DO_f - DO_s|} \qquad DO_j \geqslant DO_s$$

$$S_{DO,j} = 10 - 9\frac{DO_j}{DO_s} \qquad DO_j < DO_s$$

$$DO_f = 468/(31.6 + T)$$

式中，T为水温。

$$S_{pH,j} = \frac{7.0 - pH_j}{7.0 - pH_{sd}} \qquad pH_j \leqslant 7.0$$

$$S_{pH,j} = \frac{pH_j - 7.0}{pH_{sd} - 7.0} \qquad pH_j > 7.0$$

将各参数的测值分别代入求得各自的标准指数（表1），并由此分析各要素的分布变化特征。

表 1　水质各要素标准指数表

站次	水层	S_{DO}	S_{COD}	S_N	S_P	S_{pH}	$S_{油}$	S_{Mg}	S_{Cu}	S_{Yb}	S_{Cd}
02	表	0.36	0.31	1.81	0.35	0.81	0.12	0.12	0.00	0.13	0.18
	底	0.72	0.41	2.94	0.15	0.85	—	0.20	0.00	0.17	0.10
03	表	0.42	0.37	1.35	0.49	0.83	0.60	0.10	0.00	0.14	0.12
	底	0.62	0.56	2.32	0.60	0.85	—	0.27	0.00	0.20	0.26
04	表	0.46	0.25	2.24	1.07	0.81	0.12	0.24	0.00	0.10	0.10
	底	0.68	0.36	1.32	0.67	0.84	—	0.27	0.00	0.17	0.14
05	表	0.42	0.43	2.55	1.00	0.83	0.04	0.27	0.00	0.07	0.06
	底	0.62	0.46	2.30	1.20	0.86	—	0.24	0.00	0.30	0.16
06	表	0.39	0.37	2.03	0.93	0.80	0.04	0.12	0.00	0.11	0.10
	底	0.71	0.30	1.28	0.54	0.82	—	0.20	0.00	0.15	0.22

3　意义

　　根据码头海域的环境评价公式,结合烟台中心海洋站 1997 年 3 月的调查资料,采用标准指数法对牟平化工专用码头倾倒区海域的环境现状进行评价。计算可知拟划倾倒区海域无机氮所有测值均超过国家一类水质标准,超标率为 100%;活性磷也有个别站位超标,超标率为 20%;其他要素表、底层所有测值均符合国家一类水质标准。而从底质评价结果可知该海域所有要素均未超标。

参考文献

[1] 任荣珠,张瑞安,梁源高. 牟平港化工专用码头倾倒区海域环境现状及评价. 海岸工程,1997, 16(4):44-47.

[2] 国家环境保护局. 环境影响评价技术导则. 北京:中国环境科学出版社,1994.

近岸的输沙模型

1 背景

前进波作用下水粒子的运动,是周期性在向岸与离岸方向往复变化。对于平坦床面的推移质运动,净输沙方向是向岸的,而沙纹床面形成后,涡的强度支配着泥沙运动,其运动机理与平坦床面完全不同,细沙在很大程度上是离岸方向输送的。不少学者为解决输沙问题,采用根据实测的底流速波形,把输沙过程分阶段和根据实际泥沙运动过程,将输沙过程模型化、简单化。孙青和陈士荫[1]根据实验中的实际输沙量反推公式中的比例系数,并将此输沙模型与早川的输沙模型结果进行对比。

2 公式

h、T、H、λ、η、q 分别为水深、周期、波高、平均沙纹长度、平均沙纹高度和净输沙率。净输沙以向岸时为正,离岸方向为负。

近底水质点速度:

$$u = \frac{\pi H}{T} \cdot \frac{1}{\sinh kh} \cdot \cos\theta + \frac{3\pi^2 H^2}{4TL} \cdot \frac{1}{\sinh^4 kh} \cos 2\theta$$

考虑到超过起动流速,底沙才会进入运动(图 1)。

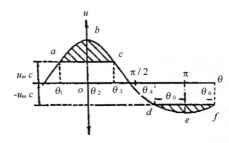

图 1 理论流速随时间变化图

$$q_b = \frac{1}{T} \left[\int_{\theta_1}^{\theta_2} a \mid \tau \mid u d\theta + \int_{\theta_4}^{\theta_6} a \mid \tau \mid u d\theta \right]$$

$$\tau = \frac{1}{2}\rho f_\omega u \mid u \mid$$

式中,q_b 为一周内平均净推移质输沙率;a 为考虑推移质输沙效率的系数;θ_1、θ_2、θ_4、θ_6 为底沙流速值等于起动流速值时的相位;τ 为近底切应力;f_ω 为摩阻系数。设 u 与 u_m 成比例关系,则:

$$q_b = \frac{1}{T} \cdot k_1 \cdot f_\omega \left(\int_{\theta_1}^{\theta_3} u_m^3 \mathrm{d}\theta + \int_{\theta_4}^{\theta_6} u_m^3 \mathrm{d}\theta \right)$$

为使模型简单化,设:

$$\varphi_b = k_b \psi_m^{3/2}$$

式中,φ_b 为推移质输沙强度;ψ_m 为近底最大 Shields 数:

$$\varphi_b = \frac{q_b}{\omega d_s}$$

$$\Psi_m = \frac{\tau_m}{(\rho_s - \rho) g d_s}$$

式中,ω 为沙粒在静水中的沉速。摩阻系数 f_ω 用以下公式计算:

$$f_\omega = \exp \left[5.213 \left(\frac{d_s}{d_m} \right)^{0.194} - 5.977 \right]$$

$$a_m = \frac{H}{2\mathrm{sh}kh} \sqrt{1 - B^2} \left(1 + \frac{3}{8} \frac{HkB}{\mathrm{sh}^3 kh} \right)$$

$$B = -\frac{u_1}{4u_2} + \sqrt{\left(\frac{u_2}{4u_2} \right)^2 + \frac{1}{2}}$$

式中,d_s 为沙粒平均粒径;a_m 为水粒子底部位移的最大振幅值。

若水平方向波浪场不变化,一周期内的平均输沙浓度为 C,用扩散方程求含沙量的时均值为:

$$\varepsilon_3 \frac{\mathrm{d}C}{\mathrm{d}z} + \omega C = 0$$

式中,ε_s 为考虑脉动影响与波动影响的泥沙扩散系数。

ε_s 与涡黏度有关,假设 ε_s 沿垂直方向呈抛物线形分布:

$$\varepsilon_s = \beta k u'_m z \left(1 - \frac{z}{h} \right)$$

式中,k 为卡门常数;z 为距离沙纹底面的距离;u'_m 为考虑沙纹阻力的摩阻流速;β 为比例系数,与紊动程度及颗粒粒径有关:

$$u'_m = \sqrt{f'_\omega / 2U_m}$$

$$\beta = 1 + 2 \left(\frac{\omega}{u'_m} \right)^2$$

式中,f'_ω 为考虑沙纹阻力的摩阻系数,可得:

$$f'_\omega = 2.9\left(\frac{\eta^2}{\lambda a_m}\right)^{0.75}$$

$$\frac{C}{C_a} = \left(\frac{h-z}{z} \cdot \frac{a}{h-a}\right)^{\frac{\omega}{k\beta u_m}}$$

式中,a 为基准点距沙纹底面距离;C_a 为基准点上的含沙浓度。

$$a = 4\eta/30$$

设波浪在一周期内涡层悬移的沙量与底部一周期内的平均推移质输沙率 q_b 成比例:

$$C_a = \frac{k_2 q_b}{a u_m}$$

取涡层的高度为 2 倍的沙纹高,并认为平均悬沙浓度等于沙峰上一个沙纹高处的浓度,则有:

$$q_s = C_s u_s z_s$$

$$C_s = C_a\left(\frac{h-2\eta}{2\eta} \cdot \frac{a}{h-a}\right)^{\frac{\omega}{0.4\beta u_m}}$$

$$u_s = 4a_m/T = 2u_m/\eta$$

式中,z_s 为涡层高度;$z_s = 2\eta$;C_s 为距底面 z_s 处的悬沙浓度;u_s 为悬沙的平均移动速度。

综合以上各式,得:

$$q_s = 60k_2 \frac{q_b a_m}{u_m T}\left(\frac{h-2\eta}{2\eta} \cdot \frac{a}{h-a}\right)^{\frac{\omega}{0.4\beta u_m}}$$

$$\varphi_s = k_\varepsilon \frac{\psi_m^{3/2} a_m}{u_m T}\left(\frac{h-2\eta}{2\eta} \cdot \frac{a}{h-a}\right)^{\frac{\omega}{0.4\beta u_m}}$$

令:

$$\psi_m^{3/2} = B$$

$$\frac{B a_m}{u_m T}\left(\frac{h-2\eta}{2\eta} \cdot \frac{a}{h-a}\right)^{\frac{\omega}{0.4\beta u_m}} = S$$

则:

$$\varphi = K_b B - K_s B$$

式中,φ 为净输沙强度;K_s 为悬移质输沙系数。为了确定回归系数 K_s,K_b,采用最小二乘法。

$$R = \sum_{i=1}^{n}\left[\varphi_i - (K_b B_i - K_s B_i)\right]^2$$

根据极值原理,R 最小时,K_s,K_b 应满足下列方程:

$$\frac{\partial R}{\partial K_b} = 2\sum_{i=1}^{n}\left[\varphi_i - (K_b B_i - K_s B_i)\right](-B_i) = 0$$

$$\frac{\partial R}{\partial K_s} = 2 \sum_{i=1}^{n} \left[\varphi_i - (K_b B_i - K_s B_i) \right] (S_i) = 0$$

$$K_b = \frac{1}{P} \left(\sum \varphi_i S_i \sum B_i S_i - \sum \varphi_i B_i \sum S_i^2 \right)$$

$$K_s = \frac{1}{P} \left(\sum \varphi_i S_i \sum S_i^2 - \sum \varphi_i B_i \sum B_i S_i \right)$$

$$P = \left(\sum B_i S_i \right)^2 - \sum B_i^2 \sum S_i^2$$

细沙输沙数据经计算得：$K_b = 2.524$，$K_s = 102.80$，净输沙强度为：

$$\varphi = 2.524 \psi_m^{3/2} - 102.80 \frac{\psi_m^{3/2} a_m}{u_m T} \left(\frac{h - 2\eta}{2\eta} \cdot \frac{a}{h - a} \right)^{\frac{\omega}{0.4\beta u_m}}$$

向、离岸输沙的界限：

$$0.024\,55 \frac{u_m T}{a_m} \left(\frac{h - 2\eta}{2\eta} \cdot \frac{a}{h - a} \right)^{\frac{\omega}{0.4\beta u_m}} \begin{cases} > 1 & \text{向岸输沙} \\ = 1 & \text{平衡输沙} \\ < 1 & \text{离岸输沙} \end{cases}$$

越过一沙纹长以上的沙粒子的数量 S'_{1f}，S'_{3n} 是与 R1、R3 上向岸及离岸方向的悬移沙云 S_{1f}、S_{3n} 成 K_1、K_n 比例。由以上分析假定，向岸、离岸方向及净输沙率分别为：

$$q_{on} = B_{on} + S_{2f} + S'_{1f} = B_{on} + \varepsilon B_{off} + K_n \varepsilon B_{off}$$

$$q_{off} = B_{off} + S_{2n} + S'_{3n} = B_{off} + \varepsilon B_{on} + K_f \varepsilon B_{on}$$

$$q = q_{on} - q_{off} = \varepsilon B_{on} \left[\frac{(1 - r)}{\varepsilon} + (1 + K_n) r - (1 + K_f) \right]$$

$$r = B_{off} / B_{or}$$

式中，K_f，K_n 由实验给出；设 ε 为 0.6；q_{on}，q_{off} 值由瞬时输沙率的 Brown 公式求出，其中，移动限界 Komar-Millar 公式求出：

$$B_{on} = \frac{1}{T} \int_{\theta_1}^{\theta_3} q(t) \, dt$$

$$B_{off} = \frac{1}{T} \int_{\theta_4}^{\theta_6} q(t) \, dt$$

式中，θ_1，θ_2，θ_4，θ_6 分别为一周期内向岸及离岸推移质输沙的开始及停止相位。

3 意义

在沙纹床面输沙过程中，假设水流从涡中取出并搬运的悬移质数量与推移质运动的沙量成比例，由 12 组细沙实验结果得到了沙纹床面净输沙的方向和输沙强度公式，并与他人的实验结果进行对比。根据分析对比可以看出，孙青和陈士荫[1]建立了近岸的输沙模型，其方法是可行的，基本上可以给出较好的预测结果。但公式中回归系数是否是粒径的函数,还有待于进一步分析。

参考文献

［1］ 孙青,陈士荫. 前进波作用下沙纹床面的净输沙方向与净输沙强度. 海岸工程,1997,16(4):1-8.

生态环境的脆弱性模型

1　背景

生态环境是高度非线性复杂大系统,它与外界环境存在着物质和能量交换,是一个开放性、动态系统,在干扰作用下,它从稳定、波动、直至系统崩溃甚至致灾的整个过程是一个自组织的非线性过程。因此,认识其脆弱性机理,可以借助于非线性理论方法。王瑞燕等[1]以熵和突变理论为基础,以遥感为信息源,选择黄河三角洲典型脆弱区,对生态环境脆弱性的时空演变进行分析,以期为生态环境脆弱性研究提供理论依据和技术支撑。

2　公式

2.1　生态环境系统的信息熵模型

信息熵可以表示系统的不确定性、随机性和无序度。系统的熵值和系统状态的无序度存在着一一对应关系[2]。依照 Shannon 熵公式定义生态环境的信息熵函数 s 为:

$$s = -\phi \sum_{i=1}^{n} \lambda_i \ln \lambda_i \tag{1}$$

式中,n 表示发生变化的生态环境因子数;第 i 个环境因子的弹性变化在总的弹性应变中所占的份额用 λ_i 表示;ϕ 称为 Boltzmann 常数。

2.2　生态环境脆弱性发生条件的确定方法——熵突变模型

突变理论研究系统突变现象是通过研究系统势函数来实现的。托姆证明,当系统的控制变量的数目小于 4 时,有 7 种初等突变形式[3]。据前面的分析,生态环境脆弱性的状态变量只有一个,那就是熵,控制变量有两大类,即自然因素和人为因素。因此,生态环境脆弱性的突变模型符合尖点突变模型,势函数为:

$$V(s) = s^4 + us^2 + vs \tag{2}$$

式中,S 为熵;u 和 v 分别为自然因子的综合值和人为因子的综合值。系统所有临界点构成的平衡曲面方程为:

$$\frac{\partial V}{\partial s} = 4s^3 + 2us + v \tag{3}$$

根据尖点分叉集理论,得到分叉集方程为:

264

$$\Delta = 8u^3 + 27v^2 \qquad (4)$$

把平衡曲面与分叉集绘制出来,得到下面的图形(图1)。

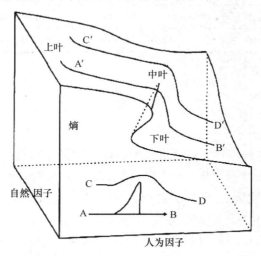

图1 生态环境系统熵的尖点突变模型

A′、B′:平衡曲面上生态环境突变曲线的状态初值和
终值;A、B:A′、B′在控制平面上的投影值;C′、D′:平
衡曲面上生态环境渐变曲线的状态初值和终值;C、
D:C′、D′在控制平面上的投影值

图中顶部的曲面是生态环境脆弱性的尖点突变模型的平衡曲面,下面的平面是自然因子 u 和人为因子 v 所在的控制平面。控制平面上的曲线即是分叉集。

2.3 生态环境脆弱性的显现条件

表1熵值为因变量 y,年份序号为自变量,用四次多项式最小二乘法拟和表中的数据,得到四次多项式为:

$$y(t) = s(t) = \sum_{i=1}^{5} a_i t^i = 0.029\,9t^4 - 0.745\,3t^3 - 0.296\,8t^2 + 21.682\,8t + 941.553\,1 \quad (5)$$

令 $x \to t - \dfrac{a_3}{4a_4}$,进一步进行变量代换之后得到脆弱性显现的判据为:

$$\Delta = -66\,601\,606 < 0 \qquad (6)$$

从上式可以判断,在1987—2005年这一时期内,自然因素和社会因素两项控制变量的变化使突变特征值 Δ 小于0,样方的生态环境熵发生了突变,脆弱性显现。

表1 1987—2005年生态环境脆弱样方熵值

序号	1	2	3	4	5	6	7	8	9	10	11	12	13	14	15	16	17	18	19
年份	1987	1988	1989	1990	1991	1992	1993	1994	1995	1996	1997	1998	1999	2000	2001	2002	2003	2004	2005
熵值均值	1000	960	960	948	950	930	930	870	870	800	415	400	320	300	280	200	40	20	20

3 意义

应用熵、突变论等非线性科学理论研究生态环境脆弱性问题,借助遥感手段,设置生态环境样方,对黄河三角洲垦利县典型生态脆弱区的生态环境脆弱性的时空演变进行了系统研究,建立了生态环境脆弱性的分析与判断方法[1]。生态环境的脆弱性模型表明,在1987—2005年间,样方生态环境趋于恶化,其生态环境脆弱性在1997年和2004年发生了两次突变。在空间层面,从与黄河和海洋不同距离的两个方向上,分析了生态环境脆弱性的空间变化,证明了生态环境脆弱性空间上的渐变性。该研究对生态环境脆弱性的定量化研究是一个新的尝试,并提供了一种新的有效方法。

参考文献

[1] 王瑞燕,赵庚星,姜曙千,等. 基于遥感及突变理论的生态环境脆弱性时空演变——以黄河三角洲垦利县为例. 应用生态学报. 2008,19(8):1782-1788.

[2] Xu C H,Ren Q W. Entropy catastrophe criterion of surrounding rock stability. Chinese Journal of Rock Mechanics and Engineering, 2004,23(12):92-95.

[3] Ling F H. Catastrophe Theory and Its Applications. Shanghai:Shanghai Jiaotong University Press,1997:24-116.

火灾中树种含碳的释放模型

1 背景

近年来,随着大气中 CO_2 等温室气体的增加,全球气候变化日益明显,已引起世界各国的普遍关注[1]。森林生态系统在全球碳平衡中占有非常重要的地位,因此对森林火灾与碳平衡的研究尤为重要。胡海清和郭福涛[2]以黑龙江省大兴安岭林区 1980—2005 年间火灾数据为基础,通过野外调查和室内试验相结合,应用排放因子法估算了 25 年间森林火灾中不同乔木树种释放的含碳气体量,旨在为大兴安岭森林火灾碳平衡研究提供基础数据。

2 公式

(1)全含碳量的测定:采用干烧法。取粉碎的 0.2 g 恒量样品,放入处理过的瓷舟(于大于 900℃ 下灼烧 2 h 以上),通氧气使其充分燃烧生成 CO_2,用 MultiC/N3000 碳氮分析仪(德国耶拿公司)测定全含碳量,每次测 3 个平行样,测定结果取平均值,精度为(0.3±0.01)%。

(2)气体排放因子的测定:采用动态燃烧系统进行释放温室气体量的测定。动态燃烧试验系统由燃烧室、恒温加热系统、电子秤、KM-9106 综合烟气分析仪(英国 KANE)、集烟罩(自行设计)、计算机和 FIREWORKS 烟气分析处理软件组成。运用该试验系统得出不同可燃物燃烧释放的含碳气体的质量。

假设样品的燃烧反应充分,碳全部以 CO_2、CO、C_xH_y(以 CH_4 计)3 种气体方式排放。则排放因子算式为:

$$EF_i = \frac{M_i}{m_{\text{fuel}}} \tag{1}$$

式中,M_i 为燃烧产物中气体 i 的质量(g);m_{fuel} 为可燃物中的碳量(g)。

乔木排放气体总量的估算参照 Seiler 和 Crutzen[3] 提出的火灾损失生物量估算模型:

$$M = A \times B \times a \times b \tag{2}$$

式中,A 为火灾面积(hm^2);B 为某特定生态系统单位面积的有机物质(Mg/hm^2);a 为地上部分生物量占整个系统生物量的比重;b 为燃烧效率。根据植物的含碳量(C_c),假设所有被烧掉的生物物质中的 C 都变成气体,则火烧造成的碳损失量(M_c)为:

$$M_c = C_c \times M \tag{3}$$

最后,采用排放因子法计算森林火灾释放的含碳气体总量,公式为:

$$M_i = EF_i \times M_c \qquad (4)$$

式中,M_i 为气体 i 的总释放量(t);EF_i 为气体 i 的排放因子;M_c 为火烧造成碳的总损失量(t)。

运用式(1)~式(4),结合相关研究内容,计算得出大兴安岭 25 年间森林火灾中各乔木树种释放的含碳气体总量(表1)。

表1　各林型 25 年间森林火灾中乔木释放的 CO_2、CO 和 CH_4 总量　　　　单位:t

含碳气体	树种	火灾强度				
		火警	轻度火灾	中度火灾	重度火灾	合计
CO_2	A	190.50	23 699.00	41 225.50	4 973 012.00	5 038 127.00
	B	0	0	0	284 062.00	284 062.50
	C	20.00	1 961.00	19 566.50	0	21 547.50
	D	238.50	42 833.30	122 910.50	11 072 016.00	11 237 998.50
	E	50.00	12 197.50	37 567.00	3 069 672.00	3 119 487.00
CO	A	30.60	2 850.50	5 099.00	620 462.50	628 442.60
	B	0	0	0	23 158.50	23 158.50
	C	1.40	191.00	1 926.000	2 118.40	4 163.80
	D	17.00	3 180.50	9 153.00	821 132.00	833 482.50
	E	3.95	943.00	3 948.50	125 915.00	129 810.50
C_xH_y	A	2.15	249.00	452.50	54 016.00	54 719.65
	B	0	0	0	3 408.00	3 408.00
	C	7.00	28.50	311.50	0	347.00
	D	7.00	1 561.50	16 148.00	398 630.50	416 347.00
	E	1 000.95	243.00	758.50	60 210.00	62 212.45

注:A 为兴安落叶松;B 为樟子松;C 为山杨;D 为白桦;E 为蒙古栎。

3　意义

通过火灾中主要乔木树种含碳气体释放总量的估算模型[2],应用排放因子法估算了 1980—2005 年间大兴安岭林区森林火灾中 5 种主要乔木树种含碳气体总的释放量。结果表明:不同乔木树种燃烧释放含碳气体的排放因子不同,其中樟子松的 CO_2 平均排放因子最大,山杨的 CO_2 平均排放因子最小;落叶松和山杨的 CO 和 C_xH_y 平均排放因子最大,山杨和落叶松的 CO 和 C_xH_y 平均排放因子最小。此研究为大兴安岭森林火灾碳平衡提供基础数据。

参考文献

［1］　Liu J Y,Wang X S,Zhuang D F,et al. Application of convex hull in identifying the types of urban land expansion. Acta Geographica Sinica, 2003,58(6)：885-892.

［2］　胡海清,郭福涛. 大兴安岭森林火灾中主要乔木树种含碳气体释放总量的估算. 应用生态学报. 2008,19(9):1884-1890.

［3］　Seiler W, Crutzen PJ. Estimates of gross and net fluxes of carbon between the biosphere and the atmosphere from biomass burning. Climate Change, 1980,2：207-248.

稻纵卷叶螟迁入期的预报模型

1 背景

稻纵卷叶螟(*Chaphalocrocis medina*)是对水稻生长危害最严重的害虫之一[1]。近 10 多年来,受全球气候变化和农林业结构调整等因素的影响,稻纵卷叶螟的迁入与致灾趋于复杂化,出现了持续发生、并再度严重发生的新特点,给水稻生产带来很大威胁。高苹等[2]根据海气相互作用原理,利用海温的变化会引起大气环流系统及季风的变化,从而制约各地气象条件变化的特点,将西太平洋海温作为长期预报因子,应用场相关分析方法及最优化相关处理技术进行相关普查,寻找稻纵卷叶螟迁入期江苏省各虫情指标的最佳海温场预报因子,建立了稻纵卷叶螟迁入期各虫情指标的长期预报模型,旨在为水稻虫害防治、水稻生产以及最大限度地减轻化学农药污染、改善环境质量提供理论指导。

2 公式

为了取得更加显著的相关效果,本研究采用最优化相关处理技术[3]对相关区内格点海温的平均值进行最优化处理。

对因子 X 的线性和非线性[含单调的和非单调的单峰(谷)型]化处理可归纳为一种通用变换函数形式:

$$Q = (|X - b|/B + 0.5)^a \tag{1}$$

式中,Q 为经上述关系式变换后 X 的函数;a、b 为待定参数,且 $X_{min} \leqslant b \leqslant X_{max}$;$B = \max (X_{max}-b, b-X_{min})$。经上式变换后,$Q$ 与 Y(因变量)必为单调关系,且($|X-b|/B+0.5$)的值在区间[0.5,1.5];b 的取值以 $X_{min}+(X_{max}-X_{min})/4 \leqslant b \leqslant X_{max}-(X_{max}-X_{min})/4$ 为宜;a 一般在($-10,-0.1$)和($0.1, 10$)内取值的效果较好。待定参量 a、b 可用最优化技术求出,即

$$f(a,b) = 1 - R^2 \tag{2}$$

式中,$f(a,b)$ 为含 a、b 的函数通式;R 为 a、b 取一定值时 Q 与 Y 的相关系数。应用二维寻优的变量转换思路将上式分解为一元问题后进行逐步处理[4]。

本研究利用 F 统计量进行模型的拟合效果验证。当 $F > F_{(1-\alpha)}(m, n-m-1)$($\alpha$ 为置信度值),说明所建模型在信度水平 α 下有显著意义,否则无意义,即模型不可用。

$$F = \frac{U_1/m}{U_2/(n-m-1)} - F(m, n-m-1) \tag{3}$$

式中，$U_1 = \sum_{i=1} (\hat{y}_i - \bar{y})$ 为回归平方和；$U_2 = \sum_{i=1} (y_i - \bar{y}_i)$ 为剩余平方和；y_i、$\bar{y}$、$\hat{y}_i$ 分别为因变量、因变量平均值、因变量模拟值；m 为模型预报因子个数；n 为样本数。

为了求得显著相关因子，利用单因子相关系数 R 来检验，当 $R > R_a(n)$ 时，说明该因子为显著因子，否则不显著，舍弃。

$$R = \frac{\sum_{i=1}^{n} (X_i - \bar{X}) \cdot (Y_i - \bar{Y})}{\sqrt{\sum_{i=1}^{n} (X_i - \bar{X})^2} \cdot \sqrt{\sum_{i=1}^{n} (Y_i - \bar{Y})^2}} \tag{4}$$

式中，n 为样本数；X_i、$\bar{X}$、Y_i、$\bar{Y}$ 分别为自变量、自变量平均值、因变量、因变量平均值。

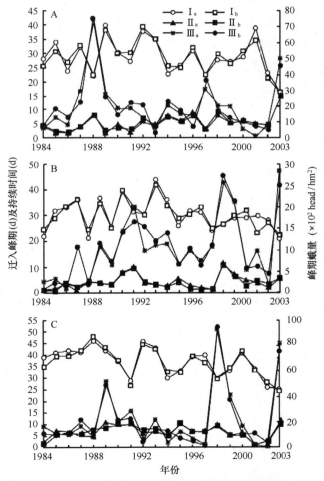

图 1 宜兴（A）、靖江（B）和盐都（C）稻纵卷叶螟虫情指标预报模型的拟合曲线

由图 1 可以看出，本研究所建立预报模型的拟合效果较好，所有模型都通过了 $\alpha = 0.01$ 的显著性检验，作为江苏省稻纵卷叶螟迁入峰期、峰期持续时间和峰期蛾量的预报因子是可行的。

3 意义

用 GRADS 软件绘制了江苏省宜兴、盐都、靖江地区稻纵卷叶螟迁入峰期、峰期持续时间及峰期蛾量等各虫情指标与各格点逐月的月海温值之间相关系数的时空分布图。通过稻纵卷叶螟迁入期预报模型[2]表明，三地区稻纵卷叶螟迁入峰期与西太平洋海温存在共同的高相关区；稻纵卷叶螟迁入持续时间与西太平洋海温具有较好的相关关系；海温显著影响迁入峰期蛾量，二者间具有较稳定的相关关系，且其相关程度随季节变化而变化；所有预报模型均通过了 $\alpha = 0.01$ 的显著性水平检验，说明预报结果与实际值较吻合，预报模型切实可行。该预报模型将能提前 1～2 个月做出预测意见，对江苏省水稻虫害防治、水稻生产以及最大限度地减轻化学农药污染、改善环境质量具有重要意义。

参考文献

[1] Plant Protection Station of Jiangsu Province. The Prediction/Forecast and Prevention/Cure of Main Diseases and Insect Pests for Agricultural Crops. Nanjing：Phoenix Science Press，2006.

[2] 高苹，武金岗，杨荣明，等．江苏省稻纵卷叶螟迁入期虫情指标与西太平洋海温的遥相关及其长期预报模型．应用生态学报．2008，19（9）：2056-2066.

[3] Tang Z C，Sun H. Optimization factor correlation technique and weighting multi-regression model. Acta Meteorologica Sinica，1992，5（4）：514-517．

[4] Zhou L Y，Zhang X X. Forecasting expert system of Cnaphalocrocis medinalis Guenee in Yangtze and Hua-ihe River rice areas. Journal of Nanjing Agricultural University，1996，19（3）：44-50.

林冠的降雨截留量模型

1 背景

植被冠层将降水重新再分配为穿透雨、树干茎流和林冠截留,是森林生态系统水分传输的第一界面层[1]。植被林冠截留的降雨一般全部蒸发到大气中,因此降雨截留是影响植被蒸发散的一个重要水文过程[2]。何常清等[3]采用定位研究方法研究了川滇高山栎林冠层对降水截留及其林内穿透雨特征,旨在深入理解灌木群落对降雨的再分配机制,为阐明该地区森林植被的水文生态过程与作用机理提供依据。

2 公式

2.1 林冠截留量的测定

林冠截留包括树叶、树枝以及树干截留的降雨[4],其计算公式如下:

$$I = P - (TF + SF) \tag{1}$$

式中,I 为林冠截留量(mm);P 为林外降雨总量(mm);TF 和 SF 分别为林内穿透雨量(mm)和树干茎流量(mm)。

2.2 穿透雨的测定

在样地内随机布设 3 个降雨收集面积为 2 m×0.2 m 的 PVC 雨量槽,雨量槽高出地面约 10 cm,且与地面保持约 1°的倾角,较低一端与 10 L 塑料桶用胶管相连。每次降雨前将雨量槽内的树叶清除掉,雨后用量筒测量塑料桶内的雨水体积(mL),然后换算成 mm。穿透雨率(TR)公式如下:

$$TR = TF/P \times 100\% \tag{2}$$

2.3 树干茎流的测定

据川滇高山栎的地径径级分布,在 4~9 cm 径级按 1 cm 一个径级各选择样树测定树干茎流,共选取 7 株样树,其中,7 cm 径级测 2 株,其他每径级各测 1 株。

在距离树干基部 50 cm 处,将直径 1.8 cm 的聚乙烯塑料软管剖开后围绕树干 1~2 周,并用铁钉固定,用玻璃胶将塑料软管与树干的接缝处封严,在软管下端用塑料桶接水,每次降雨后用量桶量测桶内的水量(mL)。树干茎流量(SF,mm)的计算公式如下:

$$SF = \sum_{i=1}^{N} \frac{C_i \times M_i}{S \times 1000} \tag{3}$$

式中,N 为树干径级数;C_i 为径级 i 的树干茎流体积(mL);M_i 为径级 i 的树木株数;S 为样地面积(m^2)。

树干茎流率(SR)的计算公式如下:

$$SR = SF/P \times 100\% \tag{4}$$

研究期间,到达样地内的穿透雨总量为 402.0 mm,占同期林外降雨量的 82.6%。由图 1 可以看出,研究区林内穿透雨量随降雨量的增加而增加,两者呈极显著的线性关系($P<0.01$)。

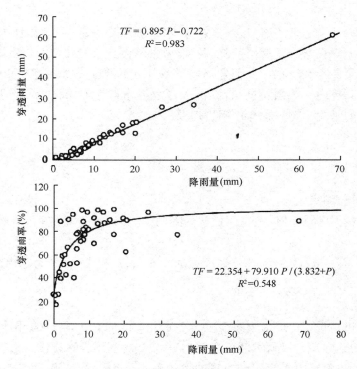

图 1 川滇高山栎林穿透雨量、穿透雨率与降雨量的关系

研究期间,共有 38 次降雨产生了树干茎流,树干茎流总量为 4.5 mm,占总降雨量的 0.9%。树干茎流量和降雨量间呈极显著的线性关系($P<0.01$,图 2)。林外降雨量小于 20.0 mm 时,树干茎流率随林外降雨量的增加而急剧增大;当大于 20.0 mm 时,树干茎流率的增加趋势逐渐变缓,并趋于稳定(图 2)。

研究期间,川滇高山栎的林冠截留总量为 80.2 mm,占同期林外总降雨量的 16.5%。林冠截留率随林外降雨量的增加而减小,整个测定期间,林冠截留率变化范围为 −0.6% ~ 86.8%(图 3)。

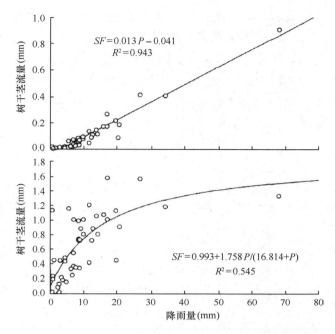

图 2　川滇高山栎林树干茎流量、树干茎流率与降雨量的关系

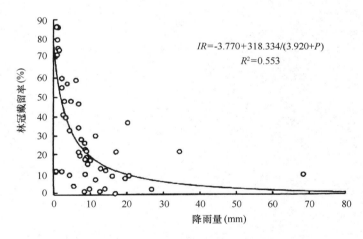

图 3　川滇高山栎林林冠截留率与降雨量的关系

3　意义

基于 2007 年 6—9 月岷江上游地区的气象数据,采用定位研究方法对该区川滇高山栎

林的降雨再分配进行了研究。林冠的降雨截留量模型表明[3]，研究期间，林外总降雨量486.7 mm，林内穿透雨量、树干茎流量和林冠截留量分别占总降雨量的 82.6%、0.9% 和 16.5%；穿透雨量和树干茎流量与降雨量均呈极显著的线性关系，穿透雨率和树干茎流率与降雨量的关系可用非线性曲线表示。林冠截留率随降雨量(mm)的增加呈双曲线递减；林冠截留率与降雨量、降雨持续时间、降雨强度、降雨时空气相对湿度均呈极显著负相关，而与风速呈极显著正相关。

参考文献

［1］ Zhao Y T, Zhang Z Q, Yu X X. Review on water transfer mechanisms between interfaces of forestry watershed. Journal of Soil and Water Conservation, 2002,16(1): 92-95.

［2］ Li Z X, Ouyang Z Y, Zheng H, et al. Comparison of rainfall redistribution in two ecosystems in Minjiang upper catchments, China. Journal of Plant Ecology, 2006,30(5): 723-731.

［3］ 何常清,薛建辉,吴永波,等. 岷江上游亚高山川滇高山栎林的降雨再分配. 应用生态学报. 2008, 19(9):1871-1876.

［4］ Iida S, Tanaka T, Sugita M. Change of interception process due to the succession from Japanese red pine to evergreen oak. Journal of Hydrology, 2005,315: 154-166.

植被覆盖的气候模型

1 背景

植被覆盖度指植被(包括叶、茎、枝)在地面的垂直投影面积占统计区总面积的百分比[1],是衡量地表植被数量的重要指标[2]。植被覆盖变化是生态环境变化的直接结果,获取地表植被覆盖及其变化信息对于揭示全球变化影响下的区域生态系统响应特征、探讨响应的驱动因子及评价区域生态环境质量具有重要意义。刘军会和高吉喜[3]利用遥感技术获取了中国北方农牧交错带地表植被覆盖度的时空变化信息,并分析了气候和土地利用变化对植被覆盖度的影响,旨在揭示区域地表植被变化规律,对探讨区域植被变化的驱动因子、扩大生态系统服务的辐射效应具有重要意义。

2 公式

干燥度指数(aridity index)是表征一个地区干湿程度的指标,本研究选取的干燥度指数为降水量与蒸发量的比值,以反映大气水分收、支状况,体现区域水量平衡的变化[4]。其公式为:

$$A = P/EPT \tag{1}$$

式中,A 为干燥度指数;P 为年降水量(mm);EPT 为年蒸发量(mm)。

植被覆盖度信息提取模型的原理是在对光谱信号进行分析的基础上,通过建立 $NDVI$ 与植被覆盖度的转换关系,直接提取植被覆盖度信息。

假设每个像元的 $NDVI$ 值可由该像元的植被覆盖部分(f_v)和裸土部分($1-f_v$)的 $NDVI$ 值合成,则其公式如下:

$$NDVI = NDVI_v f_v + NDVI_s(1 - f_v) \tag{2}$$

式中,$NDVI_v$ 为植被覆盖部分的 $NDVI$ 值;$NDVI_s$ 为裸土部分的 $NDVI$ 值;f_v 为植被覆盖度。由于年最大 $NDVI$ 可较好地反映该年度植被长势最好季节的地表植被覆盖程度,因此,在实际计算中,以 $NDVI$ 最大值代替 $NDVI_v$、以 $NDVI$ 最小值代替 $NDVI_s$,则植被覆盖度(f_v)公式如下:

$$f_v = \frac{NDVI - NDVI_{min}}{NDVI_{max} - NDVI_{min}} \tag{3}$$

式中,$NDVI_{max}$和$NDVI_{min}$分别为整个生长季植被$NDVI$的最大值和最小值。我国北方农牧交错带的$NDVI_{max}$出现在7—9月,为此,取7月、8月、9月的均值作为分析植被覆盖度年际变化的基础。

由于气候和土地利用变化对植被覆盖度的影响在不同区域存在明显差异,为此,本研究采用土地利用动态度[5]区分这种区域差异。其公式如下:

$$S = \left\{ \sum_{i,j}^{n} (\Delta S_{i,j}/S_i) \right\} \times (1/t) \times 100 \qquad (4)$$

式中,S_i为监测开始时间第i类土地利用类型总面积(km^2);ΔS_{i-j}为监测时段内由第i类土地利用类型转为第j类土地利用类型的面积(km^2);t为时间段(年);S为t时段内研究区土地利用变化速率(%)。$S>0$的区域为土地利用变化区,$S=0$的区域为土地利用未变化区,S数值越大,表明该区土地利用变化速率越快。

研究区域土地利用未变化区,植被覆盖度与期间降水呈极显著正相关;与气温呈极显著负相关;与干燥度指数呈极显著正相关。在土地利用变化区,植被覆盖度与降水呈极显著正相关;与气温呈极显著负相关;与干燥度指数呈极显著正相关(表1)。

表1　1986—2000年研究区年均降水量、年均气温和干燥度指数与植被覆盖度的相关系数

	植被覆盖度		
	整个研究区	土地利用变化区	土地利用未变化区
年均降水量(mm)	0.23 * *	0.19 * *	0.25 * *
年均气温(℃)	−0.24 * *	−0.21 * *	−0.28 * *
干燥度指数	0.26 * *	0.22 * *	0.28 * *

注:* * $P<0.001$。

3　意义

基于1986—2000年中国北方农牧交错带的遥感影像及研究区的气象数据,研究1986—2000年间研究区植被覆盖度的时空变化,并分析气候和土地利用变化对植被覆盖度变化的影响。通过植被覆盖的气候模型[3],表明1986—2000年,研究区高盖度植被的面积缩减,低盖度植被的面积增加;植被覆盖升高区主要位于该区东北段的东部、北段的西部以及西北段的西部,其他地段的植被覆盖明显退化;植被覆盖度与降水、干燥度指数呈正相关,与温度呈负相关;不同土地利用类型的植被覆盖度变化方向和程度各异。

参考文献

[1]　Anatoly A, Gitelson Y, Yoram JK, et al. Novel algorithms for remote estimation of vegetation fraction. Re-

mote Sensing of Environment，2002，80：76−87.

[2] Gutman G，Ignatov A. The derivation of the green vegetation fraction from NOAA/AVHRR data for use in numerical weather prediction models. International Journal of Remote Sensing，1998，19：1533−1543.

[3] 刘军会，高吉喜. 气候和土地利用变化对中国北方农牧交错带植被覆盖变化的影响. 应用生态学报.2008，19(9)：2016−2022.

[4] Arora VK. The use of the aridity index to assess climate change effect on annual runoff. Journal of Hydrology，2002，265：164−177.

[5] Liu J Y，Zhang Z X，Zhuang D F，et al. The land use change spatial−temporal information study of China in 1990. Beijing：Science Press，2005.

沼泽湿地的蒸散发模型

1 背景

湿地蒸散发是影响湿地各生态过程和功能的重要因素,其影响湿地水热平衡、养分循环、碳累积以及植被生产力[1]。三江平原是我国最大的淡水沼泽湿地集中分布区之一。孙丽和宋长春[2]采用涡度相关法于2006年生长季(5—9月)对三江平原典型沼泽湿地的蒸散发进行了连续观测,分析了观测期内沼泽湿地蒸散发的季节变化特征,同时,基于常规气象观测数据和湿地植物生理生态观测数据,利用 Penman-Monteith 和 Priestley-Taylor 模型模拟了研究区沼泽湿地蒸散发,并根据涡度相关法的实测值对两种模型的模拟精度进行了检验,从而可在明确沼泽湿地蒸散发时间动态的基础上为湿地蒸散发模拟方法的选择和评估提供理论依据和技术支持。

2 公式

2.1 水汽压计算公式

利用毛果苔草沼泽湿地内的小气候自动观测系统(MAOS-I,机械工业部长春气象仪器研究所)获取常规小气候观测数据,包括净辐射(W/m²)、光合有效辐射[μmol/(m²·s)]、气温(℃)、相对湿度(%)、降水量(mm)及风速(m/s),仪器的采样频率为1 h/次。利用气温和相对湿度计算饱和水汽压(e_s,hPa)和实际水汽压(e_d,hPa):

$$e_s = \frac{e^0(T_{min}) + e^0(T_{max})}{2} \tag{1}$$

$$e^0(T) = 6.108\exp\left(\frac{17.27T}{T + 237.3}\right) \tag{2}$$

$$e_d = \frac{e^0(T_{min}) RH_{max} + e^0(T_{max}) RH_{min}}{2} \tag{3}$$

式中,T 为气温(℃);T_{min} 和 T_{max} 分别为日最低气温(℃)和日最高气温(℃);$e_0(T_{min})$ 和 $e_0(T_{max})$ 分别为日最低气温和日最高气温对应的饱和水汽压(hPa);RH_{max} 和 RH_{min} 分别为日最大相对湿度和日最小相对湿度。

2.2 实测的蒸散发

由涡度相关系统观测并处理后的潜热和感热通量皆取日累积值,并将潜热通量通过公式转换得到实测蒸散发：

$$ET_M = 1000 \frac{LE}{\lambda \rho_w} \tag{4}$$

式中，ET_M 为实测蒸散发（mm/d）；LE 为潜热通量[MJ/（m²·d）]；λ 为水的汽化潜热（MJ/kg）；ρ_w 为水的密度（kg/m³）。

2.3 模型模拟的蒸散发

2.3.1 Penman–Monteith 模型

Penman–Monteith（PM）模型将植被冠层与冠层下表面视为一片"大叶"，认为水汽通量仅来自于叶片气孔，水汽扩散要先后克服冠层阻力和空气动力学阻力，PM 模型的形式如下[3]：

$$ET_{PM} = \frac{\Delta A + \rho_a c_p (e_s - e_d)/r_a}{\lambda [\Delta + \gamma (1 + r_s/r_a)]} \tag{5}$$

式中，ET_{PM} 为日蒸散发（mm/d）；Δ 为饱和水汽压—温度曲线斜率（hPa/℃）；γ 为干湿表常数（hPa/℃）；A 为可利用能量[MJ/（m²·d）]，其值为涡度相关法测得的潜热和感热通量之和；ρ_a 为常压下平均空气密度（kg/m³）；c_p 为定压比热；e_s 为饱和水汽压（hPa）；e_d 为实际水汽压（hPa）；r_a 为空气动力学阻力（s/m）；r_s 为冠层阻力（s/m）。其中，r_a 的计算公式为[4]：

$$r_a = \left[\ln \left(\frac{z - d}{z_0} \right) \right]^2 / (k^2 u) \tag{6}$$

式中，z 为参照高度，取 2.5 m；d 为零平面位移（m），其为株高（h）的 0.63 倍；z_0 为粗糙长度（m），其为株高的 0.13 倍；k 为 Kaman 常数（0.41）；u 为 2.5m 处的风速（m/s）。

r_s 的计算公式为[5]：

$$r_s = \frac{r_{ST}}{2L_{eff}} \tag{7}$$

式中，r_{ST} 为叶片平均气孔阻力（s/m）；L_{eff} 为有效叶面积指数。

Martin 等[6]研究表明，在无水分胁迫的条件下，气孔阻力可表示为太阳辐射与饱和水汽压差的函数。本研究中毛果苔草沼泽湿地地表常年积水，水分条件不是限制因子，因此，利用 Winkel 和 Rambal[7]提出的经验模型将气孔阻力表达为太阳辐射和水汽压差的函数：

$$r_{ST} = \frac{r_{smin}}{[1 - \exp(-Q/P_1)] \exp(-P_2 D)} \tag{8}$$

式中，r_{smin} 为最小气孔阻力（s/m），根据研究期内对毛果苔草叶片气孔导度（气孔阻力的倒数）的观测结果，r_{smin} 取值为 72 s/m；Q 为光合有效辐射[μmol/（m²·s）]；D 为饱和水汽压差（hPa）；P_1 和 P_2 为待定参数，将气孔导度、光合有效辐射和水汽压差日变化的观测数据（7 个观测日的数据）代入式（8），利用非线性最小二乘回归分析得出 $P_1 = 136.9$ μmol/（m²·s）、$P_2 = 0.018$ hPa。

2.3.2 Priestley-Taylor 模型

基于辐射影响的 Priestley-Taylor(PT)模型是 PM 模型的简化式。PT 模型假设湍流对蒸散发的影响远小于辐射项的影响,通过调整参数 α 的大小来反映湍流影响的程度,该方法用于估算开阔湿表面的蒸散发,其公式为[8]:

$$ET_{PT} = \alpha \frac{\Delta A}{\lambda(\Delta + \gamma)} \tag{9}$$

式中,ET_{PT} 为日蒸散发(mm/d);α 为经验常数。当 $\alpha = 1$ 时,PT 模型变为平衡蒸散发模型,即当实际水汽压接近饱和水汽压时的蒸散发模型。

2.4 模型验证

本研究采用决定系数(R^2)和均方根误差($RMSE$)来评价 PM 和 PT 模型的模拟精度。

$$R^2 = \frac{\sum_{i=1}^{n}(x_i - \bar{x})(y_i - \bar{y})}{\sqrt{\sum_{i=1}^{n}(x_i - \bar{x})^2 \sum_{i=1}^{n}(y_i - \bar{y})^2}} \tag{10}$$

$$RMSE = \frac{1}{\bar{y}}\sqrt{\frac{\sum_{i=1}^{n}(y_i - x_i)^2}{n}} \times 100 \tag{11}$$

式中,y_i 为第 i 个观测值;x_i 为第 i 个模拟值;$\bar{y}$ 为观测值的平均值;$\bar{x}$ 为模拟值的平均值;n 为观测天数。R^2 越接近 1、$RMSE$ 越接近 0,说明模型的模拟精度越高。

两种模型模拟精度对比见表1。在生长季前期和后期,与蒸散发实测值相比,PM 模型的模拟值明显偏低,在毛果苔草植物群落的整个生长季,PT 模型的蒸散发模拟值与实测值的一致性较好(图1)。

表 1 PM、PT 模型的模拟精度

模型	阶段	平均实测蒸散发 ET(mm/d)	平均模拟蒸散发 ET(mm/d)	B_1	B_0 (mm/d)	R^2	$RMSE$ (%)
PM	生长季前期	1.50	1.01	0.84	0.65	0.50	38.8
	生长季中期	2.40	2.14	0.82	0.65	0.91	14.7
	生长季后期	1.78	1.16	0.84	0.81	0.79	38.0
	整个生长季	1.94	1.51	0.79	0.75	0.85	27.5
PT	生长季前期	1.50	1.63	0.65	0.44	0.72	22.1
	生长季中期	2.40	2.52	0.75	0.51	0.92	12.5
	生长季后期	1.78	1.60	0.95	0.27	0.93	13.3
	整个生长季	1.94	1.98	0.79	0.38	0.88	15.2

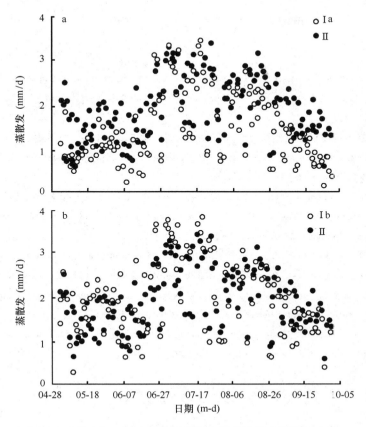

图 1　PM(a)和PT(b)模型的蒸散发模拟值与实测值的比较
Ⅰa:PM模拟值;Ⅰb:PT模拟值;Ⅱ:实测值

3　意义

2006年5—9月,利用涡度相关技术对三江平原典型沼泽湿地蒸散发进行了连续观测,在分析生长季内沼泽湿地蒸散发时间动态的基础上,采用Penman-Monteith(PM)和Priestley-Taylor(PT)模型分别模拟了沼泽湿地的日蒸散发,并利用实测值对两种模型的模拟精度进行了验证。沼泽湿地的蒸散发模型[2]表明,生长季内(5—9月),研究区沼泽湿地蒸散发具有明显的季节变化,月均日蒸散量在5月最低、7月最高;生长季内平均蒸散发为1.94 mm/d,总蒸散量293 mm。生长季前期和后期,与蒸散发实测值相比,PM模型的模拟值存在明显低估现象;PT模型模拟值与实测值在整个生长季内的一致性较好,且PT模型的形式简单、所需参数少,更适于沼泽湿地的蒸散发模拟。

参考文献

[1] Wever LA, Flanagan LB, Carlson PJ. Seasonal and interannual variation in evapotranspiration, energy balance and surface conductance in a northern temperate grassland. Agricultural and Forest Meteorology, 2002,112:31-49.

[2] 孙丽,宋长春. 三江平原典型沼泽湿地蒸散发估测. 应用生态学报. 2008,19(9):1925-1930.

[3] Monteith JL. Evaporation and environment. Proceeding of the 19th Symposium of the Society for Experimental Biology, New York, 1965:205-233.

[4] Monteith JL. Principles of Environmental Physics. London:Edward Arnold Press, 1973.

[5] Gardiol JM, Serio LA, Maggiora DA. Modelling evapotranspiration of corn (Zea mays) under different plant densities. Journal of Hydrology, 2003,271:188-196.

[6] Martin TA, Brown KJ, Cermak J, et al. Crown conductance and tree sand stand transpiration in a second growth Abies amabilis forest. Canadian Journal of Forest Resources, 1997,27:797-808.

[7] Winkel T, Rambal S. Stomatal conductance of some grapevines growing in the field under a mediterranean environment. Agricultural and Forest Meteorology, 1990,51:107-121.

[8] Priestley CHB, Taylor RJ. On the assessment of surface heat flux and evaporation using large-scale parameters. Monthly Weather Review, 1972,180:81-92.

景观类型的服务价值模型

1 背景

生态系统服务指生态系统与生态过程所形成及维持的人类赖以生存的自然环境条件与效用,其重要性在于能为人类提供食物及其他工农业生产原料,对支撑与维持地球的生命支持系统具有重要意义[1]。纵向岭谷区(LRGR)位于中国西南部,由与青藏高原隆升直接相关联的横断山及其毗邻的南北走向山系河谷区组成。由于复杂的地貌构架、多样的气候类型与纵横交错的河网水系,使该区发育形成了除沙漠和海洋以外的各类生态系统。许田等[2]基于2001年纵向岭谷区的遥感影像,利用中国陆地生态系统服务价值的研究成果,对研究区各景观类型的服务价值进行了评估,旨在为纵向岭谷区的土地利用、生物多样性保护、水资源利用和保护、探索西部贫困山区陆域沿边适度开发模式、强化保护与开发协调关系、优化区域资源配置及构建区域生态安全格局等研究工作提供有益参考。

2 公式

本研究采用 Pan 等[3]对中国陆地生态系统生态资产的遥感定量测量模型,同时引入 Zhou 和 Zhang[4]以及 He 和 Zhang[5]关于自然植被净初级生产力的模型,结合植被覆盖度[6]对生态系统服务价值计算模型进行调整。其计算公式如下:

$$V = \sum_{c=1}^{n} V_c$$

式中,V_c 为第 c 类景观生态系统的服务价值(元);V 为研究区总的生态系统服务价值(元)。

$$V_c = \sum_{i=1}^{n} \sum_{j=1}^{m} R_{ij} \times V_{ci} \times S_{ij}$$

式中,V_{ci} 为第 c 类景观生态系统、第 i 种服务类型的单位面积价值;j 为一定区域内第 c 类景观生态系统在空间上分布的像元数;S_{ij} 为栅格数据的像元面积,对于等面积投影,S_{ij} 为常数;R_{ij} 为第 c 类景观生态系统第 i 种服务类型中每个像元的调整系数,它是由生态系统的质量状况所决定的:

$$R_{ij} = \left(\frac{NPP_j}{NPP_{mean}} + \frac{f_j}{f_{mean}} \right) / 2$$

式中,NPP_{mean} 和 f_{mean} 分别为区域内各类生态系统植被净初级生产力的均值和植被覆盖度的均值;NPP_j 和 f_j 分别为第 j 个像元的净初级生产力和植被覆盖度。

$$f_v = \frac{NDVI - NDVI_{min}}{NDVI_{max} - NDVI_{min}}$$

式中,$NDVI_{max}$ 和 $NDVI_{min}$ 分别为各植被类型 $NDVI$ 的最大值和最小值。

$$NPP = RDI^2 \frac{r(1 + RDI + RDI^2)}{(1 + RDI)(1 + RDI^2)}\exp(-\sqrt{9.87 + 6.25RDI})$$

式中,r 为年降水量(mm);RDI 为辐射干燥度。

$$RDI = (0.629 + 0.237PER - 0.003PER^2)^2$$

$$PER = PET/r = 58.93BT/r$$

$$BT = \sum t/365 = \sum t'/12$$

式中,PER 为潜在蒸发率;PET 为年潜在蒸散量(mm);BT 为年均生物温度(℃);t 为气温在 0℃~30℃的日均温度(℃);t' 为气温在 0℃~30℃的月均温度(℃)。

由于纵向岭谷区森林景观占绝对优势,因此根据气候带、地貌及植被类型对森林景观进行二级景观划分并计算相关价值;该区草地景观一般分布在河流沿岸以及峡谷、盆地或河谷底部等较为低平的地方,地貌对草地景观的影响较小,因此根据气候带与植被类型对其进行二级分类(表1)。

表1 研究区各景观类型的服务价值

景观类型		面积(km²)	面积比例(%)	单价[元/(hm²·a)]	服务价值(×10⁸ 元/a)	价值比例(%)
一级	二级					
森林		234 051.66	66.11	19 334.0	4 525.15	85.34
	中山宽谷热带季雨林、半常绿季雨林	9 076.13	2.56	13 314.8	120.85	2.28
	低山河谷热带雨林	1 710.37	0.48	17 341.3	29.66	0.56
	峡谷中山热带雨林、山地苔藓林	9 509.57	2.69	17 341.3	164.91	3.11
	山间盆地热带季雨林、半常绿季雨林	23 010.34	6.50	13 314.8	306.38	5.78
	高原盆谷亚热带常绿阔叶林	29 001.45	8.19	17 341.3	502.92	9.48
	中山山原河谷亚热带季风常绿阔叶林	49 977.07	14.12	10 672.7	533.39	10.06
	岩溶高原峡谷亚热带季风常绿阔叶林	29 404.61	8.31	10 672.7	313.83	5.92
	中山山原亚热带常绿阔叶林	16 955.19	4.79	17 341.3	294.03	5.55
	中山峡谷亚热带常绿阔叶林	19 518.07	5.52	17 341.3	338.47	6.38
	高原盆谷亚热带常绿阔叶林	9 205.74	2.60	17 341.3	159.64	3.01
	高中山峡谷温带常绿针叶林	11 338.33	3.20	9 043.4	102.54	1.93
	高中山高原温带常绿针叶林	13 562.46	3.83	9 043.4	122.65	2.31
	高山高原寒温性针叶林	11 782.34	3.33	9 043.4	106.55	2.01
草地		60 979.02	17.22	6 406.5	390.66	7.37

景观类型		面积	面积比例	单价	服务价值	价值比例
一级	二级	（km²）	（%）	［元/（hm²·a）］	（×10⁸ 元/a）	（%）
草地	中山宽谷热带草地	2 432.47	0.69	13 684.9	33.29	0.63
	山间盆地河谷热带草地	7 917.34	2.24	13 684.9	108.35	2.04
	高中山峡谷亚热带类芦高草丛	1 440.08	0.41	8 897.6	12.81	0.24
	中山高原盆地亚热带草地	26 986.57	7.62	7 933.7	214.10	4.04
	岩溶高原峡谷亚热带草丛	8 861.66	2.50	8 897.6	78.85	1.49
	高原盆谷亚热带草地	2 570.65	0.73	7 933.7	20.39	0.38
	高中山高原峡谷温带草地	7 202.71	2.03	4 814.4	34.68	0.65
	高山高原寒温性蒿草灌木草甸	3 567.54	1.01	4 776.4	17.04	0.32
农田		52 372.17	14.79	6 114.3	320.22	6.04
湿地		100.21	0.03	55 489.0	5.56	0.10
水体		1 456.59	0.41	40 676.4	59.25	1.12
城镇		1 016.09	0.29	0.0	0.00	0.00
冰川		4 069.22	1.15	371.4	1.51	0.03
合计		354 044.96	100	128 391.6	5 302.35	100

应用以上模型计算纵向岭谷区总服务价值，结果见表2。

表2　纵向岭谷区各景观类型服务价值的构成　　　　　单位：10⁸ 元/a

服务类型	森林	草地	农田	湿地	水体	城镇	冰川	合计	比例（%）
气体调节	724.86	43.17	23.17	0.16	0	0	0	791.35	14.92
气候调节	559.17	48.56	41.24	1.52	0.59	0	0	651.09	12.28
水源涵养	662.72	43.17	27.80	1.37	26.27	0	0.11	761.44	14.36
土壤形成保护	807.69	105.22	67.66	0.15	0.01	0	0.07	980.80	18.50
废物处理	271.31	70.69	76.00	1.61	23.43	0	0.04	443.08	8.36
生物多样性	675.14	58.81	32.9	0.22	3.21	0	1.22	771.51	14.55
食物生产	20.71	16.19	46.34	0.03	0.13	0	0.04	83.44	1.57
原材料生产	538.46	2.70	4.63	0.01	0.01	0	0	545.81	10.29
娱乐文化	265.09	2.16	0.46	0.49	5.59	0	0.04	273.83	5.16

3 意义

许田等[1]基于2001年纵向岭谷区的遥感影像,将研究区划分为森林、草地、农田、湿地、水体、城镇、冰川7个一级景观类型,根据气候带、植被及地貌划分了26个二级景观类型,并利用中国陆地生态系统服务价值的研究成果,在GIS技术的支持下,对纵向岭谷区各景观类型的服务价值进行了研究。结果表明:纵向岭谷区总服务价值为5 302.35×10^{8}元/a,占中国总服务价值的9.47%;在研究区提供的年服务价值中,土壤形成与保护的服务价值所占比例最高,占18.50%;其次是气体调节和生物多样性保护的服务价值;受景观类型分布广度和单位面积服务强度的综合影响,占研究区总面积66.11%的森林景观对区域总服务价值的贡献最大,贡献率达85.34%,其次为草地和农田景观。

参考文献

[1] Ouyang Z Y, Zhao J Z, Wang R S. Ecosystem services and their economic valuation. Chinese Journal of Applied Ecology, 1999,10(5): 635–640.

[2] 许田,李政海,牛建明,等. 纵向岭谷区不同景观类型的服务价值. 应用生态学报. 2008,19(9): 2009–2015.

[3] Pan Y Z, Shi P J, Zhu W Q,et al. Measurement of terrestrial ecosystem ecological assets in China by remote sensing. Science in China Series D, 2004,34(4):374–384.

[4] Zhou G S, Zhang X S. A natural vegetation NPP model. Acta Phytoecologica Sinica, 1995,19(3): 193–200.

[5] He Y L, Zhang Y P. A preliminary study on the spatial–temporal pattern of NPP in Yunnan Province. Journal of Mountain Science, 2006,24(2): 193–201.

[6] Chen J, Chen Y H, He C Y,et al. Sub–pixel model for vegetation fraction estimation based on land cover classification. Journal of Remote Sensing, 2001,5(6): 416–423.

生态系统的服务价值模型

1 背景

生态系统服务作为生态学和生态经济学研究的一个分支学科,近年来得到了快速发展。生态系统服务指生态系统和生态过程所形成与维持的人类赖以生存的自然环境条件与效用[1]。平谷区是北京市的应急水源地和生态涵养区,其生态保育和环境保护功能对于北京的饮用水安全和生态安全意义重大。李波等[2]基于 1995 年和 2004 年北京市平谷区土地利用/覆被数据,利用中国不同陆地生态系统单位面积生态服务价值表[3]分析平谷区生态系统服务价值及动态变化,旨在探讨平谷区生态和环境的主要问题、趋势和对策,为保障首都的水资源和生态安全提供重要依据。

2 公式

2.1 生态系统服务价值的估算方法

生态系统服务价值的估算方法[4]为:

$$V = \sum_{i=1}^{n} P_i \times A_i \tag{1}$$

式中,V 为研究区生态系统服务总价值(元);P_i 为第 i 类土地利用/覆盖类型单位面积生态系统的服务价值(元/hm²);A_i 为第 i 类土地利用/覆盖类型的面积(hm²);n 为土地利用/覆被类型的数目。依据研究区土地利用/覆盖类型,利用式(1)和表 1 即可估算出相应生态系统的服务价值。

表 1 中国不同陆地生态系统单位面积生态系统服务价值(元/hm²)

服务类型	森林	草地	农田	湿地	水体	荒漠
气体调节	3 097.0	707.9	442.4	1 592.7	0.0	0.0
气候调节	2 389.1	796.4	787.5	15 130.9	407.0	0.0
水源涵养	2 831.5	707.9	530.9	13 715.2	18 033.2	26.5
土壤形成与保护	3 450.9	1 725.5	1 291.9	1 513.1	8.8	17.7
废物处理	1 159.2	1 159.2	1 451.2	16 086.6	16 086.6	8.8
生物多样性保护	2 884.6	964.5	628.2	2 212.2	2 203.3	300.8

续表

服务类型	森林	草地	农田	湿地	水体	荒漠
食物生产	88.5	265.5	884.9	265.5	88.5	8.8
原材料	2 300.6	44.2	88.5	61.9	8.8	0.0
娱乐文化	1 132.6	35.4	8.8	4 910.9	3 840.2	8.8
合计	19 334.0	6 406.5	6 114.3	55 489.0	40 676.4	371.4

2.2 平谷区森林生态系统服务直接经济价值

平谷区林产品价值主要指木材和果品[5],可采用市场价值法进行评估:

$$FP = \sum S_i \times V_i \times P_i \tag{2}$$

式中,FP 为区域森林生态系统木材或果品价值(元);S_i 为第 i 类林分类型或果品的分布面积(hm^2);V_i 为第 i 类林分或果品单位面积的净生长量或产量(kg/hm^2);P_i 为第 i 类林分的木材或果品价值(元/kg)。

2.3 平谷区农田生态系统服务直接经济价值

Ouyang 等[6]认为,可利用农业净产值(总产值-中间消耗)表示不同生态系统在一定时期内提供给人类的农业产品的服务价值。计算公式如下:

$$V_p = V_n = V_G - V_c \tag{3}$$

式中,V_P 为农田生态系统的产品服务价值[元/($hm^2 \cdot a$)];V_n 为农田净产值[元/($hm^2 \cdot a$)];V_G 为农田总产值[元/($hm^2 \cdot a$)];V_c 为农田生产的中间消耗[元/($hm^2 \cdot a$)]。

2.4 平谷区农田生态系统服务间接经济价值

农田涵养水源价值:采用差值法计算研究区农田生态系统的水源涵养量,即单位面积农田土壤持水量减去单位面积裸地土壤持水量;然后将水源涵养量与水价相乘计算得出单位面积农田生态系统的涵养水源价值。公式如下:

$$V = (W_i - W_0) \times P \tag{4}$$

式中,V 为农田生态系统涵养水源的价值[元/($hm^2 \cdot a$)];W_i 为第 i 类农田单位面积土壤持水量(m^3/hm^2);W_0 为裸地单位面积土壤持水量(m^3/hm^2);P 为水价(元/m^3,可用影子工程价格代替,即以全国水库建设投资测算的每建设 1 m^3 库容需投入成本费 0.67 元计算)。

根据 1995 年和 2004 年研究区林地和园地的面积,得出平谷区森林生态系统服务价值及其变化情况(表 2)

表 2　平谷区森林生态系统总服务价值

服务类型	单位面积价值 [元/(hm² · a)]	总价值(×10⁴ 元)		1995—2004 年总价值变化量 (×10⁴ 元)
		1995 年	2004 年	
林产(果)品	23 799	124 028.49	133 433.90	9 405.41
涵养水源	2 351	12 252.24	13 181.35	929.11
净化水质	2 981	15 426.04	16 595.83	1 169.79
保持水土	7 705	40 404.76	43 468.75	3 063.99
固碳制氧	440	2 298.27	2 472.55	174.28
净化环境	11 993	62 501.52	67 241.15	4 739.63
总服务价值	49 269	256 911.32	276 393.53	19 482.21

根据 1995 年和 2004 年研究区农田的面积,得出平谷区农田生态系统服务价值及其变化情况(表 3)

表 3　平谷区农田生态系统总服务价值

服务类型	单位面积价值 [元/(hm² · a)]	总价值(×10⁴ 元)		1995—2004 年总价值变化量 (×10⁴ 元)
		1995 年	2004 年	
农产品	14 180	27 105.07	16 471.43	−10 633.64
涵养水源	248	474.05	288.08	−185.97
保持水土	4 728	9 037.57	5 492.03	−3 545.54
调节气候	3 947	7 544.69	4 584.82	−2 959.87
总服务价值	23 103	44 161.38	26 836.36	−17 325.02

根据 1995 年和 2004 年研究区水域的面积,得出平谷区水域生态系统服务价值及其变化情况(表 4)

表 4　平谷区水域生态系统总服务价值

服务类型	单位面积价值 [元/(hm² · a)]	总价值(×10⁴ 元)		1995—2004 年总价值变化量 (×10⁴ 元)
		1995 年	2004 年	
食物生产	404.50	147.89	6.40	−141.49
水调节	45 569.00	16 660.03	720.52	−15 939.51
水供应	17 716.50	6 477.15	280.13	−6 197.02
废物处理	5 565.00	2 034.56	87.99	−1 946.57
休闲功能	1 924.00	703.41	30.42	−672.99
总服务价值	71 179.00	26 023.04	1 125.46	−24 897.58

根据1995年和2004年研究区不同陆地生态系统的面积,得出平谷区各生态系统的总服务价值及其变化情况(表5)。

表5　平谷区生态系统总服务价值

生态系统类型	单位面积服务价值[元/(hm²·a)]	服务价值(×10⁴元)		1995—2004年服务价值变化量(×10⁴元)	占总服务价值的比例(%)	
		1995年	2004年		1995年	2004年
森林生态系统	49 269	256 911.32	276 393.53	19 482.21	78.06	90.81
农田生态系统	23 103	44 161.38	26 836.36	-17 325.02	13.42	8.82
草地生态系统	3 586	2 034.34	4.58	-2 029.76	0.62	0.00
水域生态系统	71 179	26 023.04	1 125.46	-24 897.58	7.90	0.37
总计	147 137	329 130.08	304 359.93	-24 470.15	100	100

3　意义

以北京市平谷区1995年和2004年土地利用/覆被数据为基础,利用中国不同陆地生态系统单位面积生态服务价值表对平谷区生态系统服务价值进行了动态分析[2]。生态系统服务价值模型表明,研究区水域生态系统单位面积生态服务价值量最大,森林生态系统对平谷区生态系统服务价值的贡献最大;该区生态系统服务价值动态变化凸显出研究区土地利用结构的不合理性,应加大研究区森林、农田和水域面积的比重,严格控制耕地向建设用地的转化。作为北京市的应急水源地和生态涵养区,今后须加强对平谷区生态和环境保护力度,促进其经济社会可持续发展,以保障首都水资源和生态的安全。

参考文献

[1] Daily GC. Nature's Services: Societal Dependence on Natural Ecosystems. Washington: Island Press, 1997.

[2] 李波,宋晓媛,谢花林,等. 北京市平谷区生态系统服务价值动态. 应用生态学报. 2008,19(10): 2251-2258.

[3] Xie G D, Lu C X, Leng Y F, et al. Ecological assets valuation of Tibetan Plateau. Journal of Natural Resources, 2003,18(2): 189-196.

[4] Costanza R, d'Arge R, de Groot R, et al. The value of the world's ecosystem services and natural capital.

Nature, 1997,386: 253−259.

[5] Li Z K, Zhou B B. Forest resources value initial report of Beijing City. Forestry Economics, 2001(2):36−42.

[6] Ouyang Z Y, Wang X K, Miao H. A primary study on Chinese terrestrial ecosystem services and theire cological−economic values. Acta Ecologica Sinica, 1999,19(5): 607−613.

东北地区的冻结数模型

1 背景

近地表面的多年冻土是寒区陆地生态系统的重要组成部分。其随着气候变暖而发生退化[1,2]。由于冻土分布与气候密切相关,探讨多年冻土的分区有助于长期气候变化的监测[3]。在我国,东北地区多年冻土位于欧亚大陆多年冻土带的南缘,多年冻土厚度薄、不稳定,与其他地区多年冻土相比,更易受到气候变化的影响而发生退化。因此,探讨东北多年冻土对气候变化的响应,对该区其他生态系统的研究具有积极意义。吕久俊等[4]采用冻结数模型对东北区域多年冻土的分布进行了模拟,并与以往的研究成果进行比较,旨在探讨该模型在东北地区的适用性,为更合理的冻土区划提供依据。

2 公式

2.1 冻结数模型

冻结数模型最早由 Nelson 和 Outcalt[5] 提出。根据多年冻土的存在条件(即某地冬季地表冻结深度超过夏季地表融化深度),冻结数(frost number)被定义为冻结深度与融化深度的比值[6],其计算公式如下:

$$F = \frac{\sqrt{DDF}}{\sqrt{DDF} + \sqrt{DDT}} \tag{1}$$

式中,F 为冻结数;DDF 为大气冻结指数,为一年中冻结的度日总和(℃·days);DDT 为大气融化指数,为一年中大气融化的度日总和(℃·days)。由于该模型只考虑了大气温度对多年冻土的驱动作用,仅能粗略估计多年冻土的存在状况。因而 Nelson 等[6]于 1986 年对该模型进行了修正,公式如下:

$$F_+ = \frac{\sqrt{DDF_+}}{\sqrt{DDF_+} + \sqrt{DDT}} \tag{2}$$

式中,F_+ 为考虑了雪盖影响的冻结数;DDF_+ 为雪盖影响下的地表冻结指数。F_+ 可对区域尺度上多年冻土的分布进行评估:$F_+ < 0.5$ 时,表示无多年冻土;$0.5 \leqslant F_+ \leqslant 0.666$ 时,表示有不连续的多年冻土;$F_+ > 0.666$ 时,表示有连续多年冻土存在。不连续多年冻土又分为广布多年冻土(widespread permafrost)和零星岛状多年冻土(scattered permafrost)[7],后者是多年冻土与季节冻土的过渡地带,其存在主要受制于地形条件、土地覆盖、土壤属性和古气候的作用。

2.2 数据处理

首先,利用 SPSS 11.0 软件对东北 88 个气象台站的年均地表温度与经纬度、海拔和日均雪深做二次回归,建立年均地表温度与日均雪深、经纬度和海拔的关系,并依此关系,在 ArcGIS 8.3 中对整个东北区域进行平均地表温度的内插,得到东北区域多年平均地表温度图层;然后,以冻结指数为因变量,建立冻结指数与年均地表温度、经纬度和海拔的二次回归方程,由此获得多年平均冻结指数图层,并通过公式(3)计算多年平均融化指数图层;最后,将冻结指数图层和融化指数图层代入冻结数模型中进行模拟。

$$DDT = T_s \times 365 - DDF_+ \tag{3}$$

式中,T_s 为年均地表温度(℃)。

2.3 东北地区地表温度与冻结指数

1981—2000 年间,对东北地区不同时段地表温度进行回归分析,结果可以看出,其回归方程的调整 R^2 都在 0.95 以上,标准差在 0.60~0.63(表 1),说明该回归方程可以很好地模拟东北地区地表平均温度的变化。研究区不同时段冻结指数的回归结果也较为理想(表 2),回归方程的调整 R^2 均在 0.98 左右,标准差在 83~98。表明利用经纬度、海拔和雪深等多种信息差值可以较好地拟合东北地区地表温度和地表冻结指数的分异。

表 1　中国东北地区地表温度的回归方程

时间段(年)	回归系数										R^2	调整 R^2	标准差
	常数	经度	纬度	海拔	经度^2	纬度^2	海拔^2	经度×纬度	经度×海拔	雪深			
1981—1985	527.81	−6.14	−4.65	−0.003 6	0.016	−0.019	-3.3×10^{-6}	0.045	7.7×10^{-6}	−0.12	0.96	0.96	0.63
1986—1990	603.14	−7.47	−4.38	0.001 30	0.021	−0.017	-2.1×10^{-6}	0.042	-1.3×10^{-4}	−0.20	0.96	0.95	0.63
1991—1995	467.34	−6.09	−2.29	−0.001 5	0.018	−0.023	-3.2×10^{-6}	0.030	-2.7×10^{-5}	−0.25	0.96	0.95	0.62
1999—2000	402.55	−5.28	−1.54	0.006 20	0.015	−0.028	-1.9×10^{-6}	0.027	-2.2×10^{-4}	−0.20	0.96	0.96	0.62
1981—2000	516.98	−6.56	−3.11	0.001 20	0.019	−0.024	-2.6×10^{-6}	0.037	-1.0×10^{-4}	−0.20	0.96	0.96	0.60

表2 中国东北地区地表冻结指数的回归方程

时间段（年）	回归系数										R^2	调整 R^2	标准差
	常数	经度	纬度	海拔	经度²	纬度²	海拔²	经度×纬度	经度×海拔	地表温度			
1981—1985	-32 971.7	321.67	325.95	-0.62	-0.85	-1.36	-7.1×10^{-5}	-1.63	0.030	230.95	0.98	0.98	95.44
1986—1990	-39 905.9	485.13	180.35	-1.08	-1.61	-0.86	-2.1×10^{-4}	-0.93	0.047	242.75	0.98	0.98	97.31
1991—1995	-2 570.4	-77.34	152.45	0.13	0.48	-1.45	-1.2×10^{-4}	-0.38	0.012	204.16	0.98	0.98	91.33
1996—2000	3 656.4	-87.82	-93.95	0.61	0.13	-1.81	-4.9×10^{-4}	1.81	0.007	187.36	0.99	0.98	83.68
1981—2000	-18 122.2	177.69	93.09	-0.42	-0.53	-0.83	-1.6×10^{-4}	-0.27	0.027	221.54	0.99	0.98	83.48

3 意义

基于1981—2000年间中国东北地区的气候要素和雪深数据,将冻结数模型应用于中国东北的多年冻土地区[4],研究了冻结数模型在东北多年冻土分区的适用性。通过东北地区的冻结数模型表明,中国东北地区的多年冻土以不连续多年冻土为主,其多年冻土区包括除岛状多年冻土以外的断续多年冻土(大块多年冻土)、岛状融区多年冻土(大块-岛状多年冻土)和山地多年冻土。对不同时期区划图进行比较,冻结数模型的模拟结果基本能够反映研究区当前多年冻土的分区状况。大兴安岭不连续多年冻土南界可向南延伸至阿尔山附近,其他山地多年冻土和小兴安岭伊春地区的多年冻土在模拟结果中也得到体现。

参考文献

[1] Wang G X, Cheng G D, Qian J. Several problems in ecological security assessment research. Chinese Journal of Applied Ecology, 2003,14(9): 1551-1556.

[2] Zhao H X, Wu S H, Jiang L G. Researes aduances in vulnearakility assessment of natural ecosystem response to climate change. Chinese Journal of applied ecology. 2007,18(2):445-450.

[3] Camill P, Clark JS. Long-term perspectives on lagged ecosystem responses to climate change：Permafrost in boreal peatlands and the grassland/woodland boundary. Ecosystems, 2000,3: 534-544.

[4] 吕久俊,李秀珍,胡远满,等. 冻结数模型在中国东北多年冻土分区中的应用. 应用生态学报. 2008,

19(10):2271-2276.

[5] Nelson FE, Outcalt SI. A frost index number for spatial prediction of ground-frost zones. Proceedings of the 4th International Conference on Permafrost, Washington, D. C, 1983: 907-911.

[6] Nelson FE, Anisimov OA. Permafrost zonation in Russia under anthropogenic climate change. Permafrost and Periglacial Processes, 1993,4: 137-148.

[7] Nelson FE. Permafrost distribution in central Canada: Applications of a climate-based predictive model. Annals of the Association of American Geographers, 1986,76:550-569.

甜椒叶片的生长公式

1 背景

    叶片是植物进行光合作用和蒸腾作用的器官,叶面积指数是光合作用驱动的作物生长模型以及冠层蒸腾模型[1]所需的重要信息。甜椒(Capsicum annuumL.)以营养丰富、色泽鲜艳、个大肉厚深受消费者欢迎,是经济价值较高的温室作物之一。刁明等[2]通过不同品种、播期、地点的试验,采用辐热积法建立了可以预测温室甜椒出叶速率、单叶扩展速率以及单株叶面积和叶面积指数的模拟模型,以期为提高温室甜椒作物生长和蒸腾模型的模拟预测精度和实用性奠定基础。

2 公式

2.1 辐热积的计算

    在栽培方式一定的条件下,影响植物叶片生长的最重要环境因子是温度和辐射,叶片出生和伸展速率主要由温度热效应(thermal effectiveness, TE)和光合有效辐射(photosynthetically active radiation, PAR)决定的。为了综合温度和辐射对甜椒叶片出生、伸展及衰老的影响,本模型采用光温指标辐热积 TEP(MJ/m^2)来预测甜椒的叶面积指数[3]。辐热积指温度热效应与光合有效辐射的乘积,通过计算甜椒在出苗后的逐日 TEP 得到累积 TEP,模型以累积 TEP 来量化甜椒的出叶数、叶片伸长速率和叶片衰老数的关系,进而计算叶面积指数。其算式如下:

$$TEP = \sum (DTEP) \tag{1}$$

式中,TEP 为一定生长阶段内的累积辐热积(MJ/m^2);$DTEP$ 为每日辐热积(MJ/m^2),其由相对热效应(relative thermal effectiveness, RTE)和光合有效辐射计算得到。

    RTE 指作物在实际温度条件下生长速率与在最适宜温度条件下生长速率的比例。温度与 RTE 的关系可以用三段线形函数描述[4],其公式为:

$$RTE = \begin{cases} 0 & (T < T_b) \\ (T - T_b)/(T_{ob} - T_b) & (T_b \leqslant T < T_{ob}) \\ 1 & (T_{ob} \leqslant T \leqslant T_{ou}) \\ (T_m - T)/(T_m - T_{ou}) & (T_{ou} < T \leqslant T_m) \\ 0 & (T > T_m) \end{cases} \quad (2)$$

式中,RTE 表示温度为 T 时的相对热效应,其数值在 $0 \sim 1$;T_b 为生长下限温度(℃);T_m 为生长上限温度(℃);T_{ob} 为生长的最适温度下限(℃);T_{ou} 为生长的最适温度上限(℃)。甜椒各生育时期的三基点温度[5]如表 1 所示。

表 1　甜椒不同生育期的三基点温度

生育期		最低温度(℃)	最适温度(℃)	最高温度(℃)
苗期	白天	11	25~28	34
	夜晚	11	18~20	34
开花期	白天	10	25~28	35
	夜晚	10	16~20	35
坐果盛期	白天	10	25~28	35
	夜晚	10	16~20	35

PAR 指太阳总辐射中能被植物光合作用所利用的部分,其公式为:

$$PAR = 0.5 \times Q \quad (3)$$

式中,PAR 为 1 h 内的总光合有效辐射[J/(m² · h)];Q 为 1 h 内的太阳总辐射[J/(m² · h)];0.5 是太阳总辐射转换为光合有效辐射的转换系数。

则每日辐热积计算公式为:

$$DTEP(i) = \left[\sum RTE(i,j)/24 \right] \times PAR(i) \quad (4)$$

式中,$DTEP(i)$ 为第 i 日的辐热积[MJ/(m² · h)];$RTE(i, j)$ 为第 i 日第 j 小时的相对热效应;$PAR(i)$ 为第 i 日的总光合有效辐射[MJ/(m² · h)]。

2.2　实际叶面积指数的计算

出苗后任意一天的实际单株叶面积公式为:

$$LA = \sum_{i=1}^{N} (0.38 \times L_i^2) - \sum_{i=1}^{N_o} (0.38 \times L_{i\max}^2) \quad (5)$$

式中,LA 为出苗后的单株叶面积(cm²);i 为叶序;N 为展开叶数;L_i 为第 i 叶的叶长(cm);$L_{i\max}$ 为第 i 叶的最大叶长(cm);N_o 为摘除的老叶数。

叶面积指数计算公式如下:

$$LAI = LA \times d/10000 \quad (6)$$

式中,LAI 为叶面积指数;d 为种植密度(株/m²)。

2.3 模型检验方法

模型验证采用常用的回归估计标准误差(root mean squared error,RMSE)对模拟值与实测值之间的符合度进行分析。

$$RMSE = \sqrt{\dfrac{\sum\limits_{m=1}^{n}(OBSm - SIMm)^2}{n}} \qquad (7)$$

式中,$OBSm$ 为实测值;$SIMm$ 为模拟值;m 为样本序号;n 为样本容量。$RMSE$ 值越小,表明模拟值与观测值间的偏差越小,模型的预测精度越高。

2.4 甜椒叶面积模型的建立

2.4.1 单株展开叶数模型

根据试验建模数据,对单株展开叶数与出苗后的累积 TEP 进行数据拟合(图1),得到甜椒展开叶片数与 TEP 的关系:

$$N = 23.29 \times \exp(TEP/290.39) - 21.35$$
$$R^2 = 1.00, SE = 0.93, n = 22 \qquad (8)$$

式中,N 为植株上已展开的叶片数;TEP 为出苗后的累积 TEP(MJ/m²)。

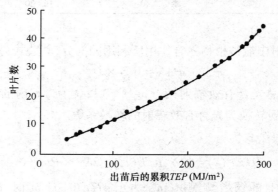

·实测值;-拟合曲线

图1 甜椒展开叶数与出苗后累积 TEP 的关系

2.4.2 叶片伸长长度模型

用非线性最小平方法对试验中曼迪叶片伸长长度与该叶片展开后累积 TEP 数据进行拟合(图2),得到甜椒叶片伸长长度与叶片展开后累积 TEP 的关系:

$$L_i = L_{imax}[1 - \exp(-k_i \times TEP_i/L_{imax})] + 2 \qquad (9)$$

式中,i 为叶序;L_i 为第 i 片叶的长度(cm);L_{imax} 是第 i 片叶的最大叶长(cm);TEP_i 为第 i 片叶展开后的累积辐热积(MJ/m²);k_i 为无量纲参数,是控制曲线的斜率;2 表示叶片长度达到 2 cm 时才记为该叶序的叶片出叶。

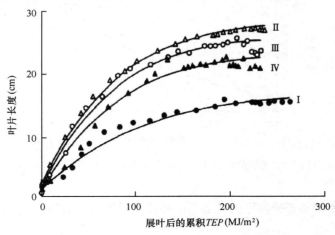

图 2　甜椒各叶位叶片长度与叶片展开后累积 *TEP* 的关系

2.4.3　叶面积与叶长的关系

根据建模数据,得到甜椒叶面积与叶长的关系:

$$AL_i = 0.38 \times L_i^2 \qquad R^2 = 0.98, SE = 8, n = 79 \tag{10}$$

式中,AL_i 为第 i 片叶的叶面积(cm^2);L_i 为第 i 片叶的叶长(cm)。

2.4.4　衰老叶面积模型

甜椒叶片的衰老从低叶位依次向上,叶片被摘除时已经扩展至最大叶长,依据建模数据对衰老叶片数与出苗后累积 *TEP* 的关系进行拟合(图 3):

$$N_o = \begin{cases} 0 & TEP \leqslant 274.10 \\ 0.000\,3 \times \exp(TEP/38.38) - 0.10 & TEP > 274.10 \end{cases}$$
$$R^2 = 0.97, SE = 0.1, n = 12 \tag{11}$$

式中,N_o 为已衰老叶数。出苗后当累积 *TEP* 大于 274.10 $\mathrm{MJ/m}^2$ 时,叶片开始衰老,此时开始摘除老叶。

3　意义

通过不同定植期、不同品种、不同地点的试验,定量分析了温室甜椒出叶数、叶片长度和叶面积指数与温度和辐射的关系,构建了甜椒叶片的生长公式[2],并利用独立的试验资料对模型进行了检验。甜椒叶片的生长公式表明:甜椒出叶数与出苗后累积辐热积呈指数函数关系;叶片长度与出叶后累积辐热积呈负指数函数关系,该模型能够利用气温、辐射、种植密度和出苗日期准确地预测温室甜椒叶面积指数动态,且模型参数少、实用性强,可以

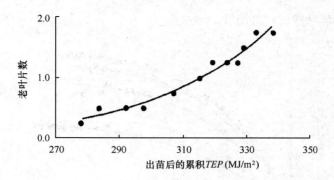

图3 被摘除的衰老叶片数与出苗后累积 *TEP* 的关系

为温室甜椒生长模型和蒸腾模型提供必需的叶面积指数动态信息。

参考文献

［1］ Luo WH, De Zwart HF, Dai JF, et al. Simulation of greenhouse management in the subtropics. Ⅰ. Model validation and scenario study for the winter season. Biosystems Engineering, 2005,90: 307−318.

［2］ 刁明,戴剑锋,罗卫红,等. 温室甜椒叶面积指数形成模拟模型. 应用生态学报. 2008,19(10): 2277−2283.

［3］ Ni J H,Luo W H,Li Y X,et al. Simulation of leaf area and dry matter production in greenhouse tomato. Scientia Agricultura Sinica, 2005,38(8): 1629−1635.

［4］ Li Y X,Luo W H,Ni J H,et al. Simulation of greenhouse cucumber leaf area based on radiation and thermal effectiveness. Journal of Plant Ecology, 2006,30(5):861−867.

［5］ Cai X Y. Modern Greenhouse Vegetables and Facilities Management. Shanghai:Shanghai Science and Technology Press, 2000.

草地植物群落的生长模型

1 背景

草地生态系统是我国最重要的陆地生态系统类型之一[1]。根据草地的净第一性生产力(NPP)制定合理的放牧强度,依据自然资源的承载力确定最适恢复植被盖度是草地资源利用和退化草地恢复的有效途径之一。张莉和郑元润[2]在 Specht RL 和 Specht A[3]植物群落生理生态学模型的基础上,以植物群落生长与环境容纳量相平衡的基本生态学理论为基础,建立了气候与植物群落相互作用平衡条件下的植物群落结构与功能机理模拟模型。依据此模型对中国北方草地不同植物群落的蒸发系数(k)、叶片投影盖度(FPC)及净第一性生产力(NPP)的模拟结果,估算出退化草地恢复植被及放牧控制管理所需的最适植被盖度与放牧强度等参数。

2 公式

2.1 土壤水分、蒸散与叶片投影盖度(foliage projective cover, FPC)

模型的基本假设是植物群落可利用资源越丰富,生态系统的潜在生长能力越大。水分是一个重要的生态因子。特别是在干旱及半干旱区,水分平衡过程是制约植物生长的主要因子。群落的水分条件由土壤水分状况决定,而后者取决于土壤中可利用水分的含量(W)。在土壤水分充足的情况下,植物群落蒸散与大气蒸发动力有关。如果土壤水分受限制,实际蒸散与潜在蒸散的比(E_a/E_0)与土壤可利用水分(W)线性相关[3],线性函数的斜率称为蒸发系数(k)。

$$E_a/E_0 = k \times W \tag{1}$$

$$W = P - D + S_{ext} \tag{2}$$

式中,E_a 为月实际蒸散(mm);E_0 为月蒸发皿蒸发(mm);k 为蒸发系数;W 为某月的土壤可利用水分(mm)。W 可以由式(2)计算而得,其中,P 为月降水(mm);D 为月土壤水分渗漏(mm);S_{ext} 为每月初始储存于土壤根际层的植物可利用水分(mm)。

FPC 表示叶片的水平空间分布特征,可用于衡量植物群落吸收光能的能力,它受蒸发系数 k 的制约[3]。植物群落上下层的 FPC 与蒸发系数 k 存在线性关系[式(3)、式(4)]。由此可以看出,FPC 越大,土壤水分消耗越多。另外,在相似的气候条件下,植物群落拥有

相似的 k 值与 FPC,代表该区域内植物群落特定的结构、功能和生理特征。

$$FPC_{over} = 9770 \times k/100 - 7.15 \qquad (3)$$

$$FPC_{under} = 5880 \times k/100 + 10.04 \qquad (4)$$

植物群落所有层片的结构是估算潜在光合能力的重要参数[4],成熟植物群落的 FPC 代表最适光合作用叶层体系,因此可以用来模拟植物群落的许多参数。

2.2 生长指数

气候指数表征气候对植物群落的影响程度,可由其导出生长指数[5]。植物群落生长指数,如月净光合指数(monthly netphotosynthetic index, NPI)及年生长指数(current annual growth index, CAGI),描述的是环境因子与植物群落生长速率的关系[5]。

模型考虑 4 种气候因素:月均温、月降水、月蒸发及月太阳辐射,通过湿度指数(moisture index, MI)、辐射指数(radiation index, RI)及热量指数(thermal index, TI)来度量气候因素对月净第一性生产力的影响。其定义及计算公式[5]如下。

湿度指数: $\qquad MI = E_a/E_0 \qquad (5)$

辐射指数: $\qquad RI = 1 - e^{(-3.5 \times R/750)} \qquad (6)$

月热量指数: $\qquad TI = 0.049 \times 10^{(0.044 \times T_m)} \qquad (7)$

式中,R 为月总太阳辐射;e 为自然对数的底;T_m 为月均温(℃)。

植物群落月净光合指数为以上 3 种指数的积与 FPC 的乘积,如式(8),表征在一定气候条件下任一时间内植物群落潜在的光合能力。这个值在 0~1 之间变动[5]。

$$NPI = FPC_{total} \times TI \times MI \times RI \qquad (8)$$

式中,FPC_{total} 为植物群落上、下层 FPC 的和。

2.3 净第一性生产力

在上述各式的基础上,采用公式(9)可以计算植物群落的月实际净增长,即月净第一性生产力(current monthly growth increment, CMGI):

$$CMGI = NPI \times CAGI_{opt} \qquad (9)$$

式中,$CAGI_{opt}$ 为月最适净增长[$t/(hm^2 \cdot a)$],与年均温有关,可用式(10)计算:

$$CAGI_{opt} = 0.86 + 0.1 \times T_a \qquad (10)$$

式中,T_a 为年均温(℃)。

图 1 的回归分析结果显示,观察值与模拟值之间相符较好($P < 0.05$),相关系数为0.91,说明模拟结果是可靠的,可用于模拟中国北方草地的 NPP。

根据模型计算所有草地类型的 NPP,从 4 月开始有较明显的累积,7 月达到增长高峰(图2)。

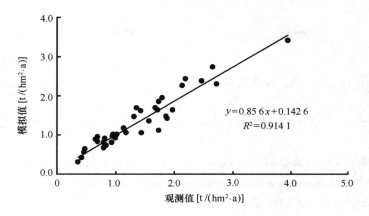

图 1 净第一性生产力(NPP)观测值与模拟值比较

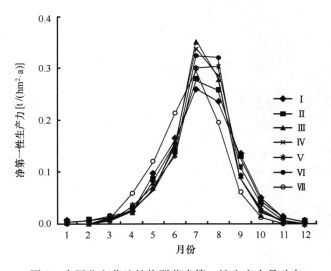

图 2 中国北方草地植物群落净第一性生产力月动态

3 意义

建立了中国北方草地植物群落的生长模型[2],采用基于水分平衡过程的、简单的植物群落模型,利用 460 个气象站 40 年气象数据的月平均值,模拟中国北方 7 种草地类型的季节及年生长、叶片投影盖度(FPC)、蒸发系数(k)及净第一性生产力(NPP)。野外观测数据对模型的验证显示模拟结果与观测值相符较好。此模型简单、易用,用户界面友好,便于为当地资源、环境部门管理者所使用,可为我国北方草地的优化管理提供重要的理论依据。

参考文献

[1] Scurlock JMO, Hall DO. The global carbon sink：A grassland perspective. Global Change Biology, 1998, 4：229-233.

[2] 张莉,郑元润. 中国北方草地植物群落季节生长格局模拟. 应用生态学报. 2008,19(10):2161-2167.

[3] Specht RL, Specht A. Australia Plant Communities. Victoria：Oxford University Press, 1999.

[4] Specht RL. Foliage projective covers of overstorey and understorey strata of mature vegetation in Australia. Australia Journal of Ecology, 1983,8：433-439.

[5] Specht RL. Growth indices：Their role in understanding the growth structure and distribution of Australian vegetation. Oecologia,1981,50：347-356.